Adriano Oprandi

Mathematische Epidemiologie: 25 Modelle zur Vorhersage von Pandemien

De Gruyter Studium

Weitere empfehlenswerte Titel

Anwendungsorientierte Differentialgleichungen
Adriano Oprandi, geplant für 2024

Differentialgleichungen in der Theoretische Ökologie
Räuber-Beute-Modelle zur Dynamik von Populationen
ISBN 978-3-11-134482-9, e-ISBN (PDF) 978-3-11-134526-0

Differentialgleichungen in der Festigkeits- und Verformungslehre
Elastostatik, Balkentheorie, Impulsanregung, Pendel
ISBN 978-3-11-134483-6, e-ISBN (PDF) 978-3-11-134581-9

Differentialgleichungen in der Baudynamik
Modalanalyse, Schwingungstilger, Knickfälle
ISBN 978-3-11-134487-4, e-ISBN (PDF) 978-3-11-134585-7

Differentialgleichungen für Wärmeübertragung
Stationäre und Instationäre Wärmeleitung und Wärmestrahlung
ISBN 978-3-11-134492-8, e-ISBN (PDF) 978-3-11-134583-3

Differentialgleichungen in der Strömungslehre
Hydraulik, Stromfadentheorie, Wellentheorie, Gasdynamik
ISBN 978-3-11-134494-2, e-ISBN (PDF) 978-3-11-134586-4

Differentialgleichungen in der Fluiddynamik
Grenzschichttheorie, Stabilitätstheorie, Turbulente Strömungen
ISBN 978-3-11-134505-5, e-ISBN (PDF) 978-3-11-134587-1

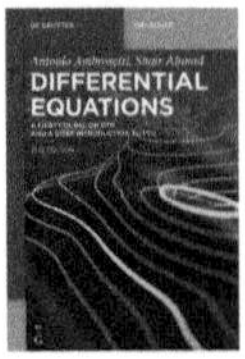

Differential Equations
A First Course on ODE and a Brief Introduction to PDE
Antonio Ambrosetti, Shair Ahmad, 2024
ISBN 978-3-11-118524-8, e-ISBN (PDF) 978-3-11-118567-5

Adriano Oprandi

Mathematische Epidemiologie: 25 Modelle zur Vorhersage von Pandemien

DE GRUYTER
OLDENBOURG

Mathematics Subject Classification 2020
65L10

Autor
Adriano Oprandi
Bartenheimerstr. 10
4055 Basel
Schweiz
spideradri@bluewin.ch

ISBN 978-3-11-134513-0
e-ISBN (PDF) 978-3-11-134801-8
e-ISBN (EPUB) 978-3-11-134825-4

Library of Congress Control Number: 2024931948

Bibliografische Information der Deutschen Nationalbibliothek
Die Deutsche Nationalbibliothek verzeichnet diese Publikation in der Deutschen Nationalbibliografie; detaillierte bibliografische Daten sind im Internet über http://dnb.dnb.de abrufbar.

Coverabbildung: Route55 / iStock / Getty Images Plus
Satz: VTeX UAB, Lithuania
Druck und Bindung: CPI books GmbH, Leck

www.degruyter.com

Vorwort

Die mathematische Epidemiologie ist ein Fachgebiet, auf dem laufend geforscht wird. Mittlerweile existiert eine derart große Vielfalt von Modellen, um Epidemien zu beschreiben, dass eine Orientierung schwierig wird.

Dieses Buch gibt eine Einführung in die Modellierung solcher Epidemien. Dabei wird aus rein epidemiologischer Sicht die Entstehung und Entwicklung einer Seuche mithilfe von Differentialgleichungssystemen beschrieben. Die Bevölkerung teilen wir in die bekannten Kompartimente oder Klassen auf. Ausgehend vom einfachsten Modell werden in nachvollziehbaren kleinen Schritten die bestehenden Modelle erweitert, um Phänomene wie Rückfall oder Immunitätsverlust zu modellieren. Zudem fügen wir in weiteren Schritten Kompartimente hinzu, die mit der Berücksichtigung von Quarantäne und Impfung einhergehen. Jedes Modell wird vollständig analysiert und die Ergebnisse festgehalten. Danach folgt für jedes Modell mindestens ein vollständig gelöstes Zahlenbeispiel inklusive einer Darstellung für den jeweiligen Epidemieverlauf. Insgesamt enthält dieser Band 46 Beispiele und 32 Abbildungen.

Kern dieses Buches bilden die Simulationen und Prognosen für vier verschiedene Covid-Pandemiewellen in Zentraleuropa der letzten Jahre mit den erfassten Daten und unter Verwendung von sieben Modellen. Darüber hinaus werden Möglichkeiten zur Schätzung von Raten und Anfangswerten präsentiert, die für eine Vorhersage eines Epidemieverlaufs unerlässlich sind.

Dieser Band verfährt nach einem einheitlichen und nachvollziehbaren Muster, indem konsequent jeder Herleitung zuerst allfällige Idealisierungen und Einschränkungen inklusive Begründung oder Zulässigkeit vorangestellt werden. Damit sind sich die Leserin und der Leser immer im Klaren darüber, unter welchen Voraussetzungen die darauffolgende Rechnung durchgeführt wird.

Vorausgesetzt wird, dass die Leserin oder der Leser den Umgang mit einfachsten analytischen Lösungsmethoden einer Differentialgleichung (DG) beherrscht, mit der Diskretisierung einer DG vertraut ist und dass ihnen das Prinzip des Kompartimentmodells bekannt ist.

Der erklärende Text, die zahlreichen Darstellungen und die in Worten formulierten Ergebnisse erlauben es, unabhängig von der mathematischen Beschreibung, Zusammenhänge zu erkennen, womit dieses Buch auch für Studierende anderer Fachrichtungen als Mathematik interessant sein sollte.

Um lange Überschneidungen mit dem 1. Band der sechsbändigen Reihe zu vermeiden, werden alle notwendigen Sätze zwar vollständig aufgeführt und durch kurze Beispiele erläutert, aber wir verzichten auf einen abermaligen Beweis.

Obwohl Anwendungspakete existieren, die das numerische Lösen von Differentialgleichungen als Werkzeug beinhalten, ist es der Anspruch dieser Bandreihe, sämtliche notwendigen Programme für eine Simulation mit einem TI-nspire CX CAS niederzuschreiben. Dabei soll allein das Euler-Verfahren zum Einsatz kommen (vgl. Kap. 2.1), damit die Rekursionsvorschriften nachvollziehbar bleiben. Die Leserin und der Leser

https://doi.org/10.1515/9783111348018-201

mögen bei Interesse die Programme und deren Ergebnisse mit der eigenen Software vergleichen.

Beim Verlag Walter de Gruyter möchte ich mich herzlich für die bisherige Zusammenarbeit und die Möglichkeit zu diesem Buch bedanken. Zu guter Letzt bedanke ich mich bei meinem lieben Bruder für seinen Anstoß, meine Arbeiten zu veröffentlichen.

Basel, April 2024 Adriano Oprandi

Inhalt

1 Einleitung

Die mathematische Epidemiologie untersucht die Dynamik von Epidemien unter anderem mithilfe von mathematischen Modellen und Computersimulationen. Sie muss als Ergänzung zu den durch Beobachtung und Experimente gewonnenen Erkenntnissen der Epidemiologie als Ursachenforschung und Folgen einer Epidemie verstanden werden. In der mathematischen Epidemiologie wird versucht, unter biologisch sinnvollen Annahmen, Gemeinsamkeiten im Kontakt zwischen Individuen unabhängig von ihrer Umgebung mit mathematischen Methoden abzuleiten, sodass sich die Ergebnisse mit der Beobachtung vereinen lassen. Da dieser Anspruch recht hoch ist, muss man sich fragen, ob die Anwendung mathematischer Methoden auf eine heterogene Bevölkerung erstens gerechtfertigt und zweitens erkenntnisbringend ist. Dahinter steckt die Vorstellung, Menschen mögen doch mechanistisch, einem geschlossenen physikalischen System gleich, funktionieren. Auch wird erwartet, dass das Modell, um die Vorgänge in der Interaktion wirklichkeitsgetreu abzubilden, auch möglichst viele Besonderheiten erfassen sollte. Diese Vorgehensweise ist äußerst fragwürdig, denn je mehr Effekte man zur Beschreibung hinzunimmt, umso zahlreicher sind die Annahmen, die man treffen muss und umso mehr Ungenauigkeiten müssen in Kauf genommen werden. In Zeiten der KI-Technologie ist man wohl auch versucht, einen Computer mit möglichst vielen Messdaten zu füttern, um etwaige Korrelationen aufzuzeigen und daraus eine Aussage über Ursache und Wirkung abzuleiten. Der letzte Schritt bleibt für jeden Wissenschaftszweig fraglich.

Unzulänglichkeiten wie beispielsweise die bei der Ermittlung von Raten und Modellierungstermen für die Interaktion von Individuen in Zeiten einer Epidemie entstehen unter anderem auch deshalb, weil man es insbesondere bei einer eng beieinander lebenden Gemeinschaft immer mit unvorhergesehenen oder nicht zu erfassenden Störungen zu tun hat. Man könnte deshalb auf die Idee kommen, den Verlauf einer Epidemie genauer und isoliert in einer kleinen Gemeinde zu untersuchen. Es ist aber heikel, die gewonnenen Ergebnisse auf größere Städte zu übertragen, weil die Populationsdynamik eine völlig andere ist. Hierzu einige Stichwörter: Pendler, größere Mobilität, engerer Wohnraum, Herdenverhalten usw.

Zudem stellt sich ein weiteres Problem: In solchen Krisensituationen werden Wissenschaftler in politische Entscheidungsprozesse eingebunden und sie stehen unter Druck, „verlässliche“ Prognosen zu liefern. Wenn die Öffentlichkeit eindeutige Daten und Ergebnisse verlangt, wird letztlich nicht mehr nach der Methode gefragt. Die Modellierungen und damit einher gehenden Hochrechnungen können dann zu einem Fehlmanagement führen, wenn darauf basierend Entscheidungen auf politischer Ebene gefällt werden.

Die Grenzen der mathematisierten Epidemiologie haben wir nun aufgezeigt. Aber was kann sie überhaupt noch leisten? Sie wird dann sinnvoll eingesetzt, wenn Simulationsmodelle und Messdaten miteinander verglichen werden können. Erzielt man eine

https://doi.org/10.1515/9783111348018-001

annehmbare Übereinstimmung mit den Daten, so kann man immerhin davon ausgehen, dass das verwendete Modell für diesen Fall seine Berechtigung besitzt. Die dabei für die Simulation verwendeten Anfangswerte und Raten müssen nicht eindeutig sein, denn eine Änderung dieser Werte kann ebenfalls einen Verlauf erzeugen, der zur Deckung oder guten Approximation mit den vorhandenen Messdaten führt. Zudem kann aus der einmaligen Übereinstimmung von Daten und Modellergebnissen nicht geschlossen werden, dass das Modell bei veränderten Rahmenbedingungen auch den (neuen) Messdaten gerecht werden wird. Diese Art von Übertragung oder Prognose wäre nicht zulässig. Dennoch – und das scheint mir nicht wenig – können zumindest diejenigen Lösungen mit unsinnigen Startwerten und Raten ausgeschlossen werden, sodass man einen ganzen Satz von Modellergebnissen inklusive der verwendeten Parameter erhält, die als Basis für weitere Untersuchungen dienen können.

Didaktik

Besonderes Augenmerk soll in diesem Buch auf den didaktischen Unterbau einschließlich der Lerninhalte, der Methodik und der angestrebten Lernziele gelegt werden. Es ist ein Anliegen des Autors, dass die Leserin und der Leser die verwendeten Bausteine beim Erstellen einer DG kennt und sie zu gebrauchen lernt. Auf die Herleitungen wird deshalb besonderen Wert gelegt.

A. Lerninhalte

Wir beginnen damit, einfache Epidemiemodelle mit zwei Klassen analytisch zu lösen. In einem weiteren Schritt fügen wir bisher nicht berücksichtigte oder vernachlässigte Einflüsse in die bestehenden Modelle ein oder ergänzen diese durch zusätzliche Klassen (Kompartimente). Gleichzeitig führen wir Simulationen für den Epidemieverlauf mithilfe eines Programms oder einer Excel-Tabelle durch. Zuletzt fügen wir einzelnen Termen bestehender Modelle eine Zeitverzögerung hinzu und können auf diese Weise Einflüsse erfassen, die retardiert einsetzen.

B. Lernziele

Unter anderem beinhaltet jedes Kapitel die folgenden Etappen:

i. Die notwendigen Begriffe bereitstellen und erklären.
ii. Ein praktisches Problem formalisieren, d. h. die Bedürfnisse und Forderungen in eine Differentialgleichung (DG) übersetzen.
iii. Sinnvoll Raten und Startwerte schätzen.
iv. Analytische und numerische Methoden zur Lösung einer DG verwenden.
v. Berechnungen mithilfe von Formeln durchführen.
vi. Programme zur numerischen Lösung von DGen verfassen.

C. Methoden

i. Problemstellung erfassen und Diskussion der Bedingungen.
ii. Aufstellen der das Problem beschreibenden DG.
iii. Die Lösung der DG über die weiter unten genannten Analysefertigkeiten.
iv. Ergebnis (Formel) diskutieren.
v. Anwendung der Ergebnisse auf die Praxis.

Etwas ausführlicher kann man die Methoden folgendermaßen umschreiben:

i. Ein einleitender Text beschreibt die Situation oder eine Frage steht im Zentrum, beispielsweise, ob eine freiwillige Quarantäne sinnvoll ist oder eine Durchimpfung von 50 % ausreicht usw.
ii. Danach folgt die Übersetzung der Situation in die Formelsprache mittels einer DG.
iii. Zu deren Untersuchung werden wir drei Werkzeuge einsetzen, die im Kap. 2.4 eingeführt werden. Dabei ist das Verständnis der „Stabilität“ zentral.
iv. und v. Zuletzt folgt die Formulierung des Ergebnisses. Nebst den Kurven, die wir erzeugen werden, sollen deren Verläufe auch in Worten gefasst werden.

Weiter führen wir keine Existenzbeweise, auf den Beweis der Wohldefiniertheit eines Differentialgleichungssystems verzichten wir und weisen auch keine Invarianz nach. Dafür soll im Gegenzug jedem Modell der Beweis einer allfälligen lokalen oder globalen asymptotischen Stabilität folgen.

Zuletzt schließen wir diskrete Systeme aus und beschränken uns auf kontinuierliche Modelle.

Einschränkung: Wir betrachten ausschließlich kontinuierliche Modelle.

Das Vorgehen im Einzelnen.

Zur Untersuchung sollen folgende Werkzeuge zur Verfügung gestellt werden:

Analytisch: 1. Linearisierung und Stabilitätssatz
2. Auffinden einer Lyapunov-Funktion
Anschauung: 3. Simulation

Eine Simulation werden wir für jedes Modell durchführen. Hier gilt es, ein passendes Programm zu erstellen oder mithilfe einer Excel-Tabelle das System zu lösen. In beiden Fällen werden wir entweder das Programm wiedergeben oder die Aufrufe und Befehle der Tabelle angeben. Das zugehörige numerische Verfahren zeigen wir in Kap. 2.1.

Um Epidemiemodelle auch rechnerisch zu untersuchen, braucht es eine umfangreichere Vorbereitung. Zuerst werden einige wichtige Begriffe eingeführt: autonomes System, Trajektorie und Gleichgewichtspunkt (GP) (Kap. 2.2 und 2.3). Hierbei grenzen wir autonome Differentialgleichungssysteme von allgemeinen ab. Als Beispiele verwenden wir noch keine Epidemiemodelle, sondern arbeiten mit den Lotka-Volterra-Modellen (LVMe), die von der Form her eng mit den Epidemiemodellen verknüpft sind (siehe

Band 1). Dabei braucht es kein Verständnis für die LVMe selber. Man kann diese einfach als Differentialgleichungssystem ohne praktischen Zusammenhang betrachten.

Weiter folgen die eigentlichen Analysewerkzeuge. Als Erstes wird die Linearisierung einer DG, die eng mit dem Begriff der lokalen asymptotischen Stabilität verknüpft ist, behandelt (Kap. 2.4). Als Zweites zeigen wir die Bedeutung der Lyapunov-Funktion, die ihrerseits auf eine globale Stabilität der Lösung hinweist (Kap. 2.4 und 3.2). In Kap. 3.1 formulieren wir mit dem Stabilitätssatz, was sich für ein lineares System und aus der Linearisierung des Systems folgern lässt, und geben Kriterium für dessen Stabilität an. Die eigentlichen Epidemiemodelle beginnen erst mit Kap. 4.

2 Grundlegendes und Vereinbarungen

Leider ist es die Eigenheit solcher Epidemiemodelle, dass sie sich (bis auf sehr einfache) nicht mehr geschlossen lösen lassen. Der Grund dafür ist, wie wir sehen werden, im Kontaktterm der beiden Populationen zu suchen.

Um einen ersten Eindruck zu gewinnen, legen wir zwei Populationen y_1 und y_2 fest. deren zeitliche Änderungen $\dot{y}_1$ und $\dot{y}_2$ folgender Gesetzmässigkeit unterliegen:

$$\begin{aligned}\dot{y}_1 &= \alpha y_1 - \beta y_1 y_2,\\ \dot{y}_2 &= \gamma y_1 y_2 - \delta y_2.\end{aligned} \tag{2.1}$$

Das System (2.1) entspricht dem klassischen Lotka-Volterra-Modell. Dabei sind $\alpha, \beta, \gamma, \delta \in \mathbb{R}$. Man erkennt, dass die Änderung der Größen y_1 und y_2 einerseits mithilfe eines exponentiellen Terms der Form αy_1 oder $-\delta y_2$ modelliert wird. Anderseits gesellt sich zur Änderung noch jeweils ein Kontaktterm der beiden Populationen oder Klassen der Form $-\beta y_1 y_2$ bzw. $\gamma y_1 y_2$, also als reines Produkt der aktuellen Größen y_1 und y_2. Es gibt derart vielfältige Terme, um sowohl das kontaktlose Wachstum der einzelnen Populationen als auch den Kontakt zu modellieren, dass wir uns zwangsweise beschränken müssen. Deshalb legen wir für alles Weitere Folgendes fest:

Grundlegende Modellierungsterme.

1. Zu- oder Abnahmen einer Größe y werden ausschließlich mithilfe eines Vielfachen der aktuellen Größe y modelliert. Anders ausgedrückt entspricht die Änderung einem exponentiellen Wachstum oder Zerfall:

$$\dot{y} = \pm \alpha y. \tag{2.2}$$

2. Treffen gesunde auf ansteckende Individuen aufeinander, so soll die Zunahme einzig und allein über einen einfachen Produktterm beschrieben werden. Kontaktterme zwischen einem Individuum y_1 und einem Individuum y_2 zweier verschiedener Klassen werden somit ausschließlich als Vielfaches des Produkts $y_1 y_2$ modelliert:

$$\dot{y}_{1,2} = \pm \alpha y_1 y_2. \tag{2.3}$$

2.1 Numerisches Lösen von Differentialgleichungen

Lassen sich somit DGen oder DG-Systeme nicht mehr analytisch lösen, dann benötigt man numerische Verfahren, um den Verlauf der Lösung zu bestimmen. Dazu wird die DG diskretisiert. Das wichtigste Verfahren stellen wir nun vor.

Das Euler-Verfahren. Ausgangspunkt sei die DG $y'(x) = f(x, y(x))$.

https://doi.org/10.1515/9783111348018-002

Herleitung von (2.1)

Die Lösung $y = y(x)$ soll durch einen Polygonzug der (äquidistanten) Schrittweite h angenähert werden. Je feiner h gewählt wird, umso besser entspricht der Polygonzug der Lösungskurve (Abb. 2.1). Im Folgenden bezeichnet $y(x_i)$ den exakten Funktionswert der Lösung und y_i den numerisch bestimmten Wert an der jeweiligen Stelle x_i. Sei x_0 der Startwert, dann gilt $y(x_0) = y_0$. Gehen wir zu einem Wert $x_1 = x_0 + h$ über, dann kann man $y(x_1)$ durch die Taylor-Reihe vom Grad 1 approximieren: $y(x_1) \approx y_0 + y'(x_0) \cdot h = y_0 + f(x_0, y_0) \cdot h := y_1$. Analog folgt $y(x_2) \approx y_1 + f(x_1, y_1) \cdot h := y_2$ usw. Daraus ergibt sich eine explizite Rekursionsformel für die Punkte des Polygonzugs (Euler-Verfahren):

$$\begin{aligned} x_{i+1} &= x_i + h, \\ y_{i+1} &= y_i + h \cdot f(x_i, y_i). \end{aligned} \tag{2.1.1}$$

Es gibt natürlich weitere, verfeinerte numerische Verfahren. Mit der hohen zur Verfügung stehenden Rechenleistung genügt das Euler-Verfahren vollends, weil man für eine verbesserte Genauigkeit den Abstand h einfach verkleinern kann.

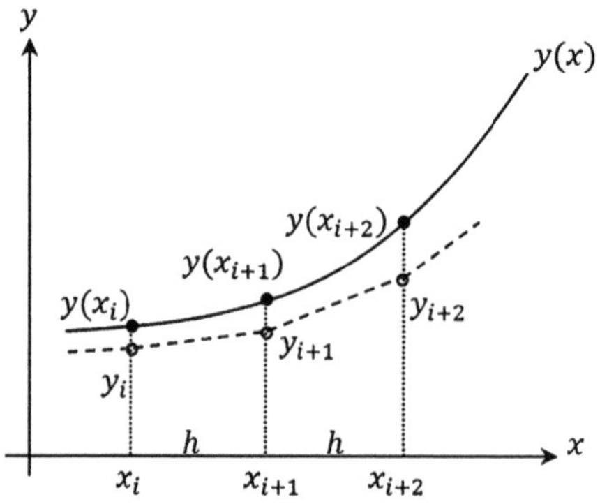

Abb. 2.1: Skizze zum Euler-Verfahren.

Beispiel. Im System (2.1) sind $\alpha = 0{,}2$, $\beta = 0{,}02$, $\gamma = 0{,}002$, $\delta = 0{,}05$ und die Startwerte $y_1(0) = 10$ und $y_2(0) = 4$. Damit der praktische Hintergrund einsichtig wird, kann man sich $y_1(t)$ und $y_2(t)$ als Hasen- resp. Fuchspopulation vorstellen. Die Populationszahlen werden dann durch (2.1) beschrieben.

a) Stellen Sie das zugehörige diskrete Gleichungssystem zuerst allgemein unter Verwendung von $\alpha, \beta, \gamma, \delta, \Delta t$ und dann für die Schrittweite $\Delta t = 1$ Woche auf.
b) Stellen Sie ein Programm zusammen und führen Sie dieses für $n = 208$ (4 Jahre) aus.

Lösung.

a) Das diskrete System lautet:

$$y_{1i+1} = y_{1i} + (\alpha \cdot y_{1i} - \beta \cdot y_{1i} \cdot y_{2i}) \cdot \Delta t,$$
$$y_{2i+1} = y_{2i} + (\gamma \cdot y_{1i} \cdot y_{2i} - \delta \cdot y_{2i}) \cdot \Delta t.$$

Ergänzung: Dieses System würde dann übergehen in

$$\frac{y_{1i+1} - y_{1i}}{\Delta t} = \alpha \cdot y_{1i} - \beta \cdot y_{1i} \cdot y_{2i},$$
$$\frac{y_{2i+1} - y_{2i}}{\Delta t} = \gamma \cdot y_{1i} \cdot y_{2i} - \delta \cdot y_{2i}$$

und im kontinuierlichen Fall mit $\Delta t \to dt$ in (2.1). Wie schon oben erwähnt, existiert leider keine analytische Lösung für den kontinuierlichen Fall.
Mit den gewählten Zahlen erhält man:

$$y_{1i+1} = y_{1i} + (0{,}2 \cdot y_{1i} - 0{,}02 \cdot y_{1i} \cdot y_{2i}) \cdot 1,$$
$$y_{2i+1} = y_{2i} + (0{,}002 \cdot y_{1i} \cdot y_{2i} - 0{,}05 \cdot y_{2i}) \cdot 1. \quad (2.1.2)$$

b) Das vollständige Programm wurde mit einem TI-nspire CX CAS erstellt. Dieses bildet die Basis für alle folgenden Epidemiemodelle. Insbesondere sind die Aufrufe für y1i und y2i zu beachten. Sie bilden den Kern des Programms und entsprechen den Diskretisierungen des DG-Systems. Einzig diese beiden Aufrufe werden in den kommenden Modellen angepasst, wohingegen das restliche Gerüst des Programms unangetastet bleibt. Im Fall von (2.1.2) erhält man

```
Define volterra(n) =
Prgm
xa:= {x1i}
ya:= {y1i}
xb:= {x2i}
yb:= {y2i}
x1i:= 0
x2i:= 0
y1i:= 10
y2i:= 4
For i,1,n
x1i:= x1i + 1
x2i:= x2i + 1
y1i:= y1i + y1i·(0.2 – 0.02·y2i)·1
y2i:= y2i + y2i·(0.002·y1i – 0.05)·1
xa:= augment(xa,{x1i})
ya:= augment(ya,{y1i})
xb:= augment(xb,{x2i})
yb:= augment(yb,{y2i})
End For
Disp xa, ya, xb, yb
End Prgm
```

Die Verläufe beider Populationen entnimmt man Abb. 2.2. Man erkennt eine Periodizität. Auf eine weitere Interpretation verzichten wir an dieser Stelle, da es sich ja nicht um ein Epidemiemodell handelt und periodische Kurven in den folgenden Modellen auch nicht auftreten werden. Es ging lediglich darum, das Grundprogramm vollständig niederzuschreiben, damit dieses zur Weiterverwendung vorliegt.

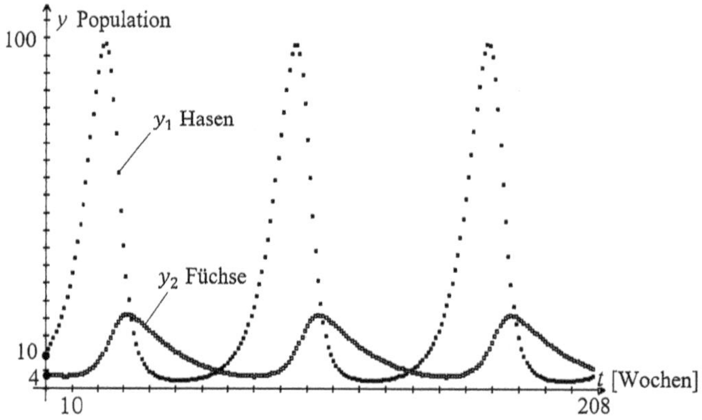

Abb. 2.2: Simulation von (2.1.2).

2.2 Trajektorie und Gleichgewichtspunkt

Abbildung 2.2 zeigt die jeweilige Populationsgröße in Abhängigkeit des Zeitschritts Δt. Es ist auch möglich, die eine Populationsgröße als Funktion der anderen auszudrücken.

Definition 1. Man nennt die Zunahme der Spezies y_2 als Funktion der Spezies y_1 die Trajektorie oder Bahn des Systems: $y_2(t) = g(y_1(t))$ und die y_1y_2-Ebene den Phasenraum. Jeder Punkt P im Phasenraum besitzt dann die Koordinaten $P(y_1(t), y_2(t))$ wie bei einer parametrisierten Kurve.

Beispiel 1.

a) Stellen Sie die Trajektorie für das Beispiel (LVM1) aus Kap. 2.1 dar.
b) Nehmen Sie als Variante zu a) die Startwerte $y_1(0) = 15, y_2(0) = 7$ und stellen Sie wiederum die Trajektorie dar.
c) Wiederholen Sie dasselbe wie in b) für $y_1(0) = 22$ und $y_2(0) = 9$.

Lösung.

a) Für die Darstellung der Trajektorie fügt man in das bestehende Programm drei Befehle ein:

```
xc:= augment(ya,{y1i})
yc:= augment(yb,{y2i})
Disp .....xc, yc
```

Die Trajektorie scheint eine geschlossene Kurve zu sein (Abb. 2.3), die um einen sogenannten Gleichgewichtspunkt $G(y_1^\infty, y_2^\infty)$ kreist. In unserem Beispiel ist $G(25, 10)$.

b) Die Trajektorie kreist enger um G (Abb. 2.3).

c) Die Trajektorie besitzt annähernd die Gestalt einer Ellipse (Beweis Band 1) und kreist noch enger um G (Abb. 2.3 links).
Auch hier verzichten wir auf eine zusätzliche Interpretation. Interessierte können alles in Band 1 nachlesen. Dieses typische Kreisen um einen Punkt besitzt für die kommenden Epidemiemodelle keine Bedeutung. Interessant hingegen ist der in Abb. 2.3 links eingezeichnete Gleichgewichtspunkt (GP). Dieser spielt eine zentrale Rolle, weshalb wir als Nächstes genau definieren müssen, was unter einem GP zu verstehen ist.

Definition 2. Es bezeichnet $I \subset \mathbb{R}$ ein offenes Intervall, $t \in I, \boldsymbol{y} = (y_1, y_2, \ldots, y_n) \in \mathbb{R}^n$ und

$$f : I \times \mathbb{R}^n \to \mathbb{R}^n \quad \text{mit} \quad f(\boldsymbol{y}(t)) = (f_1(y_1, y_2, \ldots, y_n), f_2(y_1, y_2, \ldots, y_n), \ldots, f_n(y_1, y_2, \ldots, y_n)).$$

Ein Punkt $\boldsymbol{y}_\infty := (y_1^\infty, y_2^\infty, \ldots, y_n^\infty)$ heißt GP oder Gleichgewichtslösung, falls

$$(f_1(y_1^\infty, y_2^\infty, \ldots, y_n^\infty), f_2(y_1^\infty, y_2^\infty, \ldots, y_n^\infty), \ldots, f_n(y_1^\infty, y_2^\infty, \ldots, y_n^\infty)) = (0, 0, \ldots, 0)$$

gilt.

Man nennt die zugehörige Lösung dann auch stationäre Lösung oder Nulllösung. Kurz gesagt, verschwinden die Änderungen $\dot{y}_1, \dot{y}_2, \ldots \dot{y}_n$ im GP.

Beispiel 2. Ermitteln Sie den GP für das System (2.1) zuerst allgemein und dann mit den Werten aus Beispiel 1.

Lösung. Man erhält das System $0 = \alpha y_1 - \beta y_1 y_2$, $0 = \gamma y_1 y_2 - \delta y_2$ mit den GPen $G_1(0, 0)$ und $G_2(\frac{\delta}{\gamma}, \frac{\alpha}{\beta})$. Die Werte aus Bsp. 1 liefern $G_2(\frac{0{,}05}{0{,}002}, \frac{0{,}2}{0{,}02}) = G_2(25, 10)$.

Die tiefere Bedeutung des GP folgt mit dem nächsten Kapitel im Zusammenhang mit der Stabilität.

2.3 Autonome Systeme und der Gleichgewichtssatz

Die Simulation ermöglicht es, den Populationsverlauf bei einem bestimmten Anfangswert darzustellen. Damit kann man aber keine allgemeinen Aussagen ableiten. Fragen wie beispielsweise, ob die Trajektorie geschlossen ist, ob die Änderung des Startpunkts zu einem unterschiedlichen Verlauf führt, oder wie sich die Bahnkurve in der Nähe des GPs verhält, müssen mit anderen Mitteln beantwortet werden.

Bemerkung. Um Vektorzeichen zu vermeiden, wird im Weitern das Argument $\boldsymbol{y}(t)$ fett gekennzeichnet und bei der vektorwertigen Funktion f wird das Vektorzeichen einfach weggelassen.

Definition 1. Bezeichnen $\boldsymbol{y}(t) = (y_1, y_2, \ldots, y_n) \in \mathbb{R}^n$ und

$$f = (f_1(\boldsymbol{y}(t)), f_2(\boldsymbol{y}(t)), \ldots, f_n(\boldsymbol{y}(t))) \in \mathbb{R}^n,$$

dann ist eine autonome DG (auch dynamisches System genannt) gegeben durch $\dot{\boldsymbol{y}}(t) = f(\boldsymbol{y}(t))$. Dabei ist f als Ableitung einer stetig differenzierbaren Funktion stetig.

Autonom bedeutet also, dass f nicht noch zusätzlich von der Variablen t abhängt. Beispielsweise ist die logistische DG $\dot{y}(t) = ky(t)[G - y(t)]$ wie auch das System (2.1) autonom. Letzteres könnte man auch als $\binom{\dot{y}_1}{\dot{y}_2} = \binom{\alpha y_1 - \beta y_1 y_2}{\gamma y_1 y_2 - \delta y_2}$ schreiben. Hingegen ist $\binom{\dot{y}_1}{\dot{y}_2} = \binom{t y_1 - y_2}{y_2 - t y_1^2}$ nicht autonom. Die Lösung $\boldsymbol{y}(t) = \binom{y_1(t)}{y_2(t)}$ stellt dann eine stetig differenzierbare Funktion dar, nämlich die schon weiter oben definierte Trajektorie oder Bahn.

Damit eine DG oder ein DG-System eine eindeutige Lösung besitzt, bedarf es eines Anfangswertes.

Definition 2. Ein Anfangswertproblem (AWP) besteht aus einer gewöhnlichen DG

$$\dot{\boldsymbol{y}}(t) = f(t, \boldsymbol{y}(t)) \quad \text{und der Forderung} \quad \boldsymbol{y}(t_0) = \boldsymbol{y}_0. \tag{2.3.1}$$

Es gilt nun der folgende

Gleichgewichtssatz.
Gegeben ist das AWP $\dot{\boldsymbol{y}}(t) = f(\boldsymbol{y}(t))$ mit $\boldsymbol{y}(t_0) = \boldsymbol{y}_0$.
Ist $\boldsymbol{y}(t)$ eine Lösung, die für $t \to \infty$ gegen $\boldsymbol{y}_\infty$ konvergiert, dann ist $\boldsymbol{y}_\infty$ ein GP, d. h., es gilt

$$f(\boldsymbol{y}_\infty) = 0. \tag{2.3.2}$$

Ergebnis. Insbesondere besagt der Satz, dass mit der Kenntnis der GPe alle möglichen Punkte vorliegen, gegen die sich eine Lösungskurve hinbewegt. Die Umkehrung gilt im Allgemeinen nicht, d. h., nicht jedem GP $\boldsymbol{y}_\infty$ liegt eine Lösung $\boldsymbol{y}$ zugrunde, die gegen $\boldsymbol{y}_\infty$ konvergiert.

Beispiel. Gegeben ist die DG $\dot{y}(t) = y(t)$ mit $y(0) = y_0$. Zeigen Sie, dass die Umkehrung von Satz (2.3.2) in diesem Fall nicht erfüllt ist.

Lösung. Einziger GP ist $y_\infty = 0$. Die DG wird gelöst durch $y(t) = y_0 e^t$, aber $\lim_{t\to\infty} y(t) = \infty \neq 0$.

Bemerkung. In Kap. 7.2 werden wir sehen, dass die Lösung mit der Zeit nicht nur gegen einen GP, sondern auch gegen einen sogenannten Grenzzyklus streben kann.

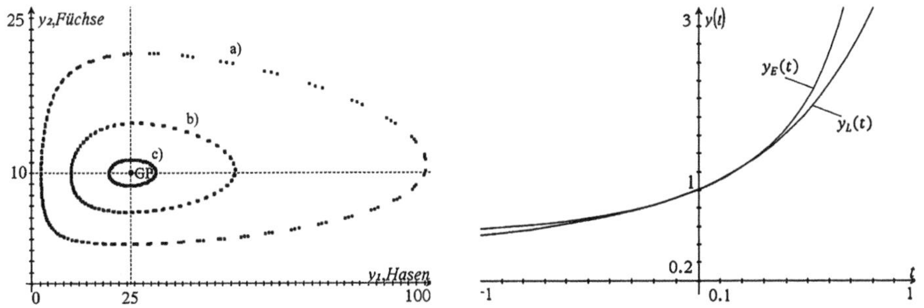

Abb. 2.3: Trajektorien zum Beispiel 1, Kap. 2.2 und Skizzen zum Beispiel, Kap. 2.4.

2.4 Drei Werkzeuge zur Analyse von Epidemiemodellen

1. Die Linearisierung einer DG

Bei der Linearisierung oder linearen Approximation einer nichtlinearen Funktion nähert man den Verlauf in der Umgebung U_P eines Funktionspunkts P durch ihre Tangente an. Dies bezeichnet nichts anderes, als dass man das zugehörige Taylor-Polynom nach dem linearen Term abbricht. Da der Verlauf einer Funktion $\mathbf{y}(t)$ vorliegt, kann man diese in jedem Funktionspunkt $P(t_0, \mathbf{y}(t_0))$ linearisieren. Anders verhält es sich bei einer DG bzw. einem AWP mit $\mathbf{y}(t_0) = \mathbf{y}_0$. Da die Lösung unbekannt ist, verbleiben zur Linearisierung einzig die Stelle $t = t_0$ bzw. der Punkt $\mathbf{y}(t) = \mathbf{y}(t_0)$. Ist die DG zudem autonom, so bieten sich die GPe für eine Linearisierung an. Die daraus resultierende lineare homogene DG lässt sich meistens einfacher lösen als die ursprüngliche, nichtlineare DG und die Näherungslösungen können damit aufschlussreiche Erkenntnisse liefern. Wir unterscheiden zwei Fälle:

1. Fall. Gegeben ist eine nichtlineare (homogene) DG n-ter Ordnung

$$y^{(n)}(t) = f(t, y(t), \dot{y}(t), \ddot{y}(t), \dots, y^{(n-1)}(t)).$$

Linearisieren bedeutet, der DG die Gestalt

$$y^{(n)}(t) = a_0 + b_0 \cdot t + c_0(t) \cdot y(t) + c_1(t) \cdot \dot{y}(t) + c_2(t) \cdot \ddot{y}(t) + \dots + c_{n-1}(t) \cdot y^{(n-1)}(t)$$

zu geben. Dabei sind $a_0, b_0 \in \mathbb{R}$ und die Koeffizienten $c_k(t)$ sind linear: $c_k(t) = d_k + e_k t$ mit $d_k, e_k \in \mathbb{R}$.

2. Fall. Gegeben ist eine nichtlineare autonome (homogene) DG n-ter Ordnung. Diese wird von

$$y^{(n)}(t) = f(y(t), \dot{y}(t), \ddot{y}(t), \dots, y^{(n-1)}(t))$$

durch linearisieren in die Form

$$y^{(n)}(t) = c_0 \cdot y(t) + c_1 \cdot \dot{y}(t) + c_2 \cdot \ddot{y}(t) + \cdots + c_{n-1} \cdot y^{(n-1)}(t)$$

mit $c_k \in \mathbb{R}$ gebracht.

Beispiel. Gegeben ist die autonome DG $\dot{y}(t) = f(y(t))$ mit $f(y(t)) = y^2(t)$ und $y(0) = 1$.

a) Ermitteln Sie die exakte Lösung.
b) Linearisieren Sie die Funktion $y^2(t)$ um $y_0(t) \equiv 1$ mithilfe der Taylor-Reihe.
c) Linearisieren Sie die Funktion $y^2(t)$ um $y_0(t) \equiv 1$ mithilfe eines Störungsterms.
d) Lösen Sie die linearisierte DG.
e) Stellen Sie sowohl die exakte Lösung wie auch die Näherungslösung dar.

Lösung.

a) Die Trennung der Variablen führt zu $\int \frac{dy}{y^2} = \int dt$, $-\frac{1}{y} = t - C$ und $y(t) = \frac{1}{C-t}$. Mit der Anfangsbedingung (AB) folgt $C = 1$ und die exakte Lösung $y_E(t) = \frac{1}{1-t}$.
b) Die zugehörige Taylor-Reihe berechnet sich gemäß

$$f(y(t)) \approx y_0(t) + \frac{\partial f}{\partial y}(y_0(t)) \cdot [y(t) - y_0(t)].$$

In unserem Fall ist

$$y^2(t) \approx 1 + 2 \cdot 1 \cdot [y(t) - 1] = 2y(t) - 1. \tag{2.4.1}$$

c) Wir erhalten dasselbe Ergebnis wie (2.4.1), wenn wir den Ansatz $y(t) = y_\infty + z(t) = 1 + z(t)$ in die DG einsetzen. Dabei bezeichnet $z(t)$ eine Störung. Durch Einsetzen in die DG entsteht $\dot{z}(t) = [1 + z(t)]^2 = 1 + 2z(t) + z^2(t)$, nach Vernachlässigung höherer Potenzen $\dot{z}(t) \approx 1 + 2z(t)$ und nach Rücksubstitution $\dot{y}(t) \approx 1 + 2y(t) - 2 = 2y(t) - 1$.
d) Die linearisierte DG $\dot{y}(t) = 2y(t) - 1$ ist inhomogen. Die zugehörige homogene DG, $\dot{y}(t) - 2y(t) = 0$, wird gelöst durch $y(t) = C \cdot e^{2t}$. Für die inhomogene DG setzen wir die Lösung gemäß Lagrange als $y(t) = C(t) \cdot e^{2t}$ an und finden nach Einsetzen $\dot{C}(t) \cdot e^{2t} = -1$, $\dot{C}(t) = -e^{-2t}$ und $C(t) = \frac{1}{2}e^{-2t} + C_1$. Weiter erhält man $y(t) = (\frac{1}{2}e^{-2t} + C_1) \cdot e^{2t} = \frac{1}{2} + C_1 \cdot e^{2t}$. Die AB liefert $C_1 = \frac{1}{2}$ und insgesamt die Näherungslösung aufgrund der Linearisierung $y_L(t) = \frac{1}{2}(1 + e^{2t})$.
e) Siehe dazu Abb. 2.3 rechts.

2. Die Linearisierung eines DG-Systems

Exemplarisch zeigen wir die Linearisierung für ein System nicht allgemein, sondern für das System (2.1) (LVM1). Dabei gehen wir so vor wie in Beispiel c) und verwenden einen Störungsterm.

Herleitung von (2.4.2)–(2.4.6)
Im Fall des LVM1 betrachten wir kleine Änderungen $z_1(t)$, $z_2(t)$ mit $z_1(0), z_2(0) \neq 0$ um einen GP $G(y_1^\infty, y_2^\infty)$, in unserem Fall $G_1(0,0)$ oder um $G_2(\frac{\delta}{\gamma}, \frac{\alpha}{\beta})$. Die Störungen z_1, z_2 sind so klein, dass man sowohl Potenzen z_1^n, z_2^n mit $n \geq 2$ als auch auftretende Produkte $z_1 z_2$ vernachlässigen kann. Es gilt also $|z_1(t)|^n \ll y_1^\infty$, $|z_2(t)|^n \ll y_2^\infty$ für $n \geq 2$ und $|z_1(t)| \cdot |z_2(t)| \ll y_1^\infty y_2^\infty$. Ausgangspunkt ist das System (2.1):

$$\begin{aligned}\dot{y}_1 &= \alpha y_1 - \beta y_1 y_2,\\ \dot{y}_2 &= \gamma y_1 y_2 - \delta y_2.\end{aligned}$$

Wir setzen $y_1(t) = y_1^\infty + z_1(t)$, $y_2(t) = y_2^\infty + z_2(t)$ an und fügen die Ausdrücke in das System ein. Man erhält

$$\begin{aligned}\dot{z}_1 &= \alpha(y_1^\infty + z_1) - \beta(y_1^\infty + z_1)(y_2^\infty + z_2),\\ \dot{z}_2 &= \gamma(y_1^\infty + z_1)(y_2^\infty + z_2) - \delta(y_2^\infty + z_2) \quad \text{und daraus}\\ \dot{z}_1 &= \alpha y_1^\infty + \alpha z_1 - \beta y_1^\infty y_2^\infty - \beta y_1^\infty z_2 - \beta y_2^\infty z_1 - \beta z_1 z_2,\\ \dot{z}_2 &= \gamma y_1^\infty y_2^\infty + \gamma y_1^\infty z_2 + \gamma y_2^\infty z_1 + \gamma z_1 z_2 - \delta y_2^\infty - \delta z_2.\end{aligned}$$

Linearisiert lautet das System also:

$$\begin{aligned}\dot{z}_1 &= \alpha y_1^\infty + \alpha z_1 - \beta y_1^\infty y_2^\infty - \beta y_1^\infty z_2 - \beta y_2^\infty z_1,\\ \dot{z}_2 &= \gamma y_1^\infty y_2^\infty + \gamma y_1^\infty z_2 + \gamma y_2^\infty z_1 - \delta y_2^\infty - \delta z_2.\end{aligned} \tag{2.4.2}$$

1. Fall. $G_1(0,0)$. Das System (2.4.2) reduziert sich zu:

$$\begin{aligned}\dot{z}_1 &= \alpha z_1,\\ \dot{z}_2 &= -\delta z_2.\end{aligned} \tag{2.4.3}$$

Bezeichnen wir $A_1 = z_1(0)$, $A_2 = z_2(0)$, dann lauten die einzelnen Lösungen $z_1(t) = A_1 e^{\alpha t}$, $z_2(t) = A_2 e^{-\delta t}$ und nach Rücksubstitution $y_1(t) = z_1(t)$, $y_2(t) = z_2(t)$. Da $\alpha > 0$, verhindert die Lösung $y_1(t)$, dass die Gesamtlösung gegen $G_1(0,0)$ läuft. Man sagt in diesem Fall, dass die Lösung instabil bezüglich G_1 ist. Dabei kann man noch so nahe beim Ursprung starten.

2. Fall. $G_2(\frac{\delta}{\gamma}, \frac{\alpha}{\beta})$. Aus (2.4.2) wird dann

$$\begin{aligned}\dot{z}_1(t) &= \alpha \cdot \frac{\delta}{\gamma} + \alpha z_1 - \beta \cdot \frac{\delta}{\gamma} \cdot \frac{\alpha}{\beta} - \beta \cdot \frac{\delta}{\gamma} z_2 - \beta \cdot \frac{\alpha}{\beta} z_1 = -\frac{\beta\delta}{\gamma} z_2(t),\\ \dot{z}_2(t) &= \gamma \cdot \frac{\delta}{\gamma} \cdot \frac{\alpha}{\beta} + \gamma \cdot \frac{\delta}{\gamma} z_2 + \gamma \cdot \frac{\alpha}{\beta} z_1 - \delta \cdot \frac{\alpha}{\beta} - \delta z_2 = \frac{\alpha\gamma}{\beta} z_1(t).\end{aligned} \tag{2.4.4}$$

Bildet man die zweiten Ableitungen nach der Zeit, so entsteht

$$\ddot{z}_1(t) = -\frac{\beta\delta}{\gamma}\dot{z}_2(t) = -\frac{\beta\delta}{\gamma}\cdot\frac{\alpha\gamma}{\beta}z_1(t) = -\alpha\delta\cdot z_1(t),$$
$$\ddot{z}_2(t) = \frac{\alpha\gamma}{\beta}\dot{z}_1(t) = \frac{\alpha\gamma}{\beta}\cdot\left(-\frac{\beta\delta}{\gamma}\right)z_1(t) = -\alpha\delta\cdot z_2(t).$$

Die Lösungen sind jeweils

$$\begin{aligned} z_1(t) &= A_1\cos(\sqrt{\alpha\delta}\cdot t) + B_1\sin(\sqrt{\alpha\delta}\cdot t),\\ z_2(t) &= A_2\cos(\sqrt{\alpha\delta}\cdot t) + B_2\sin(\sqrt{\alpha\delta}\cdot t) \quad \text{mit}\\ A_1 = z_1(0),\quad A_2 &= z_2(0),\quad B_1 = \frac{\dot{z}_1(0)}{\sqrt{\alpha\delta}} \quad\text{und}\quad B_2 = \frac{\dot{z}_2(0)}{\sqrt{\alpha\delta}}. \end{aligned} \tag{2.4.5}$$

Nach Rücksubstitution wird aus (2.4.5)

$$\begin{aligned} y_1(t) &= y_1^\infty + A_1\cos(\sqrt{\alpha\delta}\cdot t) + B_1\sin(\sqrt{\alpha\delta}\cdot t),\\ y_2(t) &= y_2^\infty + A_2\cos(\sqrt{\alpha\delta}\cdot t) + B_2\sin(\sqrt{\alpha\delta}\cdot t). \end{aligned} \tag{2.4.6}$$

Die Trajektorie entspricht einer geschlossenen Kurve, nämlich einer schiefen Ellipse, womit auch die Vermutung der Stabilität aus dem Beispiel 1 in Kap. 2.2 zumindest lokal bestätigt wird.

Schließlich schreiben wir noch (2.4.3) als Matrixgleichung und erhalten $\binom{\dot{z}_1}{\dot{z}_2} = \begin{pmatrix}\alpha & 0\\ 0 & -\delta\end{pmatrix}\binom{z_1}{z_2}$ oder $\dot{\mathbf{z}} = M_1\mathbf{z}$. Gleiches für (2.4.4) ergibt

$$\begin{pmatrix}\dot{z}_1\\ \dot{z}_2\end{pmatrix} = \begin{pmatrix}0 & -\frac{\beta\delta}{\gamma}\\ \frac{\alpha\gamma}{\beta} & 0\end{pmatrix}\begin{pmatrix}z_1\\ z_2\end{pmatrix} \quad \text{oder} \quad \dot{\mathbf{z}} = M_2\mathbf{z}.$$

Nun stellt sich die Frage, wie M_1 und M_2 aus dem System (2.1) entstehen. Dies werden wir mit der Jacobi-Matrix in Kap. 3.1 beantworten.

Ergebnis. Die Linearisierung um einen GP untersucht die Auswirkungen kleiner Störungen auf die Stabilität des GP. Dabei wird eine nichtlineare DG zu einer linearen DG reduziert, wodurch Information verloren geht. Der Verlust entspricht dem Übergang von globalen Eigenschaften zu lokalen Eigenschaften.

Folgerung. Im Fall des Systems (2.1) oder des LVM1 können wir somit von der lokalen Periodizität des Systems durch Linearisieren allein nicht auf die globale Periodizität desselben Systems schließen, auch dann nicht, wenn die globale Periodizität durch eine lange Versuchsreihe bestätigt wird. Es lässt sich einzig aussagen, dass es in einer kleinen Umgebung U_G so ist. Wie groß diese Umgebung ist, weiß man nicht. Den genauen Unterschied zwischen lokaler und globaler Stabilität klären wir mit den Sätzen (3.1.2), (3.1.5) und (3.2.1) in den Kapiteln 3.1 und 3.2.

3. Eine Lyapunov-Funktion für das System (2.1)

Die Linearisierung gestattete nur in der Nähe des GP eine eindeutige Aussage. Lyapunov entwickelte eine Methode, die es erlaubt, mithilfe einer später nach ihm benannten Funktion $V(y_1, y_2)$ unter gewissen Voraussetzungen das lokale oder globale Verhalten der Lösungskurve eindeutig zu beschreiben. Das Problem ist, dass kein Konstruktionsverfahren für eine solche Funktion vorliegt, sie muss schlicht gefunden werden.

Eine Lyapunov-Funktion V definieren wir in Kap. 3.2 genauer. Vorerst genügt es, sie als eine Funktion $V : \mathbb{R}^2 \to \mathbb{R}$ zu identifizieren. Dabei ist $V(\mathbf{y}(t)) = V(y_1(t), y_2(t))$ und die zeitliche Ableitung gemäß der Kettenregel ergibt sich zu

$$\dot{V}(\mathbf{y}(t)) = \operatorname{grad} V \circ \dot{\mathbf{y}} = \begin{pmatrix} \frac{\partial V}{\partial y_1} \\ \frac{\partial V}{\partial y_2} \end{pmatrix} \circ \begin{pmatrix} \dot{y}_1(t) \\ \dot{y}_2(t) \end{pmatrix} = \frac{\partial V}{\partial y_1} \cdot \dot{y}_1(t) + \frac{\partial V}{\partial y_2} \cdot \dot{y}_2(t) = \operatorname{grad} V \circ f(\mathbf{y}(t)).$$

Herleitung von (2.4.7)
Ausgehend vom System (2.1) betrachten wir den Quotienten $\frac{\dot{y}_2}{\dot{y}_1} = \frac{\gamma y_1 y_2 - \delta y_2}{\alpha y_1 - \beta y_1 y_2}$. Dann folgt $\alpha y_1 \dot{y}_2 - \beta y_1 y_2 \dot{y}_2 - \gamma y_1 \dot{y}_1 y_2 + \delta \dot{y}_1 y_2 = 0$. Die Division durch $y_1 y_2$, wobei $y_1(t)$, $y_2(t) \neq 0$ für alle t ist, ergibt $\gamma \dot{y}_1 - \delta \frac{\dot{y}_1}{y_1} + \beta \dot{y}_2 - \alpha \frac{\dot{y}_2}{y_2} = 0$ oder

$$\gamma(y_1 - y_1^\infty)\frac{\dot{y}_1}{y_1} + \beta(y_2 - y_2^\infty)\frac{\dot{y}_2}{y_2} = 0 \quad \text{mit} \quad y_1^\infty = \frac{\delta}{\gamma} \quad \text{und} \quad y_2^\infty = \frac{\alpha}{\beta}.$$

Folglich ist

$$\frac{d}{dt}[\gamma(y_1 - y_1^\infty \ln(y_1)) + \beta(y_2 - y_2^\infty \ln(y_2))] = 0.$$

Dies bedeutet aber, dass

$$V_*(y_1, y_2) = \gamma[y_1 - y_1^\infty \ln(y_1)] + \beta[y_2 - y_2^\infty \ln(y_2)] = \text{konst.}$$

für alle t ist. Dasselbe gilt dann auch für die Funktion

$$V(y_1, y_2) = \gamma\left[y_1 - y_1^\infty - y_1^\infty \ln\left(\frac{y_1}{y_1^\infty}\right)\right] + \beta\left[y_2 - y_2^\infty - y_2^\infty \ln\left(\frac{y_2}{y_2^\infty}\right)\right] \tag{2.4.7}$$

mit der zusätzlichen Eigenschaft $V(y_1^\infty, y_2^\infty) = 0$. Damit bewegen sich die Lösungen des Systems (2.1) für alle t auf Niveaulinien der Funktion $V(y_1, y_2)$. Als Nächstes müssen wir zeigen, dass es sich bei $G(y_1^\infty, y_2^\infty)$ um ein globales Minimum handelt, dass also in unserem Fall $V(y_1, y_2) > 0$ für alle $(y_1, y_2) \neq (y_1^\infty, y_2^\infty)$ gilt. Wir zeigen sogar noch mehr, denn V erweist sich als strikt konvex. Wir fügen an dieser Stelle den kurzen Beweis an.

Beweis der Konvexität von V. Generell gilt, dass eine Funktion $V : D \subset \mathbb{R}^2 \to \mathbb{R}$ genau dann strikt konvex ist, wenn die zugehörige Hesse-Matrix

$$\begin{pmatrix} \frac{\partial^2 V}{\partial y_1^2} & \frac{\partial^2 V}{\partial y_1 \partial y_2} \\ \frac{\partial^2 V}{\partial y_1 \partial y_2} & \frac{\partial^2 V}{\partial y_2^2} \end{pmatrix}$$

auf D positiv definit ist. Dies wiederum ist gleichbedeutend mit der Existenz lauter positiver Eigenwerte. Lässt sich wie in unserem Fall (2.4.7) die Funktion V in zwei Teilfunktionen $H_1(y_1) = y_1 - y_1^\infty - y_1^\infty \ln(\frac{y_1}{y_1^\infty})$ und $H_2(y_2) = y_2 - y_2^\infty - y_2^\infty \ln(\frac{y_2}{y_2^\infty})$ zerlegen, dann sind die gemischten Ableitungen zwangsweise null und die Matrix diagonal. Deswegen läuft der Beweis der Konvexität darauf hinaus, dass die zweiten Ableitungen der Einzelfunktionen positiv sind. Man erhält $\frac{dH_i(y_i)}{y_i} = 1 - \frac{y_i^\infty}{y_i}, \frac{d^2H_i(y_i)}{y_i^2} = \frac{y_i^\infty}{y_i^2} > 0.$ q. e. d.

Das einzige (lokale) Extremum von V erhält man durch Nullsetzen von $\frac{dH_i(y_i)}{y_i} = 1 - \frac{y_i^\infty}{y_i}$, also $G(y_1^\infty, y_2^\infty)$. Da zudem $H_i(y_i) \to +\infty$ sowohl für $y_i \to 0$ als auch für $y_i \to \infty$ ist, stellt G sogar das globale Minimum dar. Für eine bessere Darstellung setzen wir die Achsen etwas tiefer. Eigentlich müssten diese entlang der gestrichelten Linie verlaufen (Abb. 2.4).

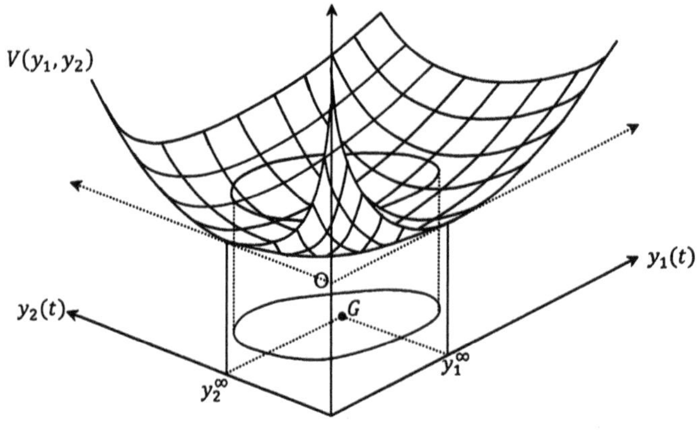

Abb. 2.4: Skizze zur Lyapunov-Funktion für das System (2.1).

3 Die Stabilität einer Differentialgleichung

Das Langzeitverhalten der Lösung einer DG ist eng mit dem Begriff der Stabilität dieser Lösung verbunden. Wenn man deshalb von der Stabilität der DG selbst spricht, meint man eigentlich die Stabilität der Lösung, welche die DG hervorbringt. Das beste Werkzeug, um die lokale oder sogar globale Stabilität der Lösung einer nichtlinearen DG zu zeigen, wäre eine Lyapunov-Funktion. Leider existiert kein Konstruktionsverfahren, um eine solche zu finden. Deswegen stellen wir in Kap. 3.2 einen Stabilitätssatz zur Verfügung, der uns zumindest ermöglicht, Aussagen über eine lokale Stabilität mithilfe der Linearisierung der DG zu treffen.

Als wichtigsten Begriff definieren wir zuerst die Stabilität einer Lösung. Unsere Anwendungen beschränken sich zwar auf autonome Systeme, aber die Definition der Stabilität geben wir für eine beliebige DG an. Der Begriff ist deshalb so zentral, weil damit das Lösungsverhalten nach der Startzeit, im globalen Fall sogar für beliebig lange Zeiten, erfasst wird. Für lokale Aussagen bräuchte man den Stabilitätsbegriff eigentlich nicht, es genügte die lokale Existenz (siehe Band 1). Diese ist aber für unsere Populationsmodelle unzureichend. Um die Stabilität einer Lösung zu gewährleisten, dürfen die Funktionswerte nicht fortwährend anwachsen. Im Zusammenhang mit unseren Epidemiemodellen bedeutet die Stabilität des Systems, dass die Populationen in jeder Klasse endlich bleiben.

Definition 1. Gegeben ist das AWP der Form (2.3.1) mit $\dot{\boldsymbol{y}}(t) = f(t, \boldsymbol{y}(t))$ und $\boldsymbol{y}(t_0) = \boldsymbol{y}_0$. Die Lösung $\boldsymbol{y}(t, \boldsymbol{y}_0)$ für $t \geq t_0$ heißt:

1. stabil, wenn zu jedem $\varepsilon > 0$ ein $\delta > 0$ existiert, sodass aus $|\boldsymbol{y}_0 - \boldsymbol{a}| \leq \delta$ folgt: $|\boldsymbol{y}(t, \boldsymbol{y}_0) - \boldsymbol{y}(t, \boldsymbol{a})| \leq \varepsilon$;
2. instabil, wenn $\boldsymbol{y}(t, \boldsymbol{y}_0)$ nicht stabil ist;
3. anziehend, wenn ein $\delta > 0$ existiert, sodass aus $|\boldsymbol{y}_0 - \boldsymbol{a}| \leq \delta$ folgt:
$$\lim_{t \to \infty} |\boldsymbol{y}(t, \boldsymbol{y}_0) - \boldsymbol{y}(t, \boldsymbol{a})| = 0;$$
4. asymptotisch stabil, wenn $\boldsymbol{y}(t, \boldsymbol{y}_0)$ sowohl stabil als auch anziehend ist.

Bemerkungen.
1. Die Definition schließt keinen der Fälle $\delta \lesseqqgtr \varepsilon$ aus.
2. Man nennt $\boldsymbol{D}(t) := \boldsymbol{y}(t, \boldsymbol{y}_0) - \boldsymbol{y}(t, \boldsymbol{a})$ auch die Differenzfunktion. Sie bezeichnet die Differenz der Funktionswerte für $t \geq t_0$.

Erklärungen.
1. Stabil bedeutet, dass eine anfängliche Änderung des Startwerts (Störung) nur endliche Änderungen der Funktionswerte zur Folge hat (Abb. 3.1 links oben, zwei mögliche Verläufe für $\boldsymbol{D}(t)$).

https://doi.org/10.1515/9783111348018-003

2. Instabil bedeutet, dass man die Startumgebung δ noch so klein wählen kann, die Änderungen werden beliebig groß (Abb. 3.1 rechts oben, zwei mögliche Verläufe für $\boldsymbol{D}(t)$).
3. Anziehend bedeutet, dass die Änderungen zwischenzeitig groß sein dürfen, mit der Zeit aber abklingen (Abb. 3.1 unten links, zwei mögliche Verläufe für $\boldsymbol{D}(t)$).
4. Asymptotisch stabil bedeutet, dass die Änderungen ab dem Start in der ε-Umgebung verbleiben und mit der Zeit abklingen (Abb. 3.1 unten rechts, zwei mögliche Verläufe für $\boldsymbol{D}(t)$). Zwangsweise muss dann $\delta = \varepsilon$ sein.

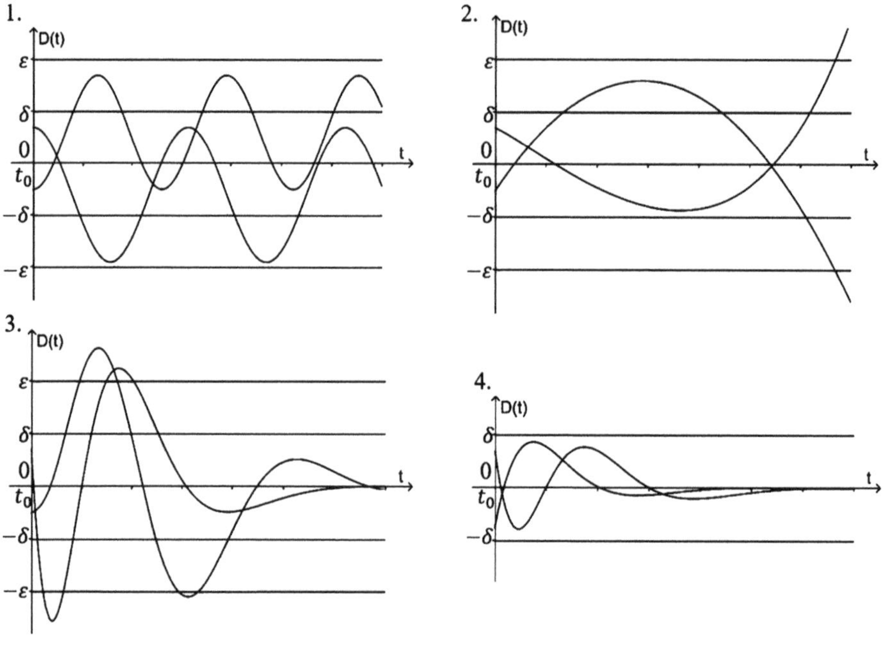

Abb. 3.1: Skizzen zum Stabilitätsbegriff.

Nebst den zeitabhängigen Lösungen sind insbesondere die stationären Lösungen, also die Ruhelagen oder GPe, von großem Interesse. Diese treten bei einer autonomen DG der Form $\dot{\boldsymbol{y}}(t) = \boldsymbol{f}(\boldsymbol{y}(t))$ auf. Jeder GP $\boldsymbol{y}_\infty$ liefert somit die stationäre Lösung $\boldsymbol{y}(t) \equiv \boldsymbol{y}_\infty$ mit $\boldsymbol{0} = \boldsymbol{f}(\boldsymbol{y}_\infty)$.

Definition 2. Gegeben ist das AWP einer autonomen DG $\dot{\boldsymbol{y}}(t) = \boldsymbol{f}(\boldsymbol{y}(t))$ mit $\boldsymbol{y}(t_0) = \boldsymbol{y}_0$. Ein GP $\boldsymbol{y}_\infty$ heißt genau dann stabil/instabil/anziehend/asymptotisch stabil, wenn dasselbe für die stationäre Lösung $\boldsymbol{y}(t) \equiv \boldsymbol{y}_\infty$ gilt.

Reduktion der Stabilitätsuntersuchung. Die Untersuchung der Stabilität einer Lösung kann immer auf die Nulllösung abgewälzt werden. Dies bedeutet, dass das AWP

$$\dot{\boldsymbol{D}}(t) = g(t, \boldsymbol{D}(t)) \quad \text{mit} \quad \boldsymbol{D}(t_0) = \boldsymbol{a} - \boldsymbol{y}_0 := \bar{\boldsymbol{y}} \tag{3.1}$$

die Lösung $\boldsymbol{D}(t) \equiv 0$ mit $\boldsymbol{D}(t_0) = \boldsymbol{a} - \boldsymbol{y}_0 = 0$ besitzt und damit ist die Stabilitätsuntersuchung einer Lösung $\boldsymbol{y}(t, \boldsymbol{y}_0)$ von (2.3.1) gleichwertig mit derjenigen der Nulllösung $\boldsymbol{D}(t) \equiv 0$ von (3.1).

Daraus ergeben sich unmittelbar zwei Folgerungen:

Folgerung 1. Die Nulllösung $\boldsymbol{D}(t) \equiv 0$ ist immer GP des AWP (2.3.1).

Folgerung 2. Ist $f(t, \boldsymbol{y}(t))$ linear in $\boldsymbol{y}(t)$, so ist die Nulllösung $\boldsymbol{y}(t) \equiv 0$ ein GP sowohl des AWP (2.3.1) als auch des AWP (3.1).

Beispiel 1. Gegeben ist das AWP $\dot{y}(t) = ky(t)$ für $k < 0$ mit $y(0) = y_0$.
a) Bestimmen Sie die Lösungen, untersuchen Sie diese auf Stabilität und geben Sie im Fall der (asymptotischen) Stabilität eine zur ε-Umgebung passende $\delta(\varepsilon)$-Umgebung an.
b) Beantworten Sie dieselben Fragen aus a) für $k = 0$.
c) Beantworten Sie dieselben Fragen aus a) für $k > 0$.

Lösung.
a) Aufgrund der Folgerungen 1 und 2 genügt es, die Nulllösung $y(t) \equiv 0$ mit $y(0) = 0$ zu betrachten. Gemäß Definition 1 ändern wir die Anfangsbedingung von $y(0) = 0$ auf $y(0) = a$ leicht ab. Bei gegebenem ε ist dann $|y_0 - a| = |0 - a| = |a| \le \delta(\varepsilon)$. Die Lösung mit $y(0) = a$ lautet $y(t, a) = y_1(t) = ae^{-kt}$ für $k > 0$. Somit untersuchen wir $|D(t)| = |\mathbf{0} - y(t, a)| = |\mathbf{0} - ae^{-kt}| = |ae^{-kt}| = |a| \cdot e^{-kt} \le \delta(\varepsilon) \cdot e^{-kt} \le \delta(\varepsilon) \cdot 1 = \delta(\varepsilon) := \varepsilon$. Wir finden, dass die Nulllösung stabil und aufgrund von $\lim_{t\to\infty} |ae^{-kt}| = 0$ auch anziehend, insgesamt also asymptotisch stabil ist. Damit ist nach den Folgerungen 1 und 2 auch die Lösung y_1 asymptotisch stabil und $y_\infty = 0$ als einziger GP asymptotisch stabil.
b) In diesem Fall sind die Lösungen von $\dot{y} = 0$ allesamt konstant: $y_1(t) = \text{konst.}$ Aus $|0 - a| = |a| \le \delta(\varepsilon)$ folgt schlicht $|D(t)| = |\mathbf{0} - a| = |a| = \delta(\varepsilon) := \varepsilon$, daraus die Stabilität der Nulllösung und aller konstanten Lösungen. Damit sind alle $y_\infty = \text{konst.}$ stabile GPe.
c) Die Lösung mit $y(0) = a$ lautet $y_1(t) = ae^{kt}$. Aus $|a| \le \delta(\varepsilon)$ ergibt sich $|D(t)| = |\mathbf{0} - ae^{kt}| = |a| \cdot e^{kt} \to \infty$. Man findet also zu jedem $\varepsilon < \infty$ immer ein $\bar{t}$ derart, dass $|a| \cdot e^{kt} > \varepsilon$ für $t > \bar{t}$, nämlich $\bar{t} = \frac{1}{k} \ln(\frac{\varepsilon}{\delta(\varepsilon)})$. Damit ist die Nulllösung instabil und Gleiches gilt für y_1. Entsprechend ist $y_\infty = 0$ ein instabiler GP.

Beispiel 2. Wir betrachten das AWP $\dot{y}(t) = ky^2(t)$ für $k < 0$ mit $y(0) = y_0$.
a) Bestimmen Sie die Lösung $y_1(t)$ des AWP.
b) Untersuchen Sie die Stabilität von y_1 direkt, d. h. ohne Transformation auf die Nulllösung.

c) Untersuchen Sie die Stabilität von y_1 über die Nulllösung der entsprechenden transformierten DG.

d) Gegeben ist dasselbe AWP, aber für $k > 0$. Ermitteln Sie die Lösung und eine allfällige Stabilität.

Lösung.

a) Da eine Linearisierung um den GP nur die Nullfunktion liefert, muss man die Stabilität über die Definition entscheiden. Aus $\int \frac{dy}{y^2} = -k \int dt$ mit $k > 0$ erhält man $-\frac{1}{y} = -kt - C$ und $y(t) = \frac{1}{C+kt}$. Mit der AB folgt $C = \frac{1}{y_0}$ und die Lösungen $y(t, y_0) = y_1(t) = \frac{y_0}{1+y_0 kt}$, falls $y_0 > 0$ und $y_1^*(t) = \frac{|y_0|}{|y_0|kt-1}$, falls $y_0 < 0$. Die Stabilität für $y_1^*(t)$ klären wir unter d). Damit ist y_1 für $t \geq 0$ definiert.

b) Wir betrachten $|y_0 - a| \leq \delta(\varepsilon)$ und erhalten

$$|D(t)| = |y(t, y_0) - y(t, a)| = \left|\frac{y_0}{1+y_0 kt} - \frac{a}{1+akt}\right| = \frac{|y_0 + y_0 akt - a - y_0 akt|}{(1+y_0 kt)(1+akt)}$$
$$= \frac{|y_0 - a|}{(1+y_0 kt)(1+akt)} \leq \frac{\delta(\varepsilon)}{1} = \delta(\varepsilon) =: \varepsilon.$$

Daraus folgt die Stabilität von y_1 und wegen $\lim_{t\to\infty} \frac{|y_0-a|}{(1+y_0 kt)(1+akt)} = 0$ die asymptotische Stabilität. Wiederum ist dann $y_\infty = 0$ als einziger GP asymptotisch stabil.

c) Die transformierte DG lautet

$$\dot{D}(t) = f(D(t) + y(t, y_0)) - f(y(t, y_0)) = -k\left(D(t) + \frac{y_0}{1+y_0 kt}\right)^2 + k\left(\frac{y_0}{1+y_0 kt}\right)^2.$$

In diesem Fall muss die Stabilität der Nulllösung $D(t) \equiv 0$ mit $D(0) \equiv 0$ geprüft werden. Man geht also von einer leicht abgeänderten AB $D(0) = a$ mit $|0 - a| = |a| \leq \delta(\varepsilon)$ aus. Die transformierte DG besitzt natürlich die Lösung $D(t) = \frac{a}{1+akt} - \frac{y_0}{1+y_0 kt}$. Für die Stabilität vergleichen wir diese mit der Nulllösung und erhalten dieselbe Ungleichung

$$|\mathbf{0} - D(t)| = \left|\mathbf{0} - \left(\frac{a}{1+akt} - \frac{y_0}{1+y_0 kt}\right)\right| \leq \delta(\varepsilon) =: \varepsilon$$

mit dem gleichen Ergebnis wie in b). Damit ist nochmals die Gleichwertigkeit der Stabilitätsuntersuchung von b) und c) gezeigt.

d) In diesem Fall lauten die Lösungen $y(t, y_0) = \frac{y_0}{1-y_0 kt} =: y_1^*(t)$ für $y_0 > 0$ und $y_1(t) = -\frac{|y_0|}{1+|y_0|kt}$, falls $y_0 < 0$. Die Stabilität von y_1 wurde schon in a) geklärt. Zur Untersuchung der Stabilität von y_1^* halten wir fest, dass y_1^* nur für $0 \leq t < \frac{1}{y_0 k}$ definiert ist. Unter der Annahme $y_0 > a > 0$, ergibt sich $\frac{1}{1-y_0 kt} > \frac{1}{1-akt}$ für $0 \leq t < \frac{1}{y_0 k}$. Gemäß der Definition 1 müsste für eine allfällige Stabilität zu jedem ε ein δ existieren, das die genannte Bedingung erfüllt. Wir wählen $\varepsilon := |y_0 - a|$ und rechnen:

$$|D(t)| = |y(t, y_0) - y(t, a)| = \left|\frac{y_0}{1 - y_0 kt} - \frac{a}{1 - akt}\right|$$
$$= \frac{|y_0 - a|}{(1 - y_0 kt)(1 - akt)} \geq \frac{|y_0 - a|}{(1 - akt)^2} \geq \frac{|y_0 - a|}{1} = \varepsilon.$$

Dies widerspricht der Stabilitätsforderung, womit y_1^* instabil ist. Wäre $a > y_0 > 0$, so hat man $\frac{1}{1-akt} > \frac{1}{1-y_0 kt}$ für $0 \leq t < \frac{1}{ak}$ und demnach $|D(t)| \geq \frac{|y_0-a|}{(1-y_0 kt)^2} \geq \frac{|y_0-a|}{1} = \varepsilon$. Auch in diesem Fall ist y_1^* instabil.

Beispiel 3. Das (lineare) AWP

$$\begin{pmatrix} \dot{y}_1(t) \\ \dot{y}_2(t) \end{pmatrix} = \begin{pmatrix} 0 & 1 \\ -1 & 0 \end{pmatrix} \begin{pmatrix} y_1(t) \\ y_2(t) \end{pmatrix} \quad \text{mit} \quad \begin{pmatrix} y_1(0) \\ y_2(0) \end{pmatrix} = \begin{pmatrix} y_{10} \\ y_{20} \end{pmatrix}$$

soll bezüglich Stabilität untersucht werden.

Lösung. Man erhält $\dot{y}_1(t) = y_2(t), \dot{y}_2(t) = -y_1(t), \ddot{y}_1(t) = \dot{y}_2(t) = -y_1(t)$ und daraus die Einzellösungen (vgl. (2.4.6))

$$y_1(t) = A_1 \cos(t) + B_1 \sin(t),$$
$$y_2(t) = A_2 \cos(t) + B_2 \sin(t).$$

Die Anfangsbedingungen liefern

$$y_1(0) = A_1 = y_{10}, \quad \dot{y}_1(0) = B_1 = A_2,$$
$$y_2(0) = A_2 = y_{20}, \quad \dot{y}_2(0) = B_2 = -A_1.$$

Damit ergibt sich

$$y_1(t) = y_{10} \cos(t) + y_{20} \sin(t),$$
$$y_2(t) = y_{20} \cos(t) - y_{10} \sin(t)$$

und zusammen die allgemeine Lösung

$$\begin{pmatrix} y_1(t) \\ y_2(t) \end{pmatrix} = y_{10} \begin{pmatrix} \cos(t) \\ -\sin(t) \end{pmatrix} + y_{20} \begin{pmatrix} \sin(t) \\ \cos(t) \end{pmatrix}.$$

Diese ist offensichtlich stabil. Dazu betrachten wir ein $\boldsymbol{a} = \binom{a_1}{a_2}$ mit

$$|\boldsymbol{y}_0 - \boldsymbol{a}| = \left|\begin{pmatrix} y_{10} \\ y_{20} \end{pmatrix} - \begin{pmatrix} a_1 \\ a_2 \end{pmatrix}\right| = \left|\begin{pmatrix} y_{10} - a_1 \\ y_{20} - a_2 \end{pmatrix}\right| = \sqrt{(a_1 - y_{10})^2 + (a_2 - y_{20})^2} \leq \delta(\varepsilon).$$

Es gilt dann

$$|\boldsymbol{D}(t)| = |\boldsymbol{y}(t, y_{10}, y_{20}) - \boldsymbol{y}(t, a_1, a_2)| = \left|\begin{pmatrix} y_1(t, y_{10}) \\ y_2(t, y_{20}) \end{pmatrix} - \begin{pmatrix} y_1(t, a_1) \\ y_2(t, a_2) \end{pmatrix}\right|$$

$$= \left|(y_{10} - a_1)\begin{pmatrix} \cos(t) \\ -\sin(t) \end{pmatrix} + (y_{20} - a_2)\begin{pmatrix} \sin(t) \\ \cos(t) \end{pmatrix}\right|$$

$$= \left|\begin{pmatrix} (y_{10} - a_1)\cos(t) + (y_{20} - a_2)\sin(t) \\ -(y_{10} - a_1)\sin(t) + (y_{20} - a_2)\cos(t) \end{pmatrix}\right|$$

$$= \sqrt{[(y_{10} - a_1)\cos(t) + (y_{20} - a_2)\sin(t)]^2 + [-(y_{10} - a_1)\sin(t) + (y_{20} - a_2)\cos(t)]^2}$$

$$= \sqrt{(y_{10} - a_1)^2\cos^2(t) + (y_{20} - a_2)^2\sin^2(t)^2 + (y_{10} - a_1)^2\sin^2(t) + (y_{20} - a_2)^2\cos^2(t)}$$

$$= \sqrt{(a_1 - y_{10})^2 + (a_2 - y_{20})^2} \le \delta(\varepsilon) := \varepsilon.$$

Daraus folgt die Stabilität.

Die beiden Lösungen $\boldsymbol{y}(t, y_{10}, y_{20})$ und $\boldsymbol{y}(t, a_1, a_2)$ besitzen auch offensichtlich denselben Abstand, weil $|\boldsymbol{D}(t)|$ unabhängig von t ist.

3.1 Linearisierte Stabilität

In den drei Beispielen des letzten Kapitels haben wir gesehen, dass die Untersuchung der Stabilität mithilfe der Definition recht mühsam werden kann. Zumindest konnten wir die allfällige Stabilität im eindimensionalen Fall für die gesamte reelle Achse und im zweidimensionalen Fall für den gesamten 1. Quadranten zeigen oder widerlegen. Im Folgenden werden wir es, wie schon angedeutet, mit nichtlinearen, mehrdimensionalen Systemen zu tun haben, sodass die Definition der Stabilität als Analysewerkzeug uns nicht sehr weit bringen wird. Bevor wir Ergebnisse von linearen DGen auf nichtlineare DGen übertragen, braucht es den folgenden zentralen Satz.

Dazu betrachten wir das lineare System

$$\dot{\boldsymbol{y}}(t) = f(\boldsymbol{y}(t)) = A\boldsymbol{y}(t) \quad \text{mit} \quad \boldsymbol{y}(0) = \boldsymbol{y}_0. \tag{3.1.1}$$

Dabei ist $\boldsymbol{A}$ eine Koeffizientenmatrix. Beispielsweise ist das System

$$\begin{pmatrix} \dot{y}_1 \\ \dot{y}_2 \end{pmatrix} = \begin{pmatrix} 2 & 1 \\ 1 & -1 \end{pmatrix}\begin{pmatrix} y_1 \\ y_2 \end{pmatrix}$$

linear, das System (2.1) hingegen nicht (Für den Fall $n = 2$ wurden in Band 1 sämtliche Lösungen von (3.1.1) katalogisiert). Wir nehmen nun o. B. d. A. an, dass $\bar{\boldsymbol{y}} = 0$ ein GP von (3.1.1) ist.

Stabilitätssatz für eine lineare autonome DG.
Gegeben ist die DG $\dot{\boldsymbol{y}}(t) = f(\boldsymbol{y}(t)) = A\boldsymbol{y}(t)$ mit $\boldsymbol{y}(0) = \boldsymbol{y}_0$.
Voraussetzung: $\mathrm{Re}\,\lambda_i < 0$ für alle Eigenwerte λ_i von A.
Behauptung: Die Nulllösung $\boldsymbol{y} = 0$ ist lokal asymptotisch stabil. (3.1.2)

Offenbar entscheiden die Eigenwerte über die (lokale) Stabilität. Da wir ausschließlich nichtlinearen Systemen begegnen werden, ist es nun unser Ziel, das Ergebnis (3.1.2) auf ein linearisiertes System zu übertragen.

Herleitung von (3.1.3)–(3.1.5)
Sei $\dot{\mathbf{y}}(t) = f(\mathbf{y}(t))$ eine nichtlineare autonome DG und $f \in C^1(\mathbb{R}^n \times \mathbb{R}^n)$, also stetig differenzierbar. Weiter ist $\mathbf{y}_\infty$ ein GP von f. Wir linearisieren um $\mathbf{y}_\infty$ und erhalten

$$\dot{\mathbf{y}}(t) = f(\mathbf{y}(t)) = Jf(\mathbf{y}_\infty)(\mathbf{y} - \mathbf{y}_\infty) + g(\mathbf{y} - \mathbf{y}_\infty) \tag{3.1.3}$$

mit $g(\mathbf{y} - \mathbf{y}_\infty) = O(|\mathbf{y} - \mathbf{y}_\infty|)$.

Definition.

$$Jf = \begin{pmatrix} \frac{\partial f_1}{\partial y_1} & \frac{\partial f_1}{\partial y_2} & \cdots & \frac{\partial f_1}{\partial y_n} \\ \frac{\partial f_2}{\partial y_1} & \frac{\partial f_2}{\partial y_2} & \cdots & \frac{\partial f_2}{\partial y_n} \\ \vdots & \vdots & \ddots & \vdots \\ \frac{\partial f_n}{\partial y_1} & \frac{\partial f_n}{\partial y_2} & \cdots & \frac{\partial f_n}{\partial y_n} \end{pmatrix} \quad \text{heißt Jacobi-Matrix von } f. \tag{3.1.4}$$

In Band 1 wird gezeigt, dass auch in diesem linearisierten Fall die reellen Eigenwerte der Matrix Jf wie bei (3.1.2) über die Stabilität der entsprechenden Lösung entscheiden. Gilt also $\operatorname{Re}\lambda_i < 0$ für die Jacobi-Matrix $Jf(\mathbf{y}_\infty)$, so folgt, dass die Nulllösung der nichtlinearen DG $\dot{\mathbf{y}}(t) = f(\mathbf{y}(t))$ lokal asymptotisch stabil ist. Im Fall $n = 1$ fällt die Jacobi-Matrix (3.1.4) mit der ersten Ableitung und ausgewertet im GP mit dem Eigenwert zusammen: $Jf(y_\infty) = f_y(y_\infty) = \lambda$.

Erster Stabilitätssatz für eine nichtlineare autonome DG.
Gegeben ist die nichtlineare DG $\dot{y}(t) = f(y(t))$. Ist y_∞ ein GP, so gilt:
I. $n = 1$. a) y_∞ ist lokal asymptotisch stabil, falls $f_y(y_\infty) < 0$.
b) y_∞ ist instabil, falls $f_y(y_\infty) > 0$.
c) Für $f_y(y_\infty) = 0$ ist keine Entscheidung möglich.
II. $n = 2$. a) y_∞ ist lokal asymptotisch stabil, falls $\operatorname{Spur} Jf(y_\infty) < 0$ und $\det Jf(y_\infty) > 0$.
b) y_∞ ist lokal stabil, falls $\operatorname{Spur} Jf(y_\infty) = 0$ und $\det Jf(y_\infty) > 0$
oder $\operatorname{Spur} Jf(y_\infty) < 0$ und $\det Jf(y_\infty) = 0$.
c) Für $\operatorname{Spur} Jf(y_\infty) = \det Jf(y_\infty) = 0$ ist keine Entscheidung möglich. (3.1.5)

Man beachte, dass in den Fällen I.c) und II.c) vorerst noch keine Aussage bezüglich der Stabilität möglich ist. Anstelle der Eigenwertberechnung lässt sich im zweidimensionalen Fall aber direkt an der Spur und an der Determinante die Stabilität entscheiden und somit auch in den eben genannten beiden Fällen eine Aussage treffen.

Herleitung von (3.1.6)
Ähnlich wie bei der eindimensionalen DG $\dot{y} = \lambda y, y(0) = y_0$ mit der Lösung $y(t) = y_0 \cdot e^{\lambda t}$, setzen wir im mehrdimensionalen Fall die Lösung als $\boldsymbol{y}(t) = e^{\lambda t} \cdot \boldsymbol{v}$ an. Eingesetzt in (3.1.1) erhalten wir $\lambda e^{\lambda t} \cdot \boldsymbol{v} = \boldsymbol{A} e^{\lambda t} \cdot \boldsymbol{v} = e^{\lambda t} \cdot \boldsymbol{A v}$ oder $\boldsymbol{A v} = \lambda \boldsymbol{v}$. Dies bedeutet, dass λ ein Eigenwert der n x n-Matrix A mit, aufgrund der Autonomie des Systems, konstanten Koeffizienten sein muss.

Einschränkung: Wir konzentrieren uns auf den Fall $n = 2$.

Ausgeschrieben lautet (3.1.1)

$$\dot{\boldsymbol{y}}(t) = \begin{pmatrix} \dot{y}_1 \\ \dot{y}_2 \end{pmatrix} = \begin{pmatrix} \beta & \gamma \\ \varepsilon & \mu \end{pmatrix} \begin{pmatrix} y_1 \\ y_2 \end{pmatrix} = \begin{pmatrix} \beta \cdot y_1 + \gamma \cdot y_2 \\ \varepsilon \cdot y_1 + \mu \cdot y_2 \end{pmatrix}.$$

Für eine eindeutige Lösung muss die Bedingung $\det(A - \lambda I) = 0$ gelten. Es ergibt sich

$$\det \begin{pmatrix} \beta - \lambda & \gamma \\ \varepsilon & \mu - \lambda \end{pmatrix} = (\beta - \lambda)(\mu - \lambda) - \gamma\varepsilon = 0,$$

$$\lambda^2 - (\beta + \mu) \cdot \lambda + (\beta\mu - \gamma\varepsilon) = 0 \quad \text{und} \quad \lambda^2 - \operatorname{Spur} A \cdot \lambda + \det A = 0.$$

Aufgelöst erhält man

$$\lambda_{1,2} = \frac{\operatorname{Spur} A \pm \sqrt{(\operatorname{Spur} A)^2 - 4 \cdot \det A}}{2}. \tag{3.1.6}$$

Zusätzlich erkennt man noch die Zusammenhänge $\operatorname{Spur} A = \lambda_1 + \lambda_2$ und $\det A = \lambda_1 \cdot \lambda_2$.

Mithilfe von (3.1.6) lassen sich alle Fälle zusammentragen. Dies entnimmt man Abb. 3.2, wobei das genaue Phasendiagramm zweitrangig ist, wichtig ist die Stabilität.

$DetA > 0$	$SpurA < 0$	$(SpurA)^2 < 4DetA$	Asymptotisch stabile Spirale
		$(SpurA)^2 = 4DetA$	Asymptotisch stabiler Stern oder Strudel
		$(SpurA)^2 > 4DetA$	Asymptotisch stabile Senke
	$SpurA = 0$		Stabiler Orbit
	$SpurA > 0$	$(SpurA)^2 < 4DetA$	Instabile Spirale
		$(SpurA)^2 = 4DetA$	Instabiler Stern oder Strudel
		$(SpurA)^2 > 4DetA$	Instabile Quelle
$DetA = 0$	$SpurA < 0$		Stabile Geradenschar
	$SpurA = 0$		Instabile Geradenschar oder stabile Punktmenge
	$SpurA > 0$		Instabile Geradenschar
$DetA < 0$			Instabiler Sattel

Abb. 3.2: Übersicht Phasendiagramme und Bedingungen.

Bemerkung. Man kann nicht genug betonen, dass die Stabilität eines Gleichgewichtspunkts für eine nichtlineare DG nur lokal gilt. Wie groß die Umgebung ist, weiß man vorerst nicht.

Beispiel. Untersuchen Sie mithilfe von (3.1.5) und der Übersicht aus Abb. 3.2 die lokale Stabilität der GPe für die folgenden DGen.

a) $\binom{\dot{y}_1}{\dot{y}_2} = \binom{y_2 - y_1^2}{y_1 - y_2^2}$,

b) $\binom{\dot{y}_1}{\dot{y}_2} = \binom{y_1[\alpha - \beta y_2]}{y_2[\gamma y_1 - \delta]}$ (LVM 1),

c) $\binom{\dot{y}_1}{\dot{y}_2} = \binom{y_1[\alpha(K - y_1) - \beta y_2]}{y_2[\gamma y_1 - \delta]}$ (LVM 2).

Lösung.

a) Man erhält die beiden GPe $G_1(0,0)$, $G_2(1,1)$ und $Jf(y_1, y_2) = \begin{pmatrix} -2y_1 & 1 \\ 1 & -2y_2 \end{pmatrix}$. Weiter folgt $Jf(G_1) = \begin{pmatrix} 0 & 1 \\ 1 & 0 \end{pmatrix}$ mit $\text{Spur}[Jf(G_1)] = 0$ und $\det[Jf(G_1)] = -1 < 0$. Nach dem Stabilitätssatz und der Übersicht aus Abb. 3.2 ist G_1 instabil. Hingegen hat man $Jf(1,1) = \begin{pmatrix} -2 & 1 \\ 1 & -2 \end{pmatrix}$ mit $\text{Spur}[Jf(G_2)] = -4 < 0$ und $\det[Jf(G_2)] = 3 > 0$, woraus die lokal asymptotische Stabilität von G_2 erwächst.

b) Die beiden GPe sind $G_1(0,0)$ und $G_2(\frac{\delta}{\gamma}, \frac{\alpha}{\beta})$. Weiter gilt $Jf(y_1, y_2) = \begin{pmatrix} \alpha - \beta y_2 & -\beta y_1 \\ \gamma y_2 & \gamma y_1 - \delta \end{pmatrix}$. Für $G_1(0,0)$ folgt $Jf(G_1) = \begin{pmatrix} \alpha & 0 \\ 0 & -\delta \end{pmatrix}$, $\text{Spur}[Jf(G_1)] = \alpha - \delta$ und $\det[Jf(G_1)] = -\alpha\delta < 0$. Nach der Übersicht aus Abb. 3.2 zieht dies die Instabilität von G_1 nach sich. Im Gegensatz dazu ist

$$Jf(G_2) = \begin{pmatrix} 0 & -\frac{\beta\delta}{\gamma} \\ \frac{\alpha\gamma}{\beta} & 0 \end{pmatrix},$$

weiter $\text{Spur}[Jf(G_2)] = 0$, $\det[Jf(G_2)] = \alpha\delta > 0$ und somit G_2 lokal stabil.

c) Es handelt sich hier eigentlich um das Lotka-Volterra-Modell 2 (siehe Band 1). Die drei GPe lauten $G_1(0,0)$, $G_2(K,0)$ und $G_3(\frac{\delta}{\gamma}, \frac{\alpha}{\beta}[K - \frac{\delta}{\gamma}])$. Weiter erhält man $Jf(y_1, y_2) = \begin{pmatrix} \alpha K - 2\alpha y_1 - \beta y_2 & -\beta y_1 \\ \gamma y_2 & \gamma y_1 - \delta \end{pmatrix}$ und speziell $Jf(G_1) = \begin{pmatrix} \alpha K & 0 \\ 0 & -\delta \end{pmatrix}$. Somit ist $\text{Spur}[Jf(G_1)] = \alpha K - \delta$, $\det[Jf(G_1)] = -\alpha K\delta < 0$ und G_1 instabil. Weiter hat man $Jf(G_2) = \begin{pmatrix} -\alpha K & -\beta K \\ 0 & \gamma K - \delta \end{pmatrix}$. Ist $K < \frac{\delta}{\gamma}$, dann existiert G_3 nicht und es folgt sowohl $\text{Spur}[Jf(G_2)] = -\alpha K - (\delta - \gamma K) < 0$ als auch $\det[Jf(G_2)] = \alpha K(\delta - \gamma K) > 0$. Damit ist G_2 lokal asymptotisch instabil. Im Fall $K > \frac{\delta}{\gamma}$ hat man $\det[Jf(G_2)] = -\alpha K(\gamma K - \delta) < 0$ und G_2 instabil. Dafür ist dann

$$Jf(G_3) = \begin{pmatrix} -\frac{\alpha\delta}{\gamma} & -\frac{\beta\delta}{\gamma} \\ \frac{\alpha}{\beta}(\gamma K - \delta) & 0 \end{pmatrix},$$

woraus $\text{Spur}[Jf(G_3)] = -\frac{\alpha\delta}{\gamma} < 0$ und $\det[Jf(G_2)] = \frac{\alpha\delta}{\gamma}(\gamma K - \delta) > 0$ folgt. Dies sichert die lokal asymptotische Stabilität von G_3.

3.2 Die Stabilität mittels Lyapunov-Funktionen

Mithilfe der Linearisierung kann man eine eventuelle lokale asymptotische Stabilität nachweisen, und das auch nur unter gewissen Bedingungen. Für die Sicherstellung einer lokalen oder sogar globalen (asymptotischen) Stabilität leiten wir nun ein anderes Kriterium her.

Wir definieren im Folgenden eine Funktion V, die in einem GP y_∞ verschwindet: $V(y_\infty) = 0$. Wir nehmen o. B. d. A. $y_\infty = 0$, ansonsten könnte man die um y_∞ verschobene Funktion $V^*(y) = V(y + y_\infty)$ betrachten, für die dann $V^*(0) = 0$ erfüllt ist.

Definition 1. Gegeben ist eine offene Menge $D \subset \mathbb{R}^n$, eine Funktion $f = (f_1, f_2, \ldots, f_n) : D \subset \mathbb{R}^n \to \mathbb{R}^n$ stetig auf D und eine auf D stetig differenzierbare Funktion $V : D \subset \mathbb{R}^n \to \mathbb{R}$. Dann heißt $\dot{V}(\boldsymbol{y}) = \operatorname{grad} V(\boldsymbol{y}) \circ f(\boldsymbol{y}) = \sum_{i=1}^{n} \frac{\partial V(\boldsymbol{y})}{\partial y_i} \cdot f_i(\boldsymbol{y})$ die orbitale Ableitung von V in Richtung von f.

Definition 2. Gegeben sei eine offene Menge $D \subset \mathbb{R}^n$ und eine kompakte ε-Umgebung der Null: $U_0 \subset D$, d. h. $U_0 = \{y \in D, |y| \leq \varepsilon\}$. Eine stetig differenzierbare Funktion $V : D \to \mathbb{R}$ nennt man eine lokale, schwache Lyapunov-Funktion für die Umgebung U_0, wenn

i) $V(\boldsymbol{0}) = 0$,
ii) $V(\boldsymbol{y}) > 0$ für $\boldsymbol{y} \neq \boldsymbol{0}$ und $\boldsymbol{y} \in U_0$,
iii) $\dot{V}(\boldsymbol{y}) \leq 0$ für $\boldsymbol{y} \in U_0$.

Ist sogar $\dot{V}(\boldsymbol{y}) < 0$ mit $0 < |\boldsymbol{y}| \leq \varepsilon$, so heißt die Lyapunov-Funktion stark.

Bemerkung. Eine Lyapunov-Funktion besitzt also die Nulllösung als Lösung, sie nimmt weiter auf dem Rand der kompakten Umgebung um den Ursprung positive Werte an und die Richtungsableitung auf besagtem Rand zeigt nach “unten” oder ist waagrecht. Es gibt auch globale Lyapunov-Funktionen auf ganz $U_0 = \mathbb{R}^n$, wie wir sehen werden.

Nun sind wir bereit, den folgenden Satz zu formulieren (Beweis siehe Band 1):

Zweiter Stabilitätssatz für eine nichtlineare autonome DG.
Gegeben ist die nichtlineare DG $\dot{\boldsymbol{y}}(t) = f(\boldsymbol{y}(t))$ mit $\boldsymbol{y}_\infty = \boldsymbol{0}$ als GP (o. B. d. A.). Es gelten die Voraussetzungen von Definition 2.
I. Existiert für die obige DG eine schwache Lyapunov-Funktion, dann ist $\boldsymbol{y}_\infty = \boldsymbol{0}$ stabil.
II. Existiert für die obige DG eine starke Lyapunov-Funktion, dann ist $\boldsymbol{y}_\infty = \boldsymbol{0}$ asymptotisch stabil. (3.2.1)

Ergebnis. Gleichung (3.2.1) besagt somit, dass die Kenntnis einer Lyapunov-Funktion V zu einer gegebenen DG $\dot{\boldsymbol{y}}(t) = f(\boldsymbol{y}(t))$ es uns erlaubt, Entscheidungen über die Stabilität von GPen direkt über das Richtungsfeld f allein, ohne Kenntnis der exakten Lösung, zu treffen.

Beispiel. Ausgangspunkt ist das System (2.1) oder das LVM1 $\binom{\dot{y}_1}{\dot{y}_2} = \binom{y_1[\alpha-\beta y_2]}{y_2[\gamma y_1-\delta]}$ mit $G(\frac{\delta}{\gamma}, \frac{\alpha}{\beta})$. Weisen Sie nach, dass mit (2.4.7) eine Lyapunov-Funktion für die obige DG vorliegt und G global stabil ist.

Lösung. Die Bedingung i) gilt: $V(y_1^\infty, y_2^\infty) = 0$. Für die Bedingung ii) muss $V(y_1, y_2) > 0$ für $(y_1, y_2) \neq (y_1^\infty, y_2^\infty)$ erfüllt sein. Wir haben am Ende von Kap. 2.4 sogar die Konvexität der beiden Teilfunktionen $H_1(y_1) = y_1 - y_1^\infty - y_1^\infty \ln(\frac{y_1}{y_1^\infty})$ und $H_2(y_2) = y_2 - y_2^\infty - y_2^\infty \ln(\frac{y_2}{y_2^\infty})$ gezeigt. Somit ist die durch die Summe $V(y_1, y_2) = \gamma H_1(y_1) + \beta H_2(y_2)$ beschriebene Fläche ebenfalls strikt konvex und $V(y_1, y_2)$ verschwindet nur in G. Es fehlt noch die Berechnung für die Bedingung iii). Man erhält

$$
\begin{aligned}
\dot{V}(y_1, y_2) &= \begin{pmatrix} \gamma[1 - \frac{y_1^\infty}{y_1}] \\ \beta[1 - \frac{y_2^\infty}{y_2}] \end{pmatrix} \circ \begin{pmatrix} y_1[\alpha - \beta y_2] \\ y_2[\gamma y_1 - \delta] \end{pmatrix} \\
&= \gamma(y_1 - y_1^\infty)(\alpha - \beta y_2) + \beta(y_2 - y_2^\infty)(\gamma y_1 - \delta) \\
&= \gamma\left(y_1 - \frac{\delta}{\gamma}\right)(\alpha - \beta y_2) + \beta\left(y_2 - \frac{\alpha}{\beta}\right)(\gamma y_1 - \delta) \\
&= (\gamma y_1 - \delta)(\alpha - \beta y_2) + (\beta y_2 - \alpha)(\gamma y_1 - \delta) \\
&= (\gamma y_1 - \delta)(\alpha - \beta y_2 + \beta y_2 - \alpha) = 0.
\end{aligned}
$$

Somit ist $V(y_1, y_2)$ eine schwache, globale Lyapunov-Funktion für obige DG und damit G global stabil. Dies ist der analytische Beweis mit Hilfe einer Lyapunov-Funktion.

4 Epidemiologie

Die Menschheit wurde seit jeher von Seuchen wie Grippe, Cholera oder Pest heimgesucht. Schon der Gedanke allein verbreitete Schrecken unter der Bevölkerung und Epidemien wurden als Geißel einer höheren Macht empfunden. Noch vor 200 Jahren war man weit davon entfernt, die Ursache für das Auftreten von Krankheitssymptomen mit Mikroorganismen in Verbindung zu bringen.

Die Grundlagen unseres Verständnisses über Medizin gehen auf Hippokrates um das 5. Jh. v. Chr. zurück. Dabei wird nicht nur die Frage nach der Ursache einer Erkrankung überhaupt gestellt, sondern auch der Grund im menschlichen Körper selbst, in der umgebenden Natur oder im Zusammenwirken zwischen Mensch und Umwelt gesucht. Weiter wird dem Menschen erstmals eine aktive Rolle zugesprochen, um einer Krankheit durch Ernährung, Hygiene, Bewegung usw. vorzubeugen. Dadurch soll ein bewusster Umgang mit dem eigenen Körper erzielt und dieser zudem widerstandsfähiger werden. Heutzutage fassen wir diese Grundgedanken mit Begriffen wie „Fitness" oder „Wellness" zusammen. Die Ärzte der Antike verfassten aufgrund der erwähnten Ursachenforschung entsprechende Gesundheitsratgeber und vermochten es, zumindest zwischen sehr großer und sehr kleiner Wahrscheinlichkeit einer Erkrankung zu unterscheiden.

Die von den antiken Kulturen durchgeführten Volkszählungen verfolgten stets dieselben Ziele: Einerseits dienten sie dazu, die Anzahl der Wehrtüchtigen zu ermitteln, und anderseits wurden sie genutzt, um Grundstücke aufzuteilen und die mit der Größe der Besitztümer verbundenen Steuern festzusetzen. Geburten und Tode nach Geschlecht und sozialem Status geordnet wurden zwar ebenfalls erfasst, aber Lebenserwartung, Wahrscheinlichkeit einer Erkrankung oder Heilungschance eines Medikaments waren vor der Antike bis ins Mittelalter aufgrund nichterhobener oder praktisch nicht zu erhebender Daten unzugänglich.

Die erste von Thukydides dokumentierte Seuche von 430 v. Chr. bis 426 v. Chr. traf Athen inmitten des Peloponnesischen Krieges. Bis heute wird darüber spekuliert, um welchen Erreger es sich gehandelt haben könnte. Thukydides, der selbst erkranke, aber überlebte, beschreibt den Ausbreitungsweg, den die Seuche genommen haben muss sowie die Symptome und gibt die Zeit vom Einsetzen der Symptome bis zum eventuellen Tod mit 7–9 Tagen an. So eindrücklich und schrecklich die Beschreibungen sind, so bedauerlich ist es aus epidemiologischer Sicht, dass weder Thukydides noch irgendein anderer Geschichtsschreiber der folgenden Jahrhunderte regelmäßige Zählungen der Kranken, Überlebenden und Toten einer Epidemie hinterlassen hat. Die Angst vor einer Ansteckung muss viel zu groß gewesen sein, sodass die Toten schnell bestattet wurden, wie man den Texten von Thukydides entnehmen kann. Zudem war er letztlich weniger an einer medizinischen Beschreibung interessiert, als vielmehr darauf bedacht, trotz der Gesundheitskrise das Vertrauen in die bestehende Staatsform aufrechtzuerhalten.

https://doi.org/10.1515/9783111348018-004

Liegen keine in kürzeren Abständen durchgeführten Erhebungen einer größeren Population vor, so ist es unmöglich, Voraussagen mithilfe statistischer Berechnungen zu treffen. Wir müssen uns dazu in das Jahr 1662 begeben. In der Stadt London veröffentlichte man seit dem Jahr 1603 wöchentlich Sterbeverzeichnisse. Damit war es insbesondere während eines Seucheschubs für den einzelnen Bürger möglich, den Epidemieverlauf anhand der Zu- und Abnahme der Todeszahlen zu verfolgen und gegebenenfalls die Stadt zu verlassen.

Zu trauriger Berühmtheit gelangte die Pest 1665 im Dorf Eyam in der Grafschaft Derbyshire. Ein von Rattenflöhen übertragener Pesterreger breitete sich in der etwa 350 Einwohner zählenden Gemeinde aus. Die monatlich erfassten Toten bzw. Lebenden sind überliefert. Noch interessanter sind hingegen die getroffenen Maßnahmen zur Eindämmung. Dazu gehörten unter anderem: eine selbst auferlegte Quarantäne, das Verbot der Einreise ins Dorf und der Ausreise aus dem Dorf, die Abgabe von Nahrungsmittel am Dorfrand sowie das Stattfinden religiöser Zeremonien ausschließlich im Freien. Die Maßnahmen klingen sehr vertraut und heute würden wir diese mit den beiden Begriffen „Social Distancing“ und „Cordon Sanitaire“ zusammenfassen. Durch die Maßnahmen konnte zwar eine hohe Mortalität in Eyam selbst nicht verhindert werden, aber dafür wurden die Nachbardörfer verschont.

Einige Jahre zuvor, im Jahr 1662, hatte J. Graunt basierend auf den veröffentlichten Sterbetafeln erstmals diese Daten der Sterbeverzeichnisse mannigfach statistisch ausgewertet. Von ihm stammen beispielsweise die ersten Sterbetafeln, also Wahrscheinlichkeiten dafür, ein gewisses Alter zu erreichen. Graunt kann als Vater der Epidemiologie angesehen werden und er beeinflusste durch seinen Umgang mit vorhandenen Daten die Medizin weitreichend. Bis zur Erkenntnis, dass gewisse Krankheiten eine organische Ursache besitzen können, war es aber noch ein weiter Weg.

Viele auf engem Raum zusammenlebende Menschen bleiben ein Nährboden für alle möglichen Keime. Die nächste Station unserer Reise führt uns deshalb ins von Cholera geplagte London des Jahres 1854. Da die Epidemie im Stadtteil Soho rings um einen bestimmten Brunnen besonders heftig wütete, erkannte J. Snow, dass die Ursache nicht, wie bis dahin angenommen, in der schlechten Luft zu suchen war, sondern im Trinkwasser. Seit dem 17. Jh. war das Mikroskop als Hilfsmittel zur Beobachtung von Mikroorganismen vorhanden, sodass J. Snow und unabhängig davon F. Paccini das die Krankheit verursachende Bakterium identifizieren konnten. Mit der Erkenntnis, dass die Ursache der Erkrankung im Kleinen zu finden ist und mit Mikroskopen sichtbar gemacht werden kann, erwuchs auch die Hoffnung, dass durch Beobachtung, Erfassen des Krankheitsbildes und der Krankheitszahlen usw. die Krankheit womöglich durch entsprechende Maßnahmen oder Arzneimittel unschädlich gemacht werden könnte.

In den kommenden Jahrzehnten wurden viele Fortschritte erzielt. E. Jenner war 1796 auf Berichte gestoßen, bei denen einer Person mit überstandener Kuhpockeninfektion eine kleine Menge Viren enthaltende Körperflüssigkeit entnommen, diese einem gesunden Menschen injiziert und nach einiger Zeit derselbe Mensch wiederum mit Krankheitserregern infiziert worden war. Die Person hatte in der Zwischenzeit Antikörper gebildet und war gegen die Pocken immun. In diesem Zusammenhang ist zu erwähnen, dass 1980 die WHO durch eine weltweit ausgedehnte Schutzimpfung die Pocken offiziell als ausgerottet erklärte. Dabei kam den Ärzten insbesondere die Tatsache entgegen, dass es bei Pockenerregern keinen nichtmenschlichen Zwischenwirt gibt.

Jenners Prinzip der Impfung verbreitete sich schnell. L. Pasteur, der 1866 die nach ihm benannte Pasteurisierung schuf, übertrug Jenners Impfstrategie auf weitere Krankheiten. So entwickelte Pasteur Impfstoffe gegen Hühnercholera (1879, Bakterium), Milzbrand (1881, Bakterium) und Tollwut (1885, Virus). Den Milzbranderreger selber konnte R. Koch 1876 außerhalb eines Wirts isolieren und unter Laborbedingungen untersuchen. Dadurch wies er als Erster einen einzigen Mikroorganismus als Ursache für eine bestimmte Krankheit nach. Dieselbe Isolierung gelang ihm 1884 auch für das Cholerabakterium. Zu den weiteren Leistungen von Koch zählt 1881 die Entdeckung des Tuberkulosebakteriums. Die Entwicklung eines erfolgreichen Impfstoffs folgte einige Jahre später ohne Kochs Beteiligung.

Eine Art Krankheitserreger konnten die Wissenschaftler bis zu diesem Zeitpunkt noch nicht identifizieren: Viren. Schon Pasteur vermutete, dass die Erreger schlicht zu klein seien, um sie mit einem Mikroskop zu erkennen. Ein direkter Beweis lieferte ein von C. Chamberland 1884 entwickelter Filter, der zwar Bakterien entfernte, aber dennoch ein krankheitserregendes Substrat zurückließ. Die erste Beschreibung eines Virus der Flora, das Tabakmosaikvirus, welches Tabakpflanzen befällt, lieferten 1892 D. Iwanowski und 1898 M. Beijerinck. Im Zusammenhang mit der Maul- und Klauenseuche dokumentierte F. Löffler 1898 erstmals einen Virus der Tierwelt. Es sollte noch bis zur Erfindung des Elektronenmikroskops im Jahr 1931 dauern, bevor man Viren auch tatsächlich sichtbar machen konnte.

Unsere globale Mobilität mag für viele ein Segen sein, aber sie ist eben auch ein Fluch: Innerhalb von 24 Stunden kann ein gefährlicher Erreger um den gesamten Globus transportiert werden. Die erste, wenn auch verhältnismäßig sanft verlaufene Pandemie des 21. Jh., ist die SARS-CoV-Epidemie von 2002/2003. Neben der Belastung des Gesundheitssystems hat uns die Epidemie auch die sozialen und wirtschaftlichen Folgen vor Augen geführt. Es wurden Lehren daraus gezogen und trotzdem traf die SARS-CoV-2-Pandemie Ende Dezember 2019 die Welt völlig unvorbereitet, ob man es von öffentlicher Seite nun verlautete oder nicht. Katastrophen treffen eine Gesellschaft immer unvermutet, da es unmöglich ist, sich für jedes Schreckensszenario ausreichend zu wappnen.

4.1 Grundlegende Begriffe der Epidemiologie

Im Allgemeinen wird eine Krankheit über Viren, Bakterien, Parasiten oder Pilze von einem infizierten Individuum auf ein gesundes Individuum weitergegeben. Der Erreger kann auch über einen intermediären Wirt wie Insekten, Ratten usw. übertragen werden. Grob unterscheidet man zwischen Endemie, Epidemie und Pandemie. Eine Krankheit bezeichnet man als endemisch, wenn sie örtlich oder auf einen bestimmten Bevölkerungsteil begrenzt und über einen längeren Zeitraum durchwegs aktiv ist (Malaria, Tuberkulose, Cholera). Im Unterschied dazu wirkt eine Epidemie (Grippe, Masern) eher kurzfristig. Wirkt die Epidemie über regionale Grenzen oder Bevölkerungsschichten hinaus, so artet diese zu einer Pandemie aus.

Mit Inkubationsphase bezeichnet man die Zeit zwischen der Infektion und dem Auftreten der ersten Krankheitssymptome. Der Beginn der infektiösen Phase, also der Zeitpunkt, ab dem man ansteckend ist, liegt leider meist vor dem Ablauf der Inkubationsphase. Folgende Klassen oder Kompartimente bilden die Basis sämtlicher Epidemiemodelle:

Susceptibles (S): Gesunde bzw. infizierbare Personen, die mit der Krankheit noch nicht in Berührung gekommen sind.

Exposed (E): Personen, die zwar infiziert sind, die Krankheit aber noch nicht weitergeben können und auch noch keine Symptome aufweisen. Sie befinden sich in einer Latenzphase.

Infectives (I): Infizierte bzw. erkrankte Personen, welche ansteckend sind, also die Krankheit an Individuen der S-Klasse weitergeben können und Krankheitsmerkmale entwickeln. Man kann auch Symptome zeigen und nicht ansteckend sein (atypische Fälle). Wir nennen die Vertreter dieser Klasse kurz „Infektiöse“ und meinen diejenigen, die sowohl ansteckend sind als auch Krankheitsmerkmale zeigen.

Removed/Recovered (R): Personen, welche die Krankheit aufgrund von Immunität oder Tod nicht mehr übertragen können.

In diesem Zusammenhang formulieren wir die zugehörigen Verzögerungszeiten:

1. *Inkubationszeit* T_1*:* Diejenige Zeit, die eine zum Zeitpunkt t angesteckte Person in der S-Klasse verbringt, bevor sie selber zum Zeitpunkt $t + T_1$ Symptome aufweist und in die I-Klasse überführt wird.
2. *Latenzzeit* T_2*:* Diejenige Zeit, die eine zum Zeitpunkt t angesteckte Person der S-Klasse in der E-Klasse verbringt, bevor sie selber zum Zeitpunkt $t + T_2$ ansteckend und in die I-Klasse überführt wird.
3. *Infektionszeit* T_3*:* Diejenige Zeit, die eine zum Zeitpunkt t infizierte und ansteckende Person in der I-Klasse verbringt, bevor sie zum Zeitpunkt $t + T_3$ immun oder isoliert wird oder stirbt und in die R-Klasse überführt wird.

Die drei Zeiten können an einem einfachen Zahlenbeispiel voneinander abgegrenzt werden.

Beispiel. Durchschnittswerte der Sars-CoV-2-Pandemie sind $T_1 = 6$ Tage, $T_2 = 3$ Tage und $T_3 = 5$ Tage. Daran erkennt man, dass üblicherweise die Inkubationszeit länger ausfällt als die Latenzzeit und dass die infektiöse Phase vor Ablauf der Inkubationszeit beginnt. Es ist genau dieser Zeitraum $T = T_1 - T_2 = 3$ Tage, zwischen dem Beginn der Ansteckungsphase und dem Auftreten der ersten Symptome, welches der gefährlichste ist, weil die betreffende Person aufgrund fehlender Anzeichen nichts von einer bestehenden Infektion ahnt und trotzdem ansteckend ist.

Um in den Epidemieverlauf einzugreifen, betrachten wir folgende Möglichkeiten:
- das „Social Distancing“ oder als Extremmaßnahme der Lockdown (Kap. 4.8, 5.2 und 5.5);
- der Rückzug oder die freiwillige Quarantäne (Kap. 5.10 und 5.11);
- die Impfung (Kap. 6.3 und 6.6);
- die Kombination von freiwilliger Quarantäne mit einer Impfung (Kap. 6.4 und 6.5).

Quarantined (Q): Personen, die sich während einer Infektion in Quarantäne begeben. Hier muss man zwei Arten unterscheiden (Kap. 5.10).
Vaccinated (V): Individuen, die sich einer Impfung unterziehen.

In den folgenden Modellen geht es, nebst der Abbildung des Epidemieverlaufs, darum, eine Prognose für die unmittelbare Zukunft abzugeben, um die neue Information dahin gehend zu nutzen, die Zahl der Ansteckungen durch geeignete Maßnahmen einzudämmen. Letztlich soll die Güte des Modells mit den vorliegenden Daten nach Abklingen einer Epidemie beurteilt werden. Mit dem nächsten Kapitel beginnen wir vorerst mit zeitlich unverzögerten Modellen. Dies bedeutet, dass sowohl die Inkubationszeit, als auch die Latenzzeit und die Infektionszeit zur Vereinfachung null gesetzt werden. Somit kann jede Person des Modells unmittelbar von einer Klasse in eine andere übergeführt werden.

Die 7-Tage-Inzidenz

In Deutschland wird die Zahl der Corona-Infizierten – immer vorausgesetzt, es bestände Meldepflicht – in einer 7-Tage-Inzidenz-Graphik erfasst. Zählungen in kürzeren Abständen wären irreführend, da am Wochenende Ämter wie auch Testzentren wohl geschlossen sind oder nur teilweise geöffnet sind. In der Schweiz wird eine 14-Tage-Inzidenz bevorzugt. Mit zunehmender Testpflicht können dadurch die Fallzahlen natürlich beeinträchtigt werden. Weiter kommt hinzu, dass es aufgrund von Übermittlungsverzügen zu falschen Schätzzahlen der Inzidenz kommen kann. Als Basis für die Berechnung der Größe der 7-Tage-Inzidenz I_7 in Anzahl Personen wird zuerst die Einwohnerzahl einer Stadt oder eines Bundeslandes durch 100.000 Einwohner dividiert und die Anzahl der Neuinfektionen während einer Woche durch den vorhin erhaltenen Quotienten dividiert. Anders als die Basisreproduktionszahl, die erst aus den gewonnenen Inzidenzzahlen ermittelt oder geschätzt werden kann, bietet die Größe I_7 so lange ein verlässliches Maß für die aktuelle Stärke einer Epidemie, bis die (freiwillige) Impfquote steigt oder eine Impfpflicht durchgesetzt wird. Dann verliert die 7-Tage-Inzidenz an Bedeutung und es wird eine 7-Tage-Hospitalisierung und damit die Belastung der Krankenhäuser als weitere Kenngröße in Betracht gezogen.

Beispiel. In Baden-Württemberg wurden in der Woche vom 17.02.2021 bis 23.02.2021 insgesamt 5.287 Neuinfektionen gemeldet, bei einer Einwohnerzahl von ungefähr 11.102.000.

Dann rechnet man zuerst $\frac{..000}{.000} = 110{,}02$ und erhält somit $I_7 = \frac{5.287}{110{,}02} = 47{,}6$ Personen.

4.2 Epidemiemodelle ohne Demographie

Die Bevölkerungsgröße einer Stadt oder eines beliebigen anderen Gebiets ist aufgrund von Geburten und natürlichen, nicht krankheitsbedingten Toden, einer ständigen Schwankung unterlegen. Die krankheitsbedingten Tode sind davon zu unterscheiden. Berücksichtigt man die Geburtenrate und die natürliche, nicht krankheitsbedingte Sterberate im Modell, so nennt man dieses „demographisch“.

Definition. Mit Demographie bezeichnen wir die Berücksichtigung von Geburten- und natürlicher Sterberate.

Für eine eher kurz andauernde Epidemie kann man näherungsweise von einer konstanten Population ausgehen, weshalb die entsprechenden Modelle in den Kapiteln 4.3 bis 4.7 einen solchen Krankheitsverlauf unter dieser Voraussetzung beschreiben.

Ergebnis. Modelle ohne Demographie eignen sich für einen eher kurzen Epidemieverlauf. Bei Berücksichtigung der Demographie hat man es mit einer verhältnismäßig länger andauernden Epidemie zu tun.

Neugeborene sind durchschnittlich etwa sechs Monate lang gegen gewisse Erreger immun (Nestschutz), weswegen man der S-Klasse noch eine weitere Klasse voransetzen müsste. Wir gehen aber der Einfachheit halber davon aus, dass sämtliche Neugeborenen in die S-Klasse übergeführt werden.

Einschränkung: Der Nestschutz bei Neugeborenen wird nicht berücksichtigt.

Weitere Einschränkungen:

1. In den ersten, weiter unten folgenden Modellen, werden wir aufgrund der expliziten Lösungen oder der impliziten Form der Trajektorien von positiven Lösungsfunktionen ausgehen. Die weiteren Modelle verlangen eigentlich einen kurzen Beweis für die Positivität aller Lösungen. Wir gehen jedoch aus Platzgründen direkt davon aus und verzichten auf diese Beweise.
2. Epidemien können ausbrechen oder ausbleiben. Im Folgenden interessieren uns nur die Bedingungen für einen Ausbruch (Basisreproduktionszahl $r_0 > 1$). Damit entfällt auch die Untersuchung bezüglich eines nichtepidemischen oder nichtendemischen GP und dessen Stabilität.

4.3 Das SI-Modell ohne Demographie

Herleitung von (4.3.1) und (4.3.2)

Dieses Modell ist das einfachste mögliche. Die modellierte Bevölkerung besteht nur aus der zur Zeit t totalen Anzahl der Anfälligen $S(t)$ und der totalen Anzahl der Ansteckenden $I(t)$. Wenn ein Individuum erkrankt, dann ist diese Erkrankung dauerhaft, womit keine R-Klasse existiert. Wird die Demographie nicht berücksichtigt, dann kann man von einem abgeschlossenen System, das heißt einer mit der Zeit konstanten Bevölkerung, ausgehen: $S(t) + I(t) = N$, wobei N die Gesamtpopulation darstellt. Suszeptible können nur im Kontakt mit Infektiösen angesteckt werden. Zur Zeit t nehmen wir gemäß unserer Voraussetzung (2.3) $S(t) \cdot I(t)$ mögliche Kontakte an. Weiter können wir davon ausgehen, dass in der Zeitspanne t bis $t + dt$ gerade $a \cdot S(t) \cdot I(t) \cdot dt$ Neuansteckungen erfolgt sind, wobei a die Ansteckungsrate bezeichnet. Das Produkt $a \cdot S(t) \cdot I(t)$ entspricht in unseren Populationsmodellen dem einfachst möglichen Kontaktterm zwischen Räuber und Beute. Wie schon erwähnt, soll jeglicher Kontakt von Individuen zweier verschiedener Klassen ausschließlich mit einem Produktterm erfasst werden. Da sich sowohl die Klasse S als auch die Klasse I nur jeweils bei einem Kontakt mit einem Individuum der anderen Klasse ändert, erhält man $dS = -aSI \cdot dt$, $dI = aSI \cdot dt$ und damit das SI-Modell (Abb. 4.1 oben links).

$$\begin{aligned} \dot{S} &= -aSI, \\ \dot{I} &= aSI \end{aligned} \tag{4.3.1}$$

Ersetzt man S durch $N - I$ in einer der beiden Gleichungen aus (4.3.1), so folgt die logistische DG $\dot{I} = aI(N - I)$. Dabei setzt sich der Faktor a wie folgt zusammen: Ist $\frac{I(t)}{N}$ der relative Anteil der Ansteckenden, k die Kontaktrate pro Zeiteinheit und a_1 die Ansteckungswahrscheinlichkeit, so ergeben sich $\frac{a_1 \cdot k}{N} \cdot I(t) \cdot S(t) \cdot dt$ Ansteckungen in der Zeit dt. Dabei sind die Einheiten von k $[\frac{1}{\text{Zeiteinheit}}]$ und von $a = \frac{a_1 \cdot k}{N}$ $[\frac{1}{\text{Personen} \cdot \text{Zeiteinheit}}]$. Die GPe sind $G_1(N, 0)$ und $G_2(0, N)$, wobei G_1 instabil und G_2 global asymptotisch stabil wird. Dies erkennt man an der expliziten Lösung. Diese lautet (siehe Band 1)

$$I(t) = \frac{I_0 \cdot N}{I_0 + (N - I_0) \cdot e^{-aNt}}, \qquad S(t) = N - I(t) \tag{4.3.2}$$

mit $\lim_{t\to\infty} I(t) = N$, $\lim_{t\to\infty} S(t) = 0$. Somit sind irgendwann alle angesteckt.

Beispiel. Gegeben ist das System (4.3.1). Ein Einwohner eines Dorfes mit $N = 200$ Einwohnern wird mit einer unheilbaren, aber nicht unmittelbar tödlichen Grippe infiziert. Die Ansteckungswahrscheinlichkeit bei einem Kontakt beträgt $a_1 = 5\,\%$. Jeder Einwohner hat am Tag durchschnittlich mit $k = 10$ anderen Bewohnern des Dorfes Kontakt.

a) Bestimmen Sie die Ansteckungsrate a.
b) Nehmen Sie $I(0) = 1$, stellen Sie $S(t), I(t)$ dar und interpretieren Sie deren Verlauf.
c) Welchen Nachteil besitzt das Modell?

Lösung.

a) Die Ansteckungsrate beträgt $\alpha = \frac{\alpha_1 \cdot k}{N} = \frac{0{,}15 \cdot 10}{200} = 0{,}0075$.

b) Mit $I_0 = 1$, $S_0 = 199$ und $N = 200$ folgt $S(t) = \frac{199 \cdot 200}{199+(200-199) \cdot e^{0{,}0075 \cdot 200t}} = \frac{39800}{199+e^{1.5t}}$ und $I(t) = \frac{1 \cdot 200}{1+(200-1) \cdot e^{-0{,}0075 \cdot 200t}} = \frac{200}{1+199 \cdot e^{-1.5t}}$. Der Graph von $I(t)$ entsteht durch Spiegelung des Graphen von $S(t)$ an der horizontalen Geraden der Höhe 100 und umgekehrt. Beide Verläufe sind in Abb. 4.2 links festgehalten.

d) Der Nachteil des Modells besteht darin, dass man weder gesund noch immun werden kann und deshalb schließlich alle angesteckt werden.

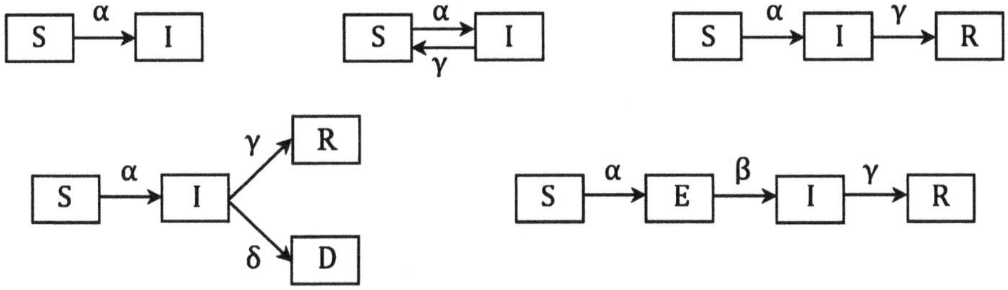

Abb. 4.1: Diagramme zu den Modellen SI, SIS, SIR, SIRD und SEIR ohne Demographie.

4.4 Das SIS-Modell ohne Demographie

Herleitung von (4.4.1) und (4.4.2)

Das Modell sieht zusätzlich die Möglichkeit der Genesung, aber nicht der Immunität vor, das heißt, ein Genesener kann abermals infiziert werden und kommt nicht in die R-Klasse (wie im darauffolgenden Modell), sondern bleibt in der S-Klasse. Am einfachsten beschreibt man den Anteil der Genesenen pro Zeiteinheit proportional zur Anzahl der Infektiösen, also γI (wie schon mit (2.2) festgelegt, proportional zu S wäre auch möglich und gleichwertig). Dabei ist γ die Genesungsrate. Alle anderen Voraussetzungen des SI-Modells bleiben erhalten (Abb. 4.1 oben mitte). Insbesondere ist die Population abgeschlossen: $S(t) + I(t) = N$. Das System erhält dann die Gestalt:

$$\begin{aligned} \dot{S} &= -\alpha SI + \gamma I, \\ \dot{I} &= \alpha SI - \gamma I. \end{aligned} \tag{4.4.1}$$

Fügen wir $S = N - I$ in eine der beiden Gleichungen von (4.4.1) ein, so entsteht abermals eine logistische DG: $\dot{I} = \alpha I(N - \frac{\gamma}{\alpha} - I)$. Die GPe ergeben sich zu $G_1(N, 0)$ und $G_2(\frac{\gamma}{\alpha}, N - \frac{\gamma}{\alpha})$. Die Lösungen lauten

$$I(t) = \frac{I_0 \cdot (\alpha N - \gamma)}{\alpha I_0 + (\alpha N - \gamma - \alpha I_0) \cdot e^{-(\alpha N - \gamma)t}}, \quad S(t) = N - I(t). \tag{4.4.2}$$

Entscheidend für den Verlauf von $I(t)$ ist der Exponentialterm im Nenner. Dazu definiert man die Größe $r_0 := \frac{\alpha N}{\gamma}$ als Maß für die Heftigkeit einer Epidemie. Man nennt sie Basisreproduktionszahl und sie entspricht einem Erwartungswert. Man muss zwei Fälle unterscheiden:

1. $r_0 > 1$. Die Epidemie bricht aus. $\lim_{t\to\infty} I(t) = N - \frac{\gamma}{\alpha}$, $\lim_{t\to\infty} S(t) = \frac{\gamma}{\alpha}$.
2. $r_0 < 1$. Die Epidemie bricht nicht aus. $\lim_{t\to\infty} I(t) = 0$, $\lim_{t\to\infty} S(t) = N$.

Definition. Die Basisreproduktionszahl gibt an, wie viele Personen eine infizierte Person im Durchschnitt während ihrer infektiösen Phase anstecken wird, falls keine Gegenmaßnahmen wie Medikamente, Quarantäne oder Impfung getroffen werden.

Wird eine Quarantäne oder eine Impfpflicht verordnet, so ändert sich die Reproduktionszahl im Laufe der Epidemie täglich.

Beweis der Definition. Wenn α der Ansteckungsrate in $\frac{1}{\text{Personen}\cdot\text{Zeiteinheit}}$ entspricht, dann werden im Mittel αN Personen von einem Individuum pro Tag angesteckt. Ist weiter γ in $\frac{1}{\text{Zeiteinheit}}$ die Gesundungsrate, dann entspricht $T_I = \frac{1}{\gamma}$ der durchschnittlichen Verweilzeit einer infektiösen Person in der I-Klasse. Auch diese Behauptung soll kurz bewiesen werden. Dazu sehen wir die Möglichkeit der Ansteckung als beendet an, also $\alpha = 0$, und betrachten den Heilungsprozess $\dot{I} = -\gamma I$. Mit $I(0) = I_0$ erhält man $\frac{I(t)}{I_0} = e^{-\gamma t}$. Dabei ist die Größe $\frac{I(t)}{I_0}$ exponentialverteilt. Demnach ist $\gamma e^{-\gamma t} dt$ ebenfalls dimensionslos und entspricht der Wahrscheinlichkeit, dass sich ein Individuum in der Zeitspanne von t bis $t + dt$ in der I-Klasse befindet. Die Funktion $\gamma e^{-\gamma t}$ nennt man eine Dichtefunktion und sie besitzt die Einheit $\frac{1}{\text{Zeiteinheit}}$. Es ergibt sich $\int_0^\infty \gamma e^{-\gamma t} dt = 1$, was dem sicheren Ereignis für den Verbleib in der Klasse I entspricht. Zur Berechnung der mittleren Verweildauer in der Klasse I muss man demnach jeden Zeitpunkt t mit der zugehörigen Wahrscheinlichkeit $\gamma e^{-\gamma t} dt$ gewichten und über den gesamten Zeitraum integrieren. Man erhält $T_I = \int_0^\infty t \cdot \gamma e^{-\gamma t} dt = \gamma[-\frac{(1+\gamma t)e^{-\gamma t}}{\gamma^2}]_0^\infty = \frac{1}{\gamma}$. Damit ergibt sich $\frac{\alpha N}{\gamma}$ als die durchschnittliche Anzahl Individuen, die von einer infizierten Person während ihrer Infektionsphase neu angesteckt werden können. q. e. d.

Beispiel 1. Für $\alpha = 0{,}003$, $N = 200$, $\gamma = 0{,}1$ erhält man $r_0 = \frac{\alpha N}{\gamma} = \frac{0{,}003\cdot 200}{0{,}1} = 6$.

Zur Illustration hierzu einige Kennzahlen:

Infektionskrankheit	**r_0 Basisreproduktionszahl in Anzahl Infektionen**
Keuchhusten	13–17
Masern	12–16
Mumps	4–7
Röteln	6–7
Diphterie	4–6
Pocken	3–5
Grippe	1,2–2

Beispiel 2. Betrachten Sie das *SIS*-Epidemiemodell (4.4.1).

a) Stellen Sie $S(t)$ und $I(t)$ für den Fall $\alpha N - \gamma > 0$, $N = 200$, $\alpha = 0{,}0005$, $\gamma = 0{,}12$, $I_0 = 1$ dar.

b) Im Fall $\alpha N - \gamma = 0$ ergibt sich beim Einsetzen in (4.4.2) für $I(t)$ ein Ausdruck der Form $\frac{0}{0}$. Führen Sie die Berechnung für diesen Fall erneut durch und ermitteln Sie die Lösungen für $S(t)$ und $I(t)$.

Lösung.

a) Für $\alpha N - \gamma > 0$ erhält man $I(t) = \frac{0{,}02}{0{,}0005 + 0{,}0195 \cdot e^{-0{,}02t}}$, $S(t) = N - I(t)$ und die in Abb. 4.2 rechts dargestellten Verläufe.

b) Die zweite DG von (4.4.1) lautet $\dot{I} = \alpha SI - \gamma I = \alpha SI - \alpha NI = \alpha I(S - N) = -\alpha I^2$. Weiter führt dies zu $\int \frac{dI}{I^2} = -\alpha \int dt$, $-\frac{1}{I} = -\alpha t + C$ und $I(t) = \frac{1}{\alpha t - C}$. Mit $I(0) = I_0$ folgt $C = -\frac{1}{I_0}$ und damit $I(t) = \frac{1}{\alpha t + \frac{1}{I_0}} = \frac{I_0}{I_0 \alpha t + 1}$ und $S(t) = N - I(t)$.

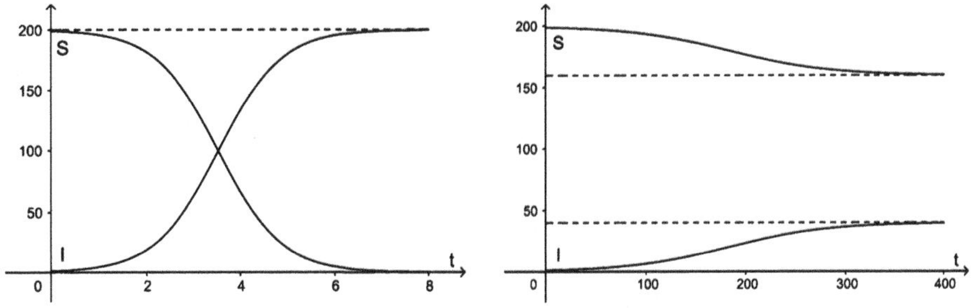

Abb. 4.2: Graphen zum Beispiel aus Kap. 4.3 und zum Beispiel 2 aus Kap. 4.4.

4.5 Das SIR-Modell ohne Demographie

Im Jahr 1896 trat im damaligen Bombay erstmals eine (dokumentierte) Beulenpest auf, die sich auf ganz Indien ausbreitete und – jedes Jahr wiederkehrend – viele Tausende Todesopfer forderte. Im Jahre 1927 entwickelten W. O. Kermack und A. G. McKendrick ein mathematisches Modell, um den Verlauf der im Jahr 1906 in Bombay wütenden Pest zu beschreiben.

Herleitung von (4.5.1)–(4.5.8)

In diesem Modell gibt es jetzt eine R-Klasse. Mit $R(t)$ bezeichnen wir die Gesamtzahl an Personen, die zur Zeit t entweder immun sind, isoliert wurden oder verstorben sind (Ein Standardbeispiel hierzu ist eine Maserninfektion). Die Rate γ bezeichnet die Genesungs- oder Sterberate in einem. Um Verwirrung vorzubeugen, nennen wir γ die Infektions- oder Ausscheidungsrate. Das Entscheidende aus epidemiologischer Sicht ist, dass die

R-Klasse sämtliche Individuen zusammenfasst, die nicht mehr zur Infektion beitragen können. Die Immunität in diesem Modell ist dauerhaft, ein Rückfall in die S-Klasse ist nicht möglich (Abb. 4.3 oben rechts). Das DG-System sieht dann folgendermaßen aus:

$$\begin{aligned} \dot{S} &= -\alpha SI, \\ \dot{I} &= \alpha SI - \gamma I, \\ \dot{R} &= \gamma I. \end{aligned} \tag{4.5.1}$$

Die dritte Gleichung entsteht aus den beiden anderen aufgrund der Geschlossenheitsbedingung $S+I+R = N$, denn daraus folgt $\dot{S}+\dot{I}+\dot{R} = 0$ und somit $\dot{R} = -\dot{S}-\dot{I} = \alpha SI-\alpha SI+\gamma I = \gamma I$. Zur Berechnung der GPe ergibt sich aus der dritten Gleichung von (4.5.1) $I_\infty = 0$ und aus der zweiten Gleichung $0 \leq S_\infty \leq N$. Somit besteht die gesamte S-Achse innerhalb der genannten Grenze aus GPen, die vom Startwert S_0 abhängen. Man erhält also die Schar

$$G_{S_\infty}(S_\infty(S_0), 0, N - S_\infty(S_0)). \tag{4.5.2}$$

Damit ist G_{S_∞} zwar global stabil, aber eine lokale asymptotische Stabilität kann nicht erreicht werden. Zusätzlich existiert noch der GP $G_{S_0}(S_0, 0, 0)$. Dieser interessiert nicht, denn dafür wäre $r_0 < 1$. In jedem Fall gilt damit für dieses Modell

$$\lim_{t\to\infty} I(t) = 0. \tag{4.5.3}$$

Eine zusätzliche, wichtige Tatsache stellt sich abermals mit der zweiten Gleichung von (4.5.1) ein: Damit nämlich die Epidemie überhaupt ausbricht, muss zum Startpunkt $t = 0$ die Änderung $\dot{I}(0) > 0$ sein. Man erhält daraus $\alpha S_0 - \gamma > 0$, bzw.

$$S_0 > \frac{\gamma}{\alpha}. \tag{4.5.4}$$

Für die Zunahme an Infektiösen muss demnach anfangs eine genügend große Anzahl an Suszeptiblen vorhanden sein.

Definition. Mit Schwellenwert bezeichnet man die Mindestanzahl an Suszeptiblen, die anfangs für den Ausbruch einer Epidemie erforderlich ist.

In unserem Fall beträgt der Schwellenwert also $\frac{\gamma}{\alpha}$. Ist im Laufe der Epidemie $S(t) < \frac{\gamma}{\alpha}$, so sinkt die Anzahl der Ansteckenden. Aus (4.5.4) folgt unmittelbar die Basisreproduktionszahl zu

$$r_0 := \frac{\alpha S_0}{\gamma} \approx \frac{\alpha N}{\gamma}. \tag{4.5.5}$$

Für $r_0 > 1$ bricht die Epidemie aus, für $r_0 < 1$ nicht. Das System (4.5.1) ist nicht mehr geschlossen lösbar, denn keine der Größen S, I, R lässt sich mittels N durch eine andere allein ausdrücken. Da die beiden ersten Gleichungen von R unabhängig sind, kann man zur Stabilitätsanalyse die Projektion der Trajektorie auf die SI-Ebene betrachten. Dazu schreiben wir (analog zum LVM1) $\frac{\dot I}{\dot S} = \frac{\alpha SI - \gamma I}{-\alpha SI} = -1 + \frac{\gamma}{\alpha S}$. Umgeformt ist dies $\dot I + \dot S - \frac{\gamma \dot S}{\alpha S} = 0$. Folglich haben wir $S - \frac{\gamma}{\alpha} \ln S + I = \text{konst} = C$. Speziell gilt die Gleichung auch für $t = 0$, was zu $C = S_0 - \frac{\gamma}{\alpha} \ln S_0 + I_0$ mit $S_0 = S(0), I_0 = I(0)$ führt. Schließlich lautet die Trajektorie:

$$I(S) = S_0 + I_0 - S + \frac{\gamma}{\alpha} \ln\left(\frac{S}{S_0}\right). \tag{4.5.6}$$

Zudem ist

$$R(S) = S_0 + I_0 + R_0 - S - I = R_0 - \frac{\gamma}{\alpha} \ln\left(\frac{S}{S_0}\right). \tag{4.5.7}$$

Die Gleichung (4.5.7) kann zusätzlich verwendet werden, um R_∞ abzuschätzen. Betrachtet man (4.5.7) zum Zeitpunkt $t = \infty$, so erhält man $\frac{\gamma}{\alpha} \ln(\frac{S_\infty}{S_0}) = R_0 - R_\infty$. Da $S_\infty + R_\infty = N$ und $S_0 \approx N$, folgt $\ln(\frac{N - R_\infty}{N}) = -\frac{\alpha}{\gamma}(R_\infty - R_0)$ oder $1 - \frac{R_\infty}{N} = e^{-\frac{\alpha}{\gamma}(R_\infty - R_0)}$. Erweitert man mit $S_0 \approx N$, so ist $1 - \frac{R_\infty}{N} = e^{-\frac{\alpha N}{\gamma N}(R_\infty - R_0)}$ und die Bestimmungsgleichung lässt sich schreiben als

$$1 - \frac{R_\infty}{N} = e^{-r_0(\frac{R_\infty - R_0}{N})}. \tag{4.5.8}$$

Beispiel 1. Das SIR-Modell sei gegeben durch $\alpha = 0{,}0001$, $\gamma = 0{,}01$ und $R_0 = 0$.

a) Stellen Sie jeweils die Trajektorie (4.5.6) und (4.5.7) nacheinander für die folgenden acht Startwertpaare dar.

S_0	200	175	150	125	100	75	50	25
I_0	0	25	50	75	100	125	150	175

b) Beschreiben Sie die Verläufe.

Lösung.

a) Die jeweils acht Kurven entnimmt man Abb. 4.3 links und rechts.

b) Zu jeder Zeit gilt $S + I = N$ und insbesondere ist $S_0 + I_0 = N$. Deswegen starten die Bahnen in einem Punkt $A(S_0, I_0)$ auf der Geraden $I(S) = N - S$, im eingezeichneten Fall $A(175, 25)$. Da $S_0 > \frac{\gamma}{\alpha} = 100$, nimmt die Anzahl der Infektiösen bis $S(t) = \frac{\gamma}{\alpha}$ zu, um auf dem Weg hin zu B wieder auf null abzusinken. Im SR-Diagramm beginnt die Bahn im eingezeichneten Fall im Punkt $A'(175, 0)$ und endet im senkrecht über B liegenden Punkt B'.

Herleitung von (4.5.9) und (4.5.10)

Weiter soll die Lage des Hochpunkts ermittelt werden. In diesem Fall ist $\dot{I} = 0$, also $S = \frac{\gamma}{\alpha}$. Somit ist $I_{\max} = I(\frac{\gamma}{\alpha}) = I_0 + S_0 - \frac{\gamma}{\alpha} + \frac{\gamma}{\alpha}\ln(\frac{\gamma}{\alpha S_0})$, also

$$I_{\max} = I_0 + S_0 + \frac{\gamma}{\alpha}\left[\ln\left(\frac{\gamma}{\alpha S_0}\right) - 1\right]. \tag{4.5.9}$$

Mit $\dot{I} = 0$ ist auch $\ddot{R} = \gamma\dot{I} = 0$ und die Stelle $S = \frac{\gamma}{\alpha}$ entspricht auch dem Wendepunkt der R-Kurve. Für obiges Beispiel ergibt sich $I_{\max} = 200 + 100[\ln(\frac{100}{175}) - 1] = 44{,}04$.

Die Trajektorien fördern ein interessantes Ergebnis zutage: Am Ende der Epidemie ($I = 0$) sind trotzdem noch Suszeptible der Größe S_∞ vorhanden. Wie viele es genau sind, kann man nicht angeben, weil sich Gleichung $0 = N - S_\infty + \frac{\gamma}{\alpha}\ln(\frac{S_\infty}{S_0})$ nicht nach S_∞ auflösen lässt. Zumindest kann man S_∞ nach unten abschätzen. Dazu betrachten wir den Quotienten $\frac{\dot{S}}{\dot{R}} = -\frac{\alpha}{\gamma}S$, schreiben dies als $\frac{dS}{S} = -\frac{\alpha}{\gamma}dR$, integrieren und finden $\int\frac{dS}{S} = -\frac{\alpha}{\gamma}\int dR$ und $\ln(S) = -\frac{\alpha}{\gamma}R + C$. Ausgewertet bei $t = 0$ führt dies zu $C = \ln(S_0)$ und insgesamt $\ln(S) = -\frac{\alpha}{\gamma}R + \ln(S_0)$ bzw. $S(t) = S_0 e^{-\frac{\alpha}{\gamma}R(t)}$. Da zu jeder Zeit $R(t) < N$ ist, folgt $S(t) > S_0 e^{-\frac{\alpha N}{\gamma}}$, insbesondere also die Obergrenze am Ende der Epidemie

$$S_\infty > S_0 e^{-\frac{\alpha N}{\gamma}}. \tag{4.5.10}$$

Für obiges Beispiel ergibt sich im Fall von $S_0 = 175$ die Grenze $S_\infty > 175e^{-2} = 23{,}68$. In Wirklichkeit ergibt die Lösung der Gleichung $0 = 200 - S_\infty + 100\ln(\frac{S_\infty}{175})$ den Wert 32,92.

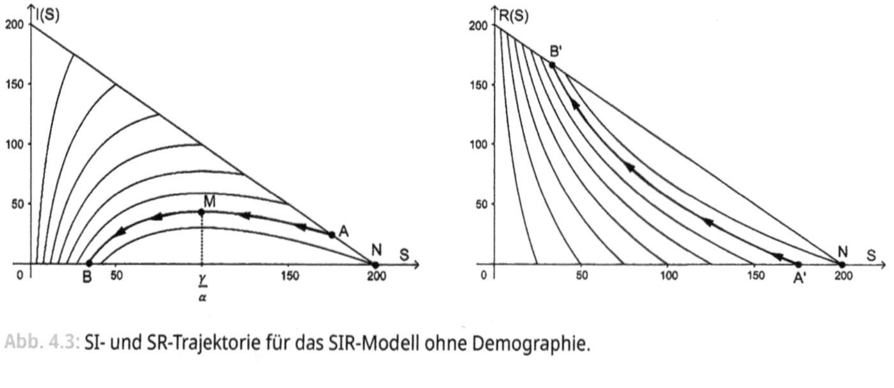

Abb. 4.3: SI- und SR-Trajektorie für das SIR-Modell ohne Demographie.

Beispiel 2. Für das SIR-Modell sind die Größen $\alpha = 0{,}0005$, $\gamma = 0{,}04$, $S_0 = 199$, $I_0 = 1$ und $R_0 = 0$ gegeben (bei der Simulation muss $I_0 \neq 0$ beachtet werden).

a) Zeigen Sie, dass der Schwellenwert für einen Ausbruch erreicht wird.

b) Stellen Sie die drei Verläufe $S(t)$, $I(t)$ und $R(t)$ numerisch mit einem Zeitschritt von $\Delta t = 0{,}1$ Tagen dar.

c) Für welchen Wert von S erreicht die Epidemie ihr Maximum und wie viele Infektiöse sind es dann?
d) Wie viele Suszeptible verbleiben am Ende der Epidemie und wie viele sind in der R-Klasse?
e) Vergleichen Sie den Wert für R_∞ mithilfe der Bestimmungsgleichung (4.5.8).
f) Nach wie vielen Tagen endet die Epidemie?

Lösung.
a) Nach (4.5.5) gilt $r_0 = \frac{0{,}0005 \cdot 200}{0{,}04} = 2{,}5 > 1$.
b) Die drei Kurven sind in Abb. 4.4 links dargestellt.
c) Die maximale Infektiösenzahl wird für $S = \frac{0{,}04}{0{,}0005} = 80$ erreicht und beträgt nach (4.5.9) $I_{\max} = 200 + 80[\ln(0{,}4) - 1] = 46{,}70$.
d) Man erhält $S_\infty \approx 22$, da die Reproduktionszahl relativ klein ist. Die Abschätzung (4.5.10) liefert $S_\infty > 16{,}33$. Zudem ist $R_\infty = 178$.
e) Aus $1 - \frac{R_\infty}{200} = e^{-\frac{0{,}0005 \cdot R_\infty}{0{,}04}}$ erhält man $R_\infty = 178{,}53$.
f) Der Vergleich mit der Simulation ergibt $I_\infty \approx 0$ für $n = 2.500$. Somit endet die Epidemie nach etwa 250 Tagen.

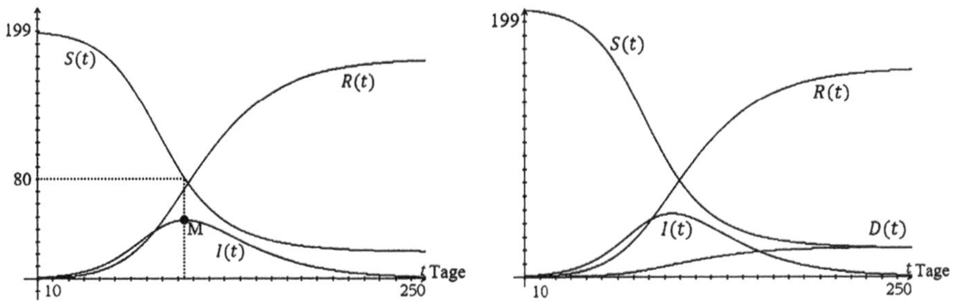

Abb. 4.4: Simulation zum SIR- und SIRD-Modell ohne Demographie.

Beispiel 3. Die oben erwähnte, jährlich in ganz Indien wiederkehrende Seuche wurde durch den Biss eines Rattenflohs auf den Menschen übertragen. Die Ansteckungsrate war zwar gering, aber die Sterblichkeitsrate umso höher: Sie schwankte zwischen 38 % im Mai und 82 % im Februar. Die saisonale Pest wütete während 30 Wochen. Trägt man die Sterblichkeitsraten für jeden Monat auf, so erhält man eine Glockenkurve. Eine solche bildet sich auch, wenn man die nachfolgenden Zahlen der Infektiösen in einem Koordinatensystem erfasst. Dabei wurden schlicht die Individuen mit klinischen Symptomen gezählt, da kein Bestätigungstest zur Verfügung stand.. Multipliziert man die Anzahl der Neuinfektionen für jeden Monat mit der monatlichen Sterberate, so erhält man die Todeszahlen im entsprechenden Monat. Kormack und McKendrick lagen 1927 die überlieferten Gesamtzahlen der Infizierten $I(t)$ vor:

Woche	1	2	3	4	5	6	7	8	9	10	11	12	13	14	15
Infizierte	5	10	17	24	30	50	48	90	120	185	295	395	445	775	780
Woche	16	17	18	19	20	21	22	23	24	25	26	27	28	29	30
Infizierte	700	695	880	930	800	580	400	350	205	110	65	27	20	13	10

Die beiden Wissenschaftler fanden eine Näherungsfunktion für den Verlauf von $I(t)$. Wir führen eine Simulation mit den vorhandenen Daten durch und gehen von einer Bevölkerung von $N = 800.000$ aus, von denen in der ersten Woche (siehe Tabelle) 5 infiziert sind, woraus sich $S_0 = 779.995$, $I_0 = 5$ und R_0 ergeben. Die Raten α und γ sind etwas schwierig anzupassen. Es gilt etwa $\alpha = 1{,}415 \cdot 10^{-6}$ und $\gamma = 1{,}05$.

a) Bestimmen Sie die Basisreproduktionszahl.
b) Stellen Sie die 30 Punktepaare der Tabelle in einem Koordinatensystem dar. Führen Sie dann eine Simulation für das System (4.5.1) durch und wählen Sie vorerst folgende Einstellungen im Graphikfenster: $0 \leq t \leq 210$ Tage und $0 \leq S(t), I(t), R(t) \leq 800.000$. Beschreiben Sie die Verläufe.
c) Offenbar ist der Kurvenverlauf für $I(t)$ noch nicht sichtbar. Zoomen Sie mithilfe von $0 \leq S(t), I(t), R(t) \leq 1.000$. Was erkennen Sie?

Lösung.

a) Man erhält $r_0 = \frac{1{,}415 \cdot 10^{-6} \cdot 779.995}{1{,}05} = 1{,}051$.
b) In Abb. 4.5 links sind nur die Kurven von $S(t)$ und $R(t)$ auszumachen.
c) Abb. 4.5 rechts zeigt den Verlauf von $I(t)$ und die gute Übereinstimmung mit den Daten.

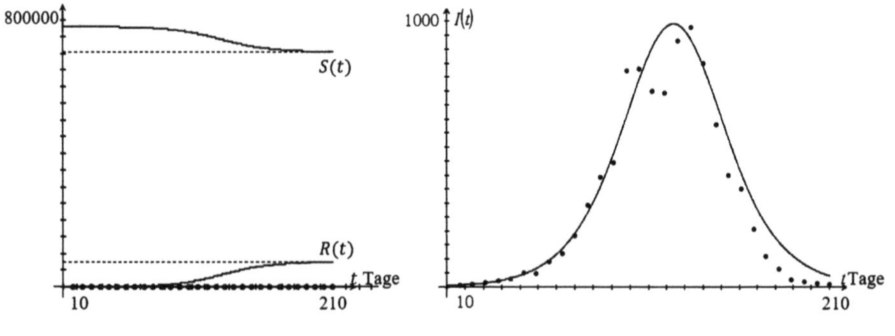

Abb. 4.5: Anpassung der Daten für die Bombay-Pest 1906.

4.6 Das SIRD-Modell ohne Demographie

Herleitung von (4.6.1)–(4.6.5)

Bisher wurde nicht zwischen Immunen und durch die Erkrankung Verstorbenen unterschieden. Dies rührt daher, dass der Fokus auf den Infektiösenzahlen liegt. Sie sind das

Maß für die Belastung des Gesundheitssystems und bestimmen die bereitzustellenden Kapazitäten zur Behandlung der Patienten. Nimmt die Anzahl der Ansteckenden ab, so sinkt auch die Anzahl der Toten. Im System (4.5.1) bleibt die erste Gleichung unangetastet. Mit γ bezeichnen wir aber jetzt die Genesungs- oder Immunitätsrate und mit δ neu die durch Infizierung erfolgte Sterberate. Die Immunen wechseln in die R-Klasse und die Toten werden in die neue D-Klasse verschoben. $D(t)$ meint dann die Gesamtzahl an Personen, die zur Zeit t verstorben sind (Abb. 4.1 unten links). Damit ergibt sich:

$$\begin{aligned} \dot{S} &= -aSI, \\ \dot{I} &= aSI - \gamma I - \delta I, \\ \dot{R} &= \gamma I, \\ \dot{D} &= \delta I. \end{aligned} \tag{4.6.1}$$

Nebst dem GP $G_{S_0}(S_0, 0, 0, 0)$ existiert der für den Ausbruch der Epidemie maßgebende GP

$$G_{S_\infty}(S_\infty(S_0, R_0), 0, R_\infty(S_0, R_0), N - S_\infty(S_0, R_0) - R_\infty(S_0, R_0)). \tag{4.6.2}$$

Die zweite Gleichung von (4.6.1) liefert einen Schwellenwert von

$$S_0 > \frac{\gamma + \delta}{a} \tag{4.6.3}$$

und demnach die Basisreproduktionszahl

$$r_0 = \frac{aS_0}{\gamma + \delta}. \tag{4.6.4}$$

Für die Trajektorie fasst man $U := I + R$ zusammen und führt alle Rechenschritte für das SIR-Modell noch einmal durch. Aus $\frac{\dot{U}}{\dot{S}} = \frac{aSI - \delta I}{-aSI} = -1 + \frac{\delta}{aS}$ folgt $S - \frac{\delta}{a} \ln S + I + R =$ konst $= C$ und mit $C = S_0 - \frac{\delta}{a} \ln S_0 + I_0 + R_0$ ergibt sich für die Trajektorie

$$U(S) = S_0 + I_0 + R_0 - S + \frac{\delta}{a} \ln\left(\frac{S}{S_0}\right). \tag{4.6.5}$$

Außerdem erhält man $D(S) = S_0 + I_0 + R_0 + D_0 - S - U = D_0 - \frac{\delta}{a} \ln(\frac{S}{S_0})$.

Beispiel. Verwenden Sie die folgenden Werte für eine Simulation des SIRD-Modells. $a = 0{,}0005$, $\gamma = 0{,}035$, $\delta = 0{,}005$, $S_0 = 199$, $I_0 = 1$ und $R_0 = D_0 = 0$. Vergleichen Sie die vier Verläufe mit den drei aus Bsp. 2, Kap. 4.4.

Lösung. Die Kurven von $S(t)$ und $I(t)$ bleiben, im Vergleich zu denjenigen von Bsp. 2, Kap. 4.4, unangetastet (Abb. 4.4 rechts). Die beiden neuen Kurven von $R(t)$ und $D(t)$ entsprechen addiert dem Verlauf der Kurve $R(t)$ aus dem erwähnten Beispiel. Es ist klar, dass der Anstieg an Toten dann am größten ist, wenn die Anzahl Infizierten den maximalen Wert erreicht. Weiter erhält man $S_\infty = 22$ und der Wert $R_\infty = 178$ aus dem Beispiel von Kap. 4.4 wird nun aufgespalten in $R_\infty = 151$ und $D_\infty = 27$.

4.7 Das SEIR-Modell ohne Demographie

Herleitung von (4.7.1)–(4.7.5)

Dieses Modell erweitert das SIR-Modell um die Klasse E der Exponierten. Diese Individuen sind zwar angesteckt, sie befinden sich aber in der Latenzzeit und sind noch nicht infektiös. Derjenige prozentuale Anteil β, der während dieser Zeit ansteckend wird, wandert dann in die I-Klasse. Wiederum ist die Genesung (oder besser die Infektions- oder Ausscheidungsrate γ) dauerhaft und kein Rückfall in die S-Klasse möglich. Schematisch ist dies in Abb. 4.1 unten rechts dargestellt. Der Pfeil von S nach E mit der Rate α mag leicht verwirren. Gemeint ist weiterhin, dass die Ansteckungen über das Produkt αSI erfolgen, diese aber zuerst in die E-Klasse wandern. Die E-Klasse schiebt sich somit zwischen die S- und I-Klasse und das Modell lautet:

$$\begin{aligned} \dot{S} &= -\alpha SI, \\ \dot{E} &= \alpha SI - \beta E, \\ \dot{I} &= \beta E - \gamma I, \\ \dot{R} &= \gamma I. \end{aligned} \tag{4.7.1}$$

Mit $T_E = \int_0^\infty t \cdot e^{-\beta t} dt = \frac{1}{\beta}$ lässt sich die durchschnittliche Verweilzeit in der E-Klasse angeben, wenn man analog zum Beweis der Definition in Kap. 4.4 $\alpha = 0$ setzt. Wie beim SIR-Modell entsteht bei (4.7.1) die vierte Gleichung aus den drei anderen aufgrund von $S + E + I + R = N$. Der maßstäbliche GP ergibt sich, wenn man der vierten Gleichung $I_\infty = 0$ und folglich der dritten Gleichung $E_\infty = 0$ entnimmt und abermals aus der zweiten Gleichung $0 \le S_\infty \le N$ erhält. Es folgt somit die Schar

$$G_{S_\infty}(S_\infty(S_0), 0, 0, N - S_\infty(S_0)). \tag{4.7.2}$$

Wiederum ist G_{S_∞} zwar global stabil, aber nicht einmal lokal asymptotisch stabil. Damit nun die Epidemie ausbricht, muss nicht nur $\dot{I} > 0$, sondern auch $\dot{E} > 0$ sein, denn die Exponierten sind ja auch schon angesteckt. Dies ergibt aber die Ungleichung $\dot{E} + \dot{I} = \alpha SI - \gamma I > 0$, was zur gleichen Bedingung wie (4.5.3) führt: Auch im SEIR-Modell lautet die Bedingung für einen Ausbruch also

$$S_0 > \frac{\gamma}{\alpha} \tag{4.7.3}$$

und dies setzt voraus, dass

$$r_0 = \frac{\alpha S_0}{\gamma} \approx \frac{\alpha N}{\gamma} > 1. \tag{4.7.4}$$

Für die Trajektorie fasst man $J := E + I$ zusammen, führt alle Rechenschritte für das SIR-Modell noch einmal durch und erhält

$$J(S) = E_0 + I_0 + S_0 - S + \frac{\gamma}{\alpha}\ln\left(\frac{S}{S_0}\right). \tag{4.7.5}$$

Zudem ist wie schon bei (4.5.7) $R(S) = E_0 + S_0 + I_0 + R_0 - S - J = R_0 - \frac{\gamma}{\alpha}\ln(\frac{S}{S_0})$ und die Bestimmungsgleichung (4.5.8) gilt auch für das SEIR-Modell.

Beispiel. Für das SEIR-Modell sind die Größen $\alpha = 0{,}0004$, $\beta = 0{,}04$, $\gamma = 0{,}08$, $S_0 = 998$, $E_0 = I_0 = 1$ und $R_0 = 0$ gegeben.

a) Stellen Sie die vier Verläufe $S(t), E(t), I(t)$ und $R(t)$ numerisch mit einem Zeitschritt von $\Delta t = 0{,}1$ Tagen dar.
b) Geben Sie eine Obergrenze für den Wert von β an.
c) In welche Richtung verschiebt sich das Epidemieende, falls man $\beta = 0{,}08$, $\gamma = 0{,}04$ wählt?
   Stellen Sie auch in diesem Fall die Verläufe für die vier Klassen dar.

Lösung.

a) Für die Darstellung siehe Abb. 4.6 links.
b) Bei der Simulation muss man nebst $I_0 \neq 0$ auch $\dot{E}(t = 0) = \alpha S_0 I_0 > \beta E_0$ beachten. Mit den gewählten Startwerten ergibt sich $\beta < \frac{\alpha S_0 I_0}{E_0} = \frac{0{,}0004 \cdot 998 \cdot 1}{1} = 0{,}4$, was der Genesungsrate γ entspricht. Die Kurve $E(t)$ ist in diesem Fall steiler als diejenige von $I(t)$, weil die Übergangsrate β von der E-Klasse in die I-Klasse nur halb so groß ist wie die Verlustrate γ.
c) Aus Abb. 4.6 rechts ist ersichtlich, dass die Rollen vertauscht sind: $I(t)$ steigt stärker an als $E(t)$, weil unter anderem $\beta < \gamma$. Die Epidemie dauert etwa gleich lang, weil die totalen Übergangsraten $\beta + \gamma = 0{,}12$ gleich bleiben.

Bemerkung. Das System (4.7.1) könnte man noch aufspalten in:

$$\begin{aligned}
\dot{S} &= -\alpha SI,\\
\dot{E} &= \alpha SI - (\beta_1 + \beta_2)E,\\
\dot{I} &= \beta_1 E - \gamma I,\\
\dot{R} &= \gamma I + \beta_2 E.
\end{aligned}$$

Die Rate β_1 bezeichnete dann die pro Zeiteinheit effektiv ansteckenden, in die I-Klasse überführten Individuen und β_2 diejenigen Personen pro Zeiteinheit, die keiner Behandlung bedürfen, weil sie entweder immun oder der Krankheit erlegen sind. Dies verfolgen wir hier nicht weiter, greifen diesen Sachverhalt aber mit dem SEIQR-Modell in Kap. 5.10 wieder auf.

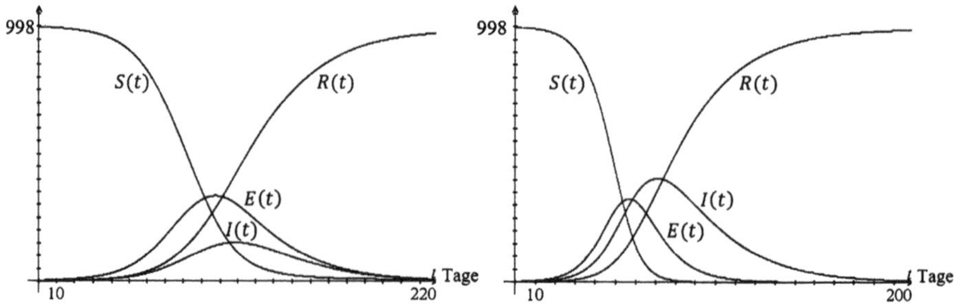

Abb. 4.6: Simulationen zum SEIR-Modell ohne Demographie.

4.8 Das SEIR-Modell ohne Demographie am Beispiel der ersten SARS-CoV-2-Pandemiewelle in Frankreich 2020

Die SARS-CoV-2-Pandemie erfasste den zentraleuropäischen Teil Frankreichs am 25. Februar 2020. Die Gesamtpopulation betrug $N = 64.898.000$. Nachfolgend geben wir die laborbestätigten, kumulierten Fälle $R(t)$ während der ersten 80 Tage wieder.

Tag	Datum	Anzahl	Tag	Datum	Anzahl	Tag	Datum	Anzahl	Tag	Datum	Anzahl
1	25.02.	13	21	16.03.	6.633	41	05.04.	70.478	61	25.04.	124.114
2	26.02.	18	22	17.03.	7.730	42	06.04.	74.390	62	26.04.	124.575
3	27.02.	38	23	18.03.	9.134	43	07.04.	78.167	63	27.04.	125.770
4	28.02.	57	24	19.03.	10.995	44	08.04.	82.048	64	28.04.	126.835
5	29.02.	100	25	20.03.	12.612	45	09.04.	86.334	65	29.04.	128.442
6	01.03.	130	26	21.03.	14.459	46	10.04.	90.676	66	30.04.	129.581
7	02.03.	191	27	22.03.	16.689	47	11.04.	93.790	67	01.05.	130.185
8	03.03.	212	28	23.03.	19.856	48	12.04.	95.403	68	02.05.	130.979
9	04.03.	285	29	24.03.	22.302	49	13.04.	98.076	69	03.05.	131.287
10	05.03.	423	30	25.03.	25.233	50	14.04.	103.573	70	04.05.	131.863
11	06.03.	613	31	26.03.	29.155	51	15.04.	106.206	71	05.05.	132.967
12	07.03.	949	32	27.03.	32.964	52	16.04.	108.847	72	06.05.	137.150
13	08.03.	1126	33	28.03.	37.575	53	17.04.	109.252	73	07.05.	137.779
14	09.03.	1412	34	29.03.	40.174	54	18.04.	111.821	74	08.05.	138.421
15	10.03.	1784	35	30.03.	44.550	55	19.04.	112.606	75	09.05.	138.854
16	11.03.	2281	36	31.03.	52.128	56	20.04.	114.657	76	10.05.	139.063
17	12.03.	2876	37	01.04.	56.989	57	21.04.	117.324	77	11.05.	139.519
18	13.03.	3661	38	02.04.	59.105	58	22.04.	119.151	78	12.05.	140.227
19	14.03.	4499	39	03.04.	63.855	59	23.04.	120.804	79	13.05.	140.734
20	15.03.	5423	40	04.04.	68.605	60	24.04.	122.577	80	14.05.	141.356

Für die weiteren Berechnungen gilt: Der erste Tag entspricht der Zeit $t = 0$. Am 15. März, also 20 Tage nach Ausbruch der Seuche, ordnet der Staatspräsident einen zweiwöchigen landesweiten Lockdown an, der danach um weitere zwei Wochen bis zum

15. April verlängert wird. Um einen Eindruck von der Entwicklung zu gewinnen, ist die Punktfolge aus der Tabelle in Abb. 4.7 links dargestellt. Man erhält den typischen Verlauf für die Werte einer R-Klasse. Die Differenz $R(n) - R(n-1) = I_{\text{neu}}(n)$ stellt die Anzahl der Neuinfektionen verglichen mit dem Vortag dar. Die Anzahl R_∞ der Individuen in der R-Klasse am Ende der Epidemie fasst die Immunen, die Anzahl der Hospitalisierten und die Anzahl Toten zusammen. Die zugehörigen drei Raten lassen sich durch die erfassten Daten im Laufe der ersten Tage und Wochen des Epidemieverlaufs abschätzen und, falls gewünscht, in drei separaten D-Klassen aufspalten. Somit ist R_∞ ein Maß für die Belastung des Gesundheitssystems und gleichzeitig eine Maß für die Mortalität.

Es ist aber von untergeordnetem Interesse, einen bestmöglichen logistischen Graphen über die Punktfolge darüberzulegen. Vielmehr geht es praktisch gesehen darum, mit den bestehenden Werten der ersten Tage eine Prognose, unter gewissen getroffenen Annahmen, für den weiteren Verlauf zu erstellen, um damit eine Entscheidung für einen möglichen Lockdown herbeizuführen.

Herleitung von (4.8.1)–(4.8.7)

Aus der Theorie einer logistischen Funktion ist bekannt, und das zeigt auch die Darstellung, dass man die Kurve durch eine reine Exponentialfunktion $R(t) \approx Ce^{\lambda t}$ zumindest bis hin zum Wendepunkt, in welchem die Zunahme linear verläuft, approximieren kann. Zu diesem Zweck logarithmieren wir die Tabellenwerte, um über eine lineare Regression einen gemittelten Wert für λ zu erhalten. In Abb. 4.7 rechts ist dies jeweils für zehn aufeinanderfolgende Werte durchgeführt worden.

Eine lineare Regression der ersten zehn Werten vom 25.02. zum 05.03. führt auf λ_1. Die zugehörige exponentielle Näherungsfunktion ist $R_1(t) \approx 13e^{0{,}383t}$ für $t \in [0{,}10]$. Mit den 10 weiteren Werten vom 06.03. bis zum 15.03. inklusive erhält man λ_2. Die letzten betrachteten zehn Werte sind diejenigen vom 16.03. bis zum 25.03. und führen auf λ_3.

Insgesamt gilt

$$\lambda_1 = 0{,}383, \quad \lambda_2 = 0{,}235, \quad \lambda_3 = 0{,}150. \tag{4.8.1}$$

Die drei zugehörigen Phasen kann man etwa folgendermaßen beschreiben: Bei λ_1 handelt es sich um eine rein exponentielle Wachstumsphase. Mit λ_2 lässt sich das Wachstum aus einem noch rein exponentiellen und einem etwas abflauenden exponentiellen Wachstum charakterisieren. Der Wert λ_3 kann mit dem hin zum konstanten Wachstum tendierenden Verlauf identifiziert werden. Spätestens ab dem 30. Epidemietag wäre eine Beschreibung der Infiziertenzahlen mit einer einzigen exponentiellen Funktion nicht mehr zulässig und das zugehörige λ unbrauchbar.

Für eine Prognose legen wir also das SEIR-Modell zugrunde. Dazu müssen aber die Raten α, β und γ geschätzt werden. Davor muss klargestellt werden, dass aufgrund der

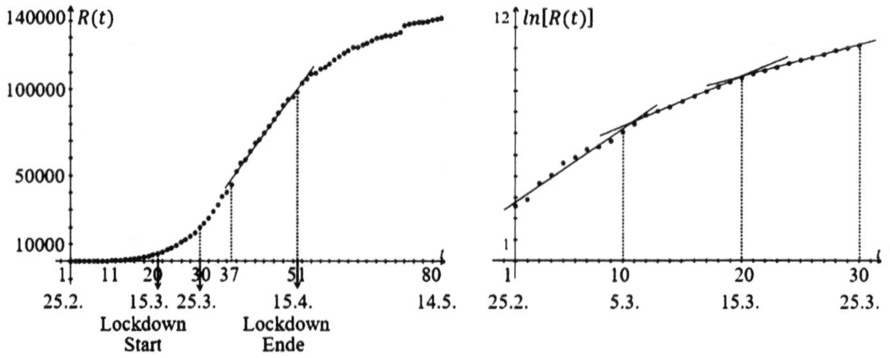

Abb. 4.7: Der anfängliche Pandemieverlauf der ersten Welle in Frankreich.

verstrichenen Zeit zwischen Symptomen und effektiv bestätigter Infektion durch einen Test die Daten eines bestimmten Tages nicht mehr aktuell sind, sondern im besten Fall dem vorigen Tag zuzuordnen sind.

Wie schon beim SIR-Modell werden die mittleren Raten α, β und γ über eine Regression und das daraus sich ergebende λ bei einem angenommenen exponentiellen Startverlauf der Größen I und R gewonnen. Damit sind sämtliche Raten zwangsweise statistischen Schwankungen unterworfen.

Schätzen der Rate β. Die mittlere Aufenthaltszeit T_E in der E-Klasse, also die Latenzzeit, wird etwas kürzer ausfallen. Das Robert-Koch-Institut rechnet mit

$$T_E = \frac{1}{\beta} = 3\,\text{Tagen}, \quad \text{was} \quad \beta \approx 0{,}33 \quad \text{entspricht.} \tag{4.8.2}$$

Schätzen der Rate γ. Wie lange ein angestecktes Individuum durchschnittlich in der I-Klasse verweilt, bevor es entweder isoliert wird, die Immunität erlangt oder letztlich stirbt und in die R-Klasse wandert, ist erheblich schwieriger festzulegen. Einerseits liegt dies am Virus selber, der damit eingehenden Heftigkeit der Symptome und dem Alter der erkrankten Person. All dies entscheidet über die Handlungsbereitschaft, sich einem Test zu unterziehen und folglich über die Notwendigkeit einer Isolation oder Hospitalisierung der erkrankten Person. Insgesamt setzen wir ebenfalls $T_I = 5$ Tage. Diese Zeit stellt einen Durchschnitt zwischen der Infektionszeit (4–10 Tage), der verstrichenen Zeit bis zur Isolation (1–2 Tage) und der verstrichenen Zeit bis zum Todeseintritt (2–3 Tage) dar. Aus der dritten Gleichung des Systems (4.7.1) lässt sich nicht wie bei der zweiten Gleichung mit $\alpha = 0$ die durchschnittliche Verweilzeit in der E-Klasse zu $\frac{1}{\beta}$ bestimmen, denn der Summand βE verunmöglicht diesen direkten Weg. Da E und I zu jeder Zeit zumindest von derselben Größenordnung sein werden, kann man etwa $E \approx I$ ansetzen, womit sich die dritte Gleichung als $\dot{I} = \beta I - \gamma I$ schreibt. Analog zur Verweilzeit in der E-Klasse folgern wir, dass die durchschnittliche Verweilzeit in der

I-Klasse $T_I = \frac{1}{\gamma-\beta}$, d. h. $T_I = 5$ Tage beträgt, falls durchwegs $\gamma > \beta$ gilt. Im Mittel erhalten wir

$$\frac{1}{\gamma - 0{,}33} = 5, \quad \text{woraus} \quad \gamma = 0{,}53 \quad \text{entsteht.} \tag{4.8.3}$$

Letztlich können wir die Anzahl der Infizierten $I(n)$ am n-ten Tag abschätzen, wenn wir die letzte Gleichung von (4.7.1) heranziehen. Umgeformt erhält man

$$I(t) = \frac{\dot{R}(t)}{\gamma}. \tag{4.8.4}$$

Schätzen der Rate α. Während der Anfangsphase einer Epidemie wird sich die Anzahl der Suszeptiblen nicht merklich von der Gesamtzahl unterscheiden. Man hat also $S(t) \approx N$. In diesem Fall reduziert sich aber das EI-System von (4.7.1) zu einem linearen DG-System:

$$\begin{aligned} \dot{E} &= \alpha NI - \beta E, \\ \dot{I} &= \beta E - \gamma I. \end{aligned} \tag{4.8.5}$$

In Matrixschreibweise lautet es $\binom{\dot{E}}{\dot{I}} = A\binom{E}{I}$ mit $A = \begin{pmatrix} -\beta & \alpha N \\ \beta & -\gamma \end{pmatrix}$. Der Ansatz $\mathbf{z}(t) = e^{\lambda t} \cdot \mathbf{v}$ mit $\mathbf{z}(t) = \binom{E(t)}{I(t)}$ und $\mathbf{v}$ als Eigenvektor ergibt, eingesetzt in (4.8.5), $\lambda e^{\lambda t} \cdot \mathbf{v} = e^{\lambda t} \cdot A\mathbf{v}$ oder $\lambda \cdot E\mathbf{v} = A\mathbf{v}$ und damit die Matrixgleichung $(A - \lambda E_*) \cdot \mathbf{v} = 0$ mit $E_* = \begin{pmatrix} 1 & 0 \\ 0 & 1 \end{pmatrix}$. Für die Eigenwerte gilt es demnach, $\det\begin{pmatrix} -\beta-\lambda & \alpha N \\ \beta & -\gamma-\lambda \end{pmatrix} = 0$ zu berechnen.

Man erhält $(\lambda + \beta)(\lambda + \gamma) - \alpha\beta N = 0$, $\lambda^2 + (\beta + \gamma)\lambda + \beta(\gamma - \alpha N) = 0$ und

$$\lambda_{1,2} = \frac{-(\beta + \gamma) \pm \sqrt{(\beta - \gamma)^2 + 4\alpha\beta N}}{2}, \quad \alpha = \frac{(\lambda + \beta)(\lambda + \gamma)}{\beta N}. \tag{4.8.6}$$

Auf diese Weise kann die Kontaktzahl α bei gegebenen β, γ und λ abgeschätzt werden. Die Basisreproduktionszahl folgt dann mit (4.7.4) zu

$$r_0 = \frac{\alpha S_0}{\gamma} \approx \frac{\alpha N}{\gamma} = \frac{(\lambda + \beta)(\lambda + \gamma)}{\beta\gamma}. \tag{4.8.7}$$

Dabei meint λ in (4.8.6) und (4.8.7) den positiven Eigenwert aus (4.8.6), weil nur dieser einem exponentiellen Startwachstum entspricht. Mithilfe der geschätzten Raten und den gewonnenen Ergebnissen können wir nun Prognosen aufstellen. Insbesondere soll eine verlässliche Schätzung für den Wert R_∞ ermitteln werden:

Frage 1. Welchen Wert R_∞ kann man bei bis zu einem Zeitpunkt T vorhandenen Werten erwarten?

Die Daten der ersten zehn Tage alleine eignen sich nicht sehr, um den weiteren Verlauf mit einer höheren Wahrscheinlichkeit zu beschreiben. Die Werte sind sehr klein, sodass eine zeitverzögerte, fehlerhafte oder gar fehlende Datenübermittlung zu stark ins Gewicht fällt. Deshalb betrachten wir in einem ersten Schritt die Tabellenwerte vom 11. bis zum 20. Tag.

Bevor wir eine erste Prognose wagen, soll der Begriff der Dunkelziffer kurz erläutert werden, der darin begründet liegt, dass jemand ansteckend sein kann, ohne es zu wissen.

Definition. Mit Dunkelziffer bezeichnet man das Vielfache der Infizierten im Vergleich zu den gemeldeten oder erfassten Infizierten.

Idealisierung: Bei der ersten Welle kann man diese Dunkelziffer vernachlässigen, weil wir davon ausgehen, dass ein Großteil der Bevölkerung bei einem Lockdown nach 20 Tagen noch nicht mit dem Virus in Kontakt gekommen ist.

1. Die Prognose am 20. Tag der Epidemie. Zusammen mit den mittleren Werten $\beta = 0{,}33$ und $\gamma = 0{,}53$ verwenden wir $\lambda = \lambda_2 = 0{,}235$. Als Startpunkt nehmen wir den Tabellenwert des 11. Tages $R(11) = 613$.

Herleitung von (4.8.8)

Mit (4.8.4) folgt $I(11) = \frac{\dot{R}(11)}{\gamma}$. Verwenden wir die Näherung $R(t) = R_2(t) = 613e^{0{,}235t}$ für $t \in [0,10]$ oder $R_2(t) = 613e^{0{,}235(t-10)}$ für $t \in [10,20]$, so erhalten wir $I(11) = \frac{613 \cdot 0{,}235 \cdot e^{0{,}235 \cdot 0}}{0{,}53} = 272$. Wenn wir abermals schlicht von $E(t) \approx I(t)$ ausgehen, erhalten wir $E(11) = I(11) = 272$ und somit $S(11) = 64.896.843$. Den Wert für α schätzen wir mit (4.8.6) ab zu $\alpha = \frac{(0{,}235+0{,}33)(0{,}235+0{,}53)}{0{,}33N} = \frac{1{,}31}{N}$. Die Simulation ist in Abb. 4.8 links, Kurve R_1 dargestellt. Es ergibt sich

$$r_0 = 2{,}47 \quad \text{und} \quad R_\infty = 49{,}5 \text{ Mio.} \tag{4.8.8}$$

Die Kurve liegt etwas unterhalb der zehn Werte, sie zeichnet aber den Verlauf der Punktfolge gut nach.

Ergebnis. Die Basisreproduktionszahl liegt weit über 1, weshalb an diesem Tag der Lockdown beschlossen wurde.

2. Die Prognose am 30. Tag der Epidemie. Wiederum fassen wir den 11. Tag mit $R(11) = 613$ als Startpunkt auf und betrachten den Zeitraum bis und mit dem 30. Tag. Uns interessieren zunächst der weitere Verlauf der bestätigten kumulierten Fälle und die Änderung von r_0 verglichen mit dem 20. Tag.

Herleitung von (4.8.9)

Die weiteren Startwerte sind dieselben wie bei der vorherigen Prognose: $E(11) = I(11) = 272$ und $S(11) = 64.896.843$. Um den weiteren 20 Werten Rechnung zu tragen, verwenden wir nun $\lambda = \frac{\lambda_2+\lambda_3}{2} = 0{,}193$. Weiter ist $\beta = 0{,}33$ und $\gamma = 0{,}53$. Somit ändert sich die

Kontaktzahl zu $\alpha = \frac{(0{,}193+0{,}33)(0{,}193+0{,}53)}{0{,}33N} = \frac{1{,}15}{N}$ (Abb. 4.8 links, Kurve R_2). Es gilt dann

$$r_0 = \frac{\alpha N}{\gamma} = 2{,}17 \quad \text{und} \quad R_\infty = 45{,}9 \text{ Mio.} \qquad (4.8.9)$$

Wiederum liegt die Kurve etwas unterhalb der 20 Werte, sie verläuft aber durch den letzten Punkt $R(30)$.

Ergebnis. Verglichen mit dem Ergebnis von vor zehn Tagen (4.8.8) konnte mit der Kontaktsperre die Kurve etwas abgeflacht, r_0 leicht gesenkt und aus rein epidemiologischer Sichtweise ein erster Erfolg erzielt werden.

3. Die Situation am 51. Tag der Epidemie. Die weiteren erfassten Daten zeigen, dass der Lockdown nach etwa einer Woche am 37. Tag Wirkung zeigt. Die R-Kurve geht in ihre konstante Phase über.

Herleitung von (4.8.10)

Die Ausgleichsgerade vom 31. bis zum 51. Tag ergibt etwa eine Zunahme von 3.725 Neuinfektionen pro Tag (Abb. 4.8 links, durchgezogene Strecke, die weiteren Daten sind zwar schon eingezeichnet, aber natürlich noch nicht bekannt). Dieser Umstand und die leichte Abnahme der Neuinfektionen am Ende dieses Zeitintervalls haben die Verantwortlichen wohl dazu bewogen, den Lockdown am 15.04. aufzuheben.

Der konstante Verlauf gestattet es nicht mehr, Gleichung (4.8.6) und die Berechnung von Eigenwerten ins Spiel zu bringen. Diese gilt nur für die anfängliche, exponentielle Phase. Dafür können wir eine logistische Ausgleichsfunktion über die Werte vom 11. bis zum 50. Tag erstellen. Man erhält

$$R(t) = \frac{115.283}{1 + 379 \cdot e^{-0{,}161\cdot(t-10)}} \quad \text{für} \quad t \geq 11 \quad \text{mit} \quad R_\infty = 115.283. \qquad (4.8.10)$$

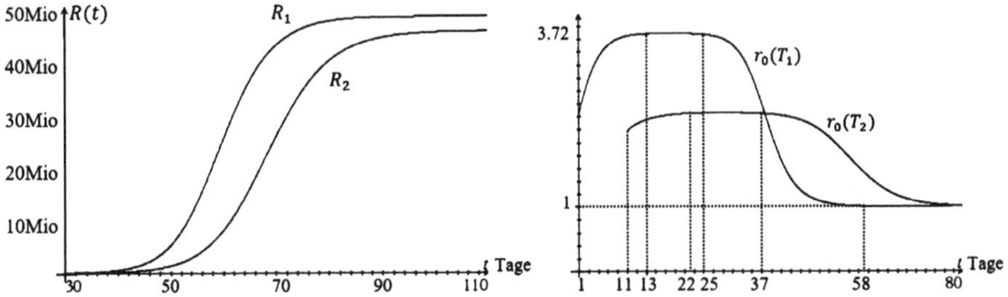

Abb. 4.8: Simulationen zu den kumulierten Zahlen der R-Klasse am 20. bzw. am 30. Epidemietag sowie idealer Epidemieverlauf nach dem Lockdown und sinnvoller Zeitpunkt für den Lockdown.

4. Weitere Prognosen ab dem 20. Epidemietag. Einige Aspekte sind bisher nicht untersucht worden. Dies holen wir nun nach. Die Tabellendaten zeigen, dass durch die Kontaktsperre die Zahl R_∞ um mehr als zwei Zehnerpotenzen im Vergleich zu den Voraussagen gesenkt werden konnte. Die Ergebnisse aus den Erhebungen vom 20. bis zu 50. Epidemietag erzielt man natürlich erst am 50. Tag selber. Diese legen nachträglich Zeugnis davon ab, wie stark der Wert von r_0 nach dem Lockdown gesunken ist und die Verantwortlichen handelten am 20. Tag der Epidemie auch wohl gemäß unseren bisherigen Ausführungen aufgrund des Ergebnisses (4.8.9). Eine interessante Frage, die sich stellt, ist, ob der beschlossene Lockdown zur richtigen Zeit erfolgte. Unser Ziel ist es, ein möglichst großes Intervall um den Tag der Kontaktsperre für die Gültigkeit des geschätzten R_∞-Werts zu finden. Wir werden dabei sehen, dass man den Termin des Lockdowns auch verpassen kann, sodass danach die Epidemie schon den höchsten Stand erreicht hat. Deshalb soll folgende Frage im nächsten Abschnitt untersucht werden:

Frage 2. Zu welchem Zeitpunkt T ist der Lockdown sinnvollerweise zu setzen?

Die Antwort auf diese Frage wird erst mithilfe von Gleichung (4.8.19) gegeben.

Das SEIR-Modell vor und nach einem Lockdown

Die folgenden Ausführungen gelten allgemein und könnten in einem eigenständigen Kapitel untergebracht werden. Es bietet sich aber an, die gewonnenen Ergebnisse auf die Epidemiezahlen aus Frankreich anzuwenden.

Mit T bezeichnen wir die Zeit des Eingriffs. Als Erstes lösen wir das System (4.7.1) für $t \geq T$ exakt für Kontaktzahl $\frac{a}{N} = 0$ oder $a = 0$ und danach numerisch für $a \neq 0$.

1. Fall. $a = 0$ für $t \geq T$.

Herleitung von (4.8.11)–(4.8.15)

Das zu lösende DG-System lautet:

$$\begin{aligned} \dot{S} &= 0, \\ \dot{E} &= -\beta E, \\ \dot{I} &= \beta E - \gamma I, \\ \dot{R} &= \gamma I. \end{aligned} \tag{4.8.11}$$

Der Einfachheit halber ermitteln wir sämtliche Lösungen an der Stelle $t = 0$ und verschieben die Funktionen anschließend um $t = T$. Aus der ersten Gleichung folgt schlicht $S(t) = S(1)$. Die zweite Gleichung führt auf $E(t) = E(1)e^{-\beta t}$. Dies in die dritte Gleichung eingesetzt, ergibt $\dot{I} + \gamma I = \beta E(1)e^{-\beta t}$. Die homogene DG hat als Lösung $I(t) = Ce^{-\gamma t}$ und der Ansatz $I(t) = C(t)e^{-\gamma t}$ erzeugt die Gleichung $\dot{C}(t) = \beta E(1)e^{(\gamma-\beta)t}$ mit der Lösung $C(t) = \frac{\beta E(0)}{\gamma-\beta}e^{(\gamma-\beta)t} + C_1$. Somit ist $I(t) = [\frac{\beta E(1)}{\gamma-\beta}e^{(\gamma-\beta)t} + C_1]e^{-\gamma t}$ und mit der Startgröße $I(1)$ folgt $C_1 = I(1) - \frac{\beta E(1)}{\gamma-\beta}$. Insgesamt erhält man $I(t) = \{I(1) + \frac{\beta E(1)}{\gamma-\beta}[e^{(\gamma-\beta)t} - 1]\}e^{-\gamma t}$. Schließlich fehlt noch $R(t)$. Es gilt $R(t) = -I(1)e^{-\gamma t} + \frac{E(1)}{\gamma-\beta}(\beta e^{-\gamma t} - \gamma e^{-\beta t}) + C_2$ und der Startwert $R(T)$ liefert $C_2 = R(1) + I(1) + E(1)$ und damit $R(t) = R(1) + E(1) + I(1)(1 - e^{-\gamma t}) + \frac{E(1)}{\gamma-\beta}(\beta e^{-\gamma t} - \gamma e^{-\beta t})$. Ergänzen wir alle Lösungen durch die Zeitverschiebung, so erhalten wir endlich für $t \geq T$:

$$\begin{aligned}
S(t) &= S(T),\\
E(t) &= E(T)e^{-\beta(t-T)},\\
I(t) &= \left\{I(T) + \frac{\beta E(T)}{\gamma - \beta}[e^{(\gamma-\beta)(t-T)} - 1]\right\}e^{-\gamma(t-T)},\\
R(t) &= R(T) + E(T) + I(T)(1 - e^{-\gamma(t-T)}) + \frac{E(T)}{\gamma - \beta}[\beta e^{-\gamma(t-T)} - \gamma e^{-\beta(t-T)}].
\end{aligned} \tag{4.8.12}$$

Insbesondere erkennt man aus der vierten Gleichung den Zusammenhang

$$R_\infty(T) = R(T) + E(T) + I(T) \quad \text{mit} \quad \alpha = 0. \tag{4.8.13}$$

Dies muss auch so sein, denn zur Zeit T befinden sich $R(T)$ Personen in der R-Klasse und da für $t > T$ bei $\alpha = 0$ keine Kontakte und damit auch keine Neuinfektionen mehr möglich sind, verbleiben noch die Infizierten $E(T) + I(T)$, die nach einer gewissen Zeit in die R-Klasse übergehen. Die Variation der Raten β und γ beeinflusst lediglich die Kurvenverläufe nicht aber den Wert von R_∞. Demnach wäre die Lösung des Systems (4.8.11) für das Ergebnis (4.8.13) gar nicht nötig gewesen. In unserem Fall ist $R(20) = 5.423$ und unter Verwendung von $R(t) = R_2(t) = 613e^{0{,}235t}$ für $t \in [0{,}10]$ folgt mit (4.8.4)

$$E(20) = I(20) = \frac{\dot{R}_2(t)}{\gamma} = \frac{613 \cdot 0{,}235 \cdot e^{0{,}235 \cdot 9}}{0{,}53} = 2.253,$$

also insgesamt

$$R_\infty = 5.423 + 2.253 + 2.253 = 9.929. \tag{4.8.14}$$

Die Lösungskurven des Systems (4.8.12) mit $\beta = 0{,}33$ und $\gamma = 0{,}53$ besitzen für $t \geq T = 20$ die Gestalt:

$$\begin{aligned}
E(t) &= 2.253e^{-0{,}33(t-20)},\\
I(t) &= \{2.253 + 3.717[e^{0{,}2(t-20)} - 1]\}e^{-0{,}53(t-20)},\\
R(t) &= 9.929 - 2.253e^{-0{,}53(t-20)} + 11.265[0{,}33e^{-0{,}53(t-20)} - 0{,}53e^{-0{,}33(t-20)}].
\end{aligned}$$

Dabei sinken $E(t)$ und $I(t)$ exponentiell und $R(t)$ steigt hin zu dem schon beim Start bekannten Wert. Am 40. Tag etwa endet die Epidemie.

Ergebnis. Die Frage nach einem sinnvollen Zeitpunkt für einen Lockdown ist zwar noch nicht beantwortet, aber die Schätzung der Individuenzahl (4.8.14) am Ende der Epidemie zum Zeitpunkt T kann als Zwischenergebnis auf dem Weg dazu verbucht werden.

2. Fall. $a \neq 0$ für $t \geq T$. Selbstverständlich bleibt eine Kontaktzahl von null ab dem Zeitpunkt des Lockdowns zwar wünschenswert, aber völlig undurchführbar. Sämtliche Infizierte, auch Familienangehörige, müssten vollständig voneinander isoliert werden. Deshalb erhielten wir in unserer Simulation vom 20. Tag einen Wert von $a = \frac{1{,}31}{N}$. In diesem Fall kann eine Schätzung für R_∞ nur über die schon in *1.* durchgeführte Simulation gewonnen werden. Man erkennt, wie enorm groß der Unterschied zwischen $R_\infty = 49{,}5$ Mio gegenüber einem Nullkontaktwert von $R_\infty = 9.929$ sein würde.

Ausstehend ist also noch die Untersuchung über den zu fixierenden Zeitpunkt des Eingriffs selber. Das wollen wir mit der folgenden Näherung angehen.

Herleitung von (4.8.15)–(4.8.19)

Die Kurven $E(t)$, $I(t)$ und $R(t)$ sollen für $t \leq T$ approximiert werden. Dazu bedarf es einer Voraussetzung:

Bedingung: T liegt nicht zu Nahe am Ursprung, aber höchstens am Ende der exponentiellen Phase von $E(t)$, $I(t)$ und $R(t)$.

Dies hat einen rein mathematischen Grund. Zum einen muss die Linearisierung (4.8.5) noch gültig sein (also für Zeiten nahe null) und zum anderen muss die Lösung des linearen Systems schon recht gut hin zur Lösung mit dem positiven Eigenwert allein konvergiert sein (also für Zeiten hin zum Ende der exponentiellen Phase), denn der zweite Eigenwert von (4.8.6) ist negativ und korrigiert damit die Lösung mit der Zeit immer weniger. Unter dieser Voraussetzung können wir den Verlauf von $E(t)$, $I(t)$ und $R(t)$ approximieren durch

$$E(t) \approx ue^{\lambda t}, \quad I(t) \approx ve^{\lambda t}, \quad R(t) \approx we^{\lambda t}. \tag{4.8.15}$$

Dabei bezeichnet λ den positiven Eigenwert von (4.8.6) und (u, v) ist der zugehörige Eigenvektor. Es gilt also $\begin{pmatrix} -\beta-\lambda & aN \\ \beta & -\gamma-\lambda \end{pmatrix}\begin{pmatrix} u \\ v \end{pmatrix} = 0$. Daraus folgen die beiden Gleichungen $-\beta u - \lambda u + aNv = 0$ und $\beta u - \gamma v - \lambda v = 0$. Diese führen auf

$$u = \frac{aN}{\beta + \lambda} v = \frac{\lambda + \gamma}{\beta} v. \tag{4.8.16}$$

Weiter folgt aus $R(t) \approx we^{\lambda t}$, dass $\dot{R} \approx \lambda R$ für $t < T$, falls wie gesagt, t nicht zu nahe am Ursprung liegt. In der Anlaufphase wäre die Zunahme von R nämlich konstant. Eingefügt in die letzte Gleichung von (4.7.1) gilt $I(t) = \frac{\lambda}{\gamma} R(t)$. Verwendet man noch (4.8.15) und (4.8.16), so folgt

$$E(t) \approx ue^{\lambda t} = \frac{\lambda + \gamma}{\beta} ve^{\lambda t} = \frac{\lambda + \gamma}{\beta} I(t) = \left(\frac{\lambda^2}{\beta\gamma} + \frac{\lambda}{\beta}\right) R(t). \tag{4.8.17}$$

Schließlich schreibt sich (4.8.13) mithilfe von (4.8.6) als

$$R_\infty(T) = R(T) + E(T) + I(T) = \left(1 + \frac{\lambda^2}{\beta\gamma} + \frac{\lambda}{\beta} + \frac{\lambda}{\gamma}\right)R(T) = \frac{(\lambda+\beta)(\lambda+\gamma)}{\beta\gamma}R(T)$$

und demnach

$$R_\infty(T) = r_0 \cdot R(T). \tag{4.8.18}$$

Angewendet auf $R(T) = 5.423$ und $r_0 \approx \frac{\alpha N}{\gamma} = \frac{1{,}31}{0{,}53} = 2{,}47$ (siehe Werte vom 20. Tag der Epidemie) ergibt sich mit Gleichung (4.8.18) $R_\infty = 2{,}47 \cdot 5.423 = 13.395$, ein etwas größerer Wert als derjenige von (4.8.14). Dazu muss man bemerken, dass die Raten β und γ geschätzt sind und weiter α über eine Linearisierung ermittelt wird.

Interessanter ist, dass Gleichung (4.8.18) eine Möglichkeit bietet, die Basisreproduktionszahl zu jeder beliebigen Zeit zu ermitteln und damit nähern wir uns der Beantwortung der zweiten Frage. Schreibt man nämlich (4.8.18) in der Form $r_0(T) = \frac{R_\infty(T)}{R(T)}$, so folgt mit (4.8.13) schließlich

$$r_0(T) = \frac{R(T) + E(T) + I(T)}{R(T)} = 1 + \frac{J(T)}{R(T)}. \tag{4.8.19}$$

Dabei kann man auch ein kleines t verwenden. Bis anhin war $t = T = 20$ einfach ein ausgewählter Tag, nämlich der Lockdowntag.

4.a) Eine Prognose am 10. Epidemietag. Wenn wir Gleichung (4.8.19) ab dem ersten Epidemietag anwenden wollen, müssen wir mit dem ersten Wert $R(1) = 13$ starten. Es gilt $I(1) = \frac{\dot{R}_1(1)}{\gamma} = \frac{4{,}98}{0{,}53} \approx 9$. Dann folgt $E(1) = I(1) = 9$ und $S(1) = 64.897.982$. Weiter nehmen wir die mittleren Raten $\beta = 0{,}33$, $\gamma = 0{,}53$, woraus sich $\alpha = \frac{(0{,}383+0{,}33)(0{,}383+0{,}53)}{0{,}33N} = \frac{1{,}97}{N}$ ergibt. Damit stellen wir nun die Funktion $r_0(T_1)$ oder $r_0(t_1)$ gemäß (4.8.19) dar (Abb. 4.8 rechts). Man erkennt, dass die maximale Basisreproduktionszahl von $r_0 = \frac{\alpha N}{\gamma} = 3{,}72$ vom 13. bis zum 25. Tag erreicht wird. Danach sinkt der Wert am 58. Tag auf 1 ab.

4.b) Eine weitere Prognose am 20. Epidemietag. Jetzt starten wir mit $R(11) = 613$ am 10. Tag. Es gilt $I(11) = \frac{\dot{R}_2(1)}{\gamma} = 272$. Dann folgt $S(11) = 64.896.843$. Mithilfe der Raten $\beta = 0{,}33$, $\gamma = 0{,}53$ erhält man $\alpha = \frac{(0{,}235+0{,}33)(0{,}235+0{,}53)}{0{,}33N} = \frac{1{,}31}{N}$. Die Darstellung von $r_0(T_2)$ nach (4.8.19) entnimmt man Abb. 4.8 rechts. Dabei beginnt die Kurve erst am 11. Tag. Der maximale Wert beträgt $r_0 = 2{,}47$. Dieser bleibt vom 22. bis zum 37. Tag bestehen. Am 80. Tag erreicht die Basisreproduktionszahl den Wert 1.

Ergebnis. Die zweite Frage kann folgendermaßen beantwortet werden:

1. Vom 11. Epidemietag aus gesehen sollte der Lockdown spätestens am 25. Tag erfolgen, damit er seine größte Wirkung entfaltet. Nach diesem Datum ist eine Kontaktsperre nicht mehr so effektiv und am 58. Tag ist es definitiv zu spät, weil die Epidemie dann schon den höchsten Stand erreicht hat ($r_0(58) = 1$).

2. Betrachtet man die Situation vom 20. Epidemietag aus, so bietet sich bis zum 37. Tag die Möglichkeit, einen Lockdown zu verhängen. Am 80. Tag hat man die Gelegenheit verpasst.

5 Epidemiemodelle mit Demographie

In den bisherigen Modellen wurde die Gesamtpopulation $N = S_0 + E_0 + I_0 + R_0$ mit der Zeit auf die einzelnen Klassen verteilt, wobei die Bevölkerungsgröße zeitlich konstant blieb. Realistischer ist es, wenn sowohl Geburten als auch natürliche Tode zugelassen werden. Dabei meint man mit Geburten nicht zwangsweise Säuglinge, sondern ein Anwachsen der Bevölkerung im Allgemeinen, wie beispielsweise auch durch Zuwanderung. Entsprechend fallen unter den Begriff der Abwanderung alle möglichen Abnahmen der Bevölkerung, insbesondere also die nicht krankheitsbedingten Verstorbenen. Schließt man also mindestens eine der beiden Änderungen in das Modell mit ein, dann hat man es mit einer offenen, zeitlich schwankenden Bevölkerungszahl zu tun, die mit der Zeit aber einer festen Anzahl zustrebt (siehe beispielsweise (5.1.5)). Wie schon weiter oben erwähnt, verwendet man die Demographie im Modell, um einen Krankheitsverlauf zu beschreiben, der sich über einen längeren Zeitraum erstreckt und/oder sogar periodisch wiederkehrt. Man bezeichnet eine solche Epidemie auch als endemisch, also in der Bevölkerung verbleibend.

Definition. Mit Endemie bezeichnet man eine Krankheit, die während eines längeren Zeitraums ständig präsent bleibt. Insbesondere sind dann sowohl die Krankheitshäufigkeit (Kranke zu einem bestimmten Zeitpunkt) als auch die Neuerkrankungshäufigkeit (Neuerkrankungen während eines bestimmten Zeitraums) erhöht.

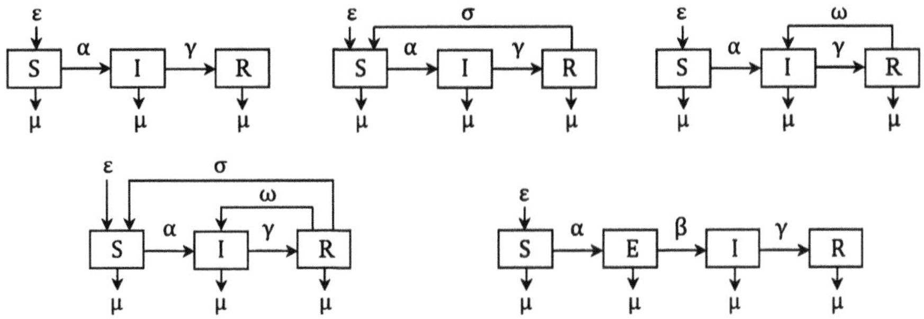

Abb. 5.1: Diagramme zu den Modellen SIR, SIRS, SIRI, SIRSI und SEIR mit Demographie.

5.1 Das SIR-Modell mit Demographie

Herleitung von (5.1.1)–(5.1.7)

Bezeichnen $\varepsilon\ [\frac{\text{Personen}}{\text{Zeiteinheit}}]$ die eben beschriebene Geburtenrate, so werden, da alle von außen neu hinzugekommenen Individuen suszeptibel sind, ε Personen pro Zeiteinheit in die S-Klasse überführt. Erfahren alle Klassen eine natürliche Sterberate $\mu\ [\frac{1}{\text{Zeiteinheit}}]$, so vermindert sich der Bestand in allen Klassen pro Zeiteinheit um μS, μI und μR respektive (Abb. 5.1 oben links). Insgesamt nimmt das System (4.5.1) jetzt neu folgende Gestalt an:

https://doi.org/10.1515/9783111348018-005

$$\begin{aligned}\dot{S} &= \varepsilon - \alpha SI - \mu S,\\ \dot{I} &= \alpha SI - \gamma I - \mu I,\\ \dot{R} &= \gamma I - \mu R.\end{aligned} \tag{5.1.1}$$

Man könnte auch $\varepsilon = \mu$ wählen, was nichts Wesentliches an den Verläufen ändert. Würde man, wie auch schon weiter oben durchgeführt, $\alpha = 0$ setzen, dann wäre die durchschnittliche Verweilzeit in der I-Klasse $T_I = \frac{1}{\gamma+\mu}$, also etwas kleiner als ohne Demographie.

Als GPe findet man zuerst $G_1(\frac{\varepsilon}{\mu}, 0, 0)$. Für den zweiten GP erhält man den Wert S_∞ aus der zweiten Gleichung von (5.1.1). Dies in die erste Gleichung eingefügt, ergibt I_∞, woraus auch R_∞ folgt. Insgesamt ist

$$G_2\left(\frac{\gamma+\mu}{\alpha}, \frac{\alpha\varepsilon - \mu(\gamma+\mu)}{\alpha(\gamma+\mu)}, \frac{\gamma[\alpha\varepsilon - \mu(\gamma+\mu)]}{\alpha\mu(\gamma+\mu)}\right). \tag{5.1.2}$$

Man erkennt, dass $I_\infty > 0$ nur dann gilt, falls $\alpha\varepsilon - \mu(\gamma+\mu) > 0$ bzw. $\frac{\alpha\varepsilon}{\mu(\gamma+\mu)} > 1$ ist. Somit lautet die Basisreproduktionszahl

$$r_0 = \frac{\alpha\varepsilon}{\mu(\gamma+\mu)} = \frac{\varepsilon}{\mu S_\infty}. \tag{5.1.3}$$

Die Epidemie bricht somit aus, wenn $r_0 > 1$ und I_∞ strebt nun nicht wie in den bisherigen Modellen null, sondern einem von null verschiedenen Wert zu. Es verbleiben somit Infektiöse im System, ein Zeichen für den endemischen Charakter des Modells. Weiter betrachten wir $\dot{N} = \dot{S} + \dot{I} + \dot{R}$ und finden $\dot{N}(t) = \varepsilon - \mu S - \mu I - \mu R = \varepsilon - \mu N(t)$. Aus $N(0) = N_0 = S_0 + I_0 + R_0$ folgt mithilfe der Methode von Lagrange

$$N(t) = \frac{\varepsilon}{\mu} + \left(S_0 + I_0 + R_0 - \frac{\varepsilon}{\mu}\right)e^{-\mu t} \tag{5.1.4}$$

und schließlich

$$N_\infty = \lim_{t\to\infty} N(t) = \frac{\varepsilon}{\mu} = \text{konst} \quad \text{in [Personen]}. \tag{5.1.5}$$

Ergebnis. Bei einem demographischen Modell ist die Population zwar zeitlich variabel, aber zumindest asymptotisch konstant.

Das Ergebnis ist vielversprechend hinsichtlich einer asymptotischen Stabilität von G_2. Im System (5.1.1) sind die beiden Variablen S und I über die ersten beiden Gleichungen miteinander verknüpft. Hingegen taucht R nur in der dritten Gleichung auf. Deshalb könnte man den Nachweis der globalen Stabilität mit einer Lyapunov-Funktion für das reduzierte SI-System führen. Die asymptotische Stabilität für $R(t)$ würde dann über $R(t) = N(t) - S(t) - I(t)$ mit $N(t)$ aus (5.1.4) folgen. Wir verzichten aber darauf und verwenden stattdessen eine Lyapunov-Funktion für das gesamte System (5.1.1) und können diese im vollständig gekoppelten System SIRSI des folgenden Kapitels teilweise wiederverwenden.

Behauptung: G_2 ist global asymptotisch stabil.

Beweis. Unsere Lyapunov-Funktion besitzt die Gestalt:

$$\begin{aligned} V(S,I,R) &= \frac{1}{2}(S - S_\infty + I - I_\infty + R - R_\infty)^2 \\ &+ \frac{2\mu}{\alpha}\left[I - I_\infty - I_\infty \ln\left(\frac{I}{I_\infty}\right)\right] + \frac{\mu}{\gamma}(R - R_\infty)^2. \end{aligned} \tag{5.1.6}$$

i) $V(S_\infty, I_\infty, R_\infty) = 0$ ist erfüllt.
ii) Jede der drei Teilfunktionen ist sogar strikt konvex.
iii) Es gilt

$$\varepsilon = \mu(S_\infty + I_\infty + R_\infty), \quad \alpha S_\infty = \gamma + \mu, \quad \mu R_\infty - \gamma I_\infty = 0, \tag{5.1.7}$$

$$\begin{aligned} \dot V(S,I,R) &= (S - S_\infty + I - I_\infty + R - R_\infty)(\dot S + \dot I + \dot R) \\ &+ \frac{2\mu}{\alpha}\left(\frac{I - I_\infty}{I}\right)\dot I + \frac{2\mu}{\gamma}(R - R_\infty)\dot R \\ &= (S - S_\infty + I - I_\infty + R - R_\infty)[\varepsilon - \mu(S + I + R)] \\ &+ \frac{2\mu}{\alpha}(I - I_\infty)[\alpha S - (\gamma + \mu)] + \frac{2\mu}{\gamma}(R - R_\infty)(\gamma I - \mu R). \end{aligned}$$

Nun benutzt man alle drei Identitäten von (5.1.7) und erhält weiter

$$\begin{aligned} \dot V(S,I,R) &= -\mu(S - S_\infty + I - I_\infty + R - R_\infty)(S - S_\infty + I - I_\infty + R - R_\infty) \\ &+ 2\mu(S - S_\infty)(I - I_\infty) + 2\mu(R - R_\infty)\left[I - I_\infty - \frac{\mu}{\gamma}(R - R_\infty)\right] \\ &= -\mu(S - S_\infty + R - R_\infty)^2 - 2\mu(I - I_\infty)(S - S_\infty + R - R_\infty) - \mu(I - I_\infty)^2 \\ &+ 2\mu(S - S_\infty)(I - I_\infty) + 2\mu(R - R_\infty)\left[I - I_\infty - \frac{\mu}{\gamma}(R - R_\infty)\right] \\ &= -\mu(S - S_\infty + R - R_\infty)^2 - \mu(I - I_\infty)^2 - \frac{2\mu^2}{\gamma}(R - R_\infty)^2 < 0 \end{aligned}$$

für $(S,I,R) \neq (S_\infty, I_\infty, R_\infty)$. Damit stellt (5.1.6) eine starke Lyapunov-Funktion dar. q. e. d.

Beispiel. Betrachten Sie das System (5.1.1) mit folgenden Größen: $\varepsilon = 1$, $\alpha = 0{,}001$, $\gamma = 0{,}1$, $\mu = 0{,}004$, $S_0 = 199$, $I_0 = 1$ und $R_0 = 0$.
a) Bestimmen Sie den GP G_2 und die Basisreproduktionszahl.
b) Weisen Sie den Zusammenhang (5.1.4) mit den gegebenen Zahlen nach.
c) Führen Sie eine Simulation mit $\Delta t = 0{,}1$ Tagen für $n = 4.000$ Schritte durch.

Lösung.

a) Für den endemischen GP ergibt sich nach (5.1.2)

$$G_2\left(\frac{0{,}1+0{,}004}{0{,}001}, \frac{0{,}001\cdot 1-0{,}004(0{,}1+0{,}004)}{0{,}001(0{,}1+0{,}004)}, \frac{0{,}1[0{,}001\cdot 1-0{,}004(0{,}1+0{,}004)]}{0{,}001\cdot 0{,}004(0{,}1+0{,}004)}\right)$$
$$= (104{,}5, 61, 140{,}39).$$

Zudem ist mit (5.1.3) $r_0 = \frac{0{,}001\cdot 1}{0{,}004(0{,}1+0{,}004)} = 2{,}40$.

b) Im endemischen Gleichgewicht gilt $N_\infty = S_\infty + I_\infty + R_\infty = 104+5{,}61+140{,}39 = 250$ und dies entspricht auch $\frac{\varepsilon}{\mu} = \frac{1}{0{,}004} = 250$. Zudem ist nach (5.1.5) $N(t) = 250 - 50e^{-0{,}004t}$.

c) In Abb. 5.2 oben links erkennt man die hohe erste Welle und die erheblich flachere zweite Welle für $I(t)$.

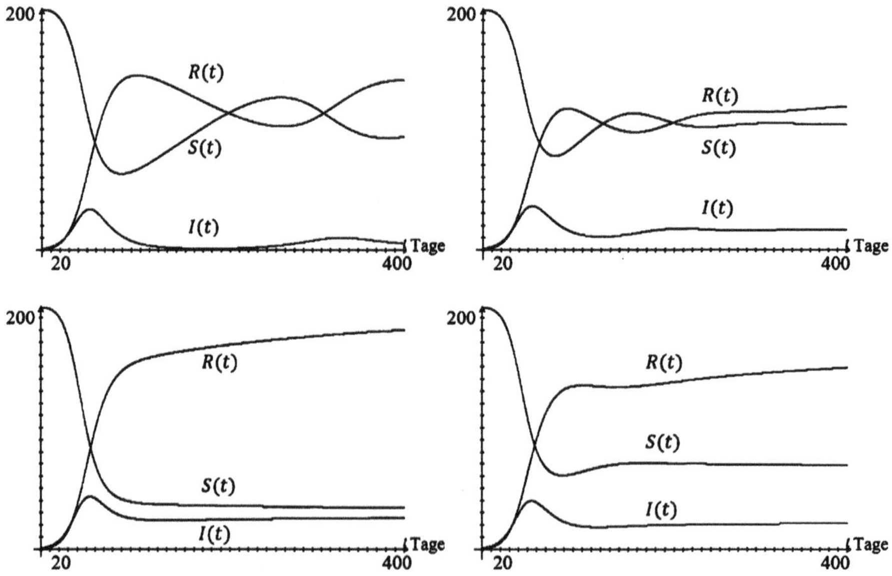

Abb. 5.2: Simulationen zum SIR- und SIRSI-Modell mit Demographie.

5.2 Das SIR-Modell mit Demographie am Beispiel der zweiten SARS-CoV-2-Pandemiewelle in der Schweiz 2020

Die zweite Covid-Welle nahm im Herbst 2020 in ganz Zentraleuropa Fahrt auf. Die nachstehende Tabelle der laborbestätigten, kumulierten Fälle der R-Klasse ist lückenhaft, weil das BAG (Bundesamt für Gesundheit) anfangs nur wochenweise und erst ab Oktober 2020 zumindest an jedem Arbeitstag die Fälle übermittelte. Für einen vollständigen Datensatz wurden die Lücken deswegen mithilfe einer Interpolation aufgefüllt: in den ersten 10 Tagen linear, in der exponentiellen Phase vom 11. bis zum 31. Tag stückweise exponentiell und danach wiederum linear (Abb. 5.3 links).

Tag	Datum	Anzahl	Tag	Datum	Anzahl	Tag	Datum	Anzahl	Tag	Datum	Anzahl
1	29.09.	52.871	26	24.10.	108.640	51	18.11.	280.648	76	13.12.	380.982
2	30.09.	53.282	27	25.10.	114.397	52	19.11.	285.655	77	14.12.	384.557
3	01.10.	53.832	28	26.10.	121.093	53	20.11.	290.601	78	15.12.	388.828
4	02.10.	54.384	29	27.10.	127.042	54	21.11.	293.851	79	16.12.	394.453
5	03.10.	54.895	30	28.10.	135.658	55	22.11.	297.102	80	17.12.	399.511
6	04.10.	55.412	31	29.10.	145.044	56	23.11.	300.352	81	18.12.	403.989
7	05.10.	55.932	32	30.10.	154.251	57	24.11.	304.593	82	19.12.	407.323
8	06.10.	56.632	33	31.10.	161.560	58	25.11.	309.469	83	20.12.	410.657
9	07.10.	57.709	34	01.11.	168.868	59	26.11.	313.978	84	21.12.	413.991
10	08.10.	58.881	35	02.11.	176.177	60	27.11.	318.290	85	22.12.	418.726
11	09.10.	60.368	36	03.11.	182.303	61	28.11.	321.217	86	23.12.	423.462
12	10.10.	61.695	37	04.11.	192.376	62	29.11.	324.145	87	24.12.	428.197
13	11.10.	63.050	38	05.11.	202.504	63	30.11.	327.072	88	25.12.	430.719
14	12.10.	64.436	39	06.11.	211.913	64	01.12.	330.874	89	26.12.	433.241
15	13.10.	65.881	40	07.11.	217.683	65	02.12.	335.660	90	27.12.	435.763
16	14.10.	68.704	41	08.11.	223.452	66	03.12.	340.115	91	28.12.	438.284
17	15.10.	71.317	42	09.11.	229.222	67	04.12.	344.497	92	29.12.	443.095
18	16.10.	74.422	43	10.11.	235.202	68	05.12.	347.767	93	30.12.	447.905
19	17.10.	77.227	44	11.11.	243.472	69	06.12.	351.036	94	31.12.	452.296
20	18.10.	80.138	45	12.11.	250.396	70	07.12.	354.306	95	01.01.	455.033
21	19.10.	83.159	46	13.11.	257.135	71	08.12.	358.568	96	02.01.	457.770
22	20.10.	86.167	47	14.11.	261.415	72	09.12.	363.654	97	03.01.	460.507
23	21.10.	91.763	48	15.11.	265.694	73	10.12.	368.695	98	04.01.	463.244
24	22.10.	97.019	49	16.11.	269.974	74	11.12.	373.831	99	05.01.	465.981
25	23.10.	103.653	50	17.11.	274.534	75	12.12.	377.406	100	06.01.	468.385

Das SIR-Modell geht davon aus, dass keine der in der Tabelle aufgeführten Personen einen Rückfall oder einen Immunitätsverlust erleidet und somit nicht Teil der Startpopulation der S-Klasse sein kann. Dies gilt zwangsweise für krankheitshalber Verstorbene. Da die Wiederansteckungsrate bloß 0,02 % beträgt, lässt sich jeder laborbestätigte Fall mit einer Person identifizieren, die während der gesamten Betrachtungszeit in der R-Klasse verbleibt. Natürlich unterliegt jedes Testverfahren statistischen Schwankungen. Es gibt sowohl falsch positive als auch falsch negative Ergebnisse. Letztlich müssen wir uns darauf verlassen, dass die laborbestätigten Fälle der R-Klasse auch mit der Anzahl tatsächlicher Infektionen zusammenfallen (Dunkelziffer ausgeschlossen). Für die nachstehenden Schätzungen muss man anfügen, dass zunächst λ über eine Regression gewonnen wurde, dann die Raten β, γ Mittelwerte mit weiter angenommenen durchschnittlichen Verweilzeiten in den entsprechenden Klassen gewonnen werden und damit letztlich α als Funktion von β, γ und λ mit einem Fehler behaftet ist.

Herleitung von (5.2.1)–(5.2.7)

Um einen gemittelten Wert für λ zu bestimmen, logarithmieren wir die Tabellenwerte vom 11. bis dem 30. Tag, bilden eine lineare Regression und erhalten etwa (Abb. 5.3 rechts)

$$\lambda = 0{,}043. \tag{5.2.1}$$

Schätzen der Rate γ. Die mittlere Aufenthaltszeit T_I in der I-Klasse, also der Ausscheidungszeit aus dieser Klasse, wird allgemein mit $T_I = 5$ Tage angegeben. Setzen wir in Gedanken die Kontaktzahl $\alpha = 0$, dann wird der weitere Verlauf der Infizierten durch $\dot{I} \approx -\gamma I$ bestimmt, weil $\mu \ll \gamma$. Wie schon in Kap. 4.4 gezeigt, erhält man somit $T_I = \frac{1}{\gamma}$ und in unserem Fall

$$\gamma = 0{,}2. \tag{5.2.2}$$

Schätzen der Rate α. Während der Anfangsphase einer Epidemie kann man davon ausgehen, dass sich die Anzahl der Suszeptiblen nicht wesentlich von der Gesamtzahl unterscheiden wird. Mit $S(t) \approx N$ lautet die zweite Gleichung $\dot{I} \approx (\alpha N - \gamma)I$, da $\mu \ll \gamma$ mit der Lösung

$$I(t) = I(0)e^{(\alpha N-\gamma)t}. \tag{5.2.3}$$

Dabei ist anfangs $\alpha N - \gamma > 0$. Anderseits führt die dritte Gleichung auf

$$I(t) \approx \frac{\dot{R}(t)}{\gamma}. \tag{5.2.4}$$

Nimmt man nun einen exponentiellen Anfangsverlauf an, $R(t) = R(0) \cdot e^{\lambda t}$, so schreibt sich (5.2.4) als

$$I(t) \approx \frac{R(0) \cdot \lambda \cdot e^{\lambda t}}{\gamma}. \tag{5.2.5}$$

Der Vergleich mit (5.2.3) liefert $I(0)e^{(\alpha N-\gamma)t} = \frac{R(0)\cdot\lambda\cdot e^{\lambda t}}{\gamma}$ und daraus das System

$$I(0) = \frac{R(0) \cdot \lambda}{\gamma} \quad \text{und} \quad \lambda = \alpha N - \gamma. \tag{5.2.6}$$

Die Prognose am 20. Tag der Epidemie. Im Jahr 2020 betrug die Gesamtpopulation der Schweiz (inklusive Liechtenstein) $N = 8.638.000$. Zudem gilt eine Geburtenrate von $\varepsilon = 235 \frac{1}{\text{Tag}}$ und eine Sterberate von $\mu = 2{,}42 \cdot 10^{-5} \frac{1}{\text{Person}\cdot\text{Tag}}$. Wir starten am 11. Epidemietag, also ist $R(11) = 60.368$. Weiter ist die Rate $\gamma = 0{,}2$ gesetzt. Die durchgeführte Regression für diesen Zeitraum ergab $\lambda = 0{,}034$ und $R(t) = 60.368e^{-0{,}034t}$ für $t \in [0{,}10]$ oder auch $R(t) = 60.368e^{0{,}034(t-10)}$ für $t \in [10,\ 20]$. Damit erhält man aus (5.2.6) $I(11) =$

$\frac{60.368 \cdot 0{,}034}{0{,}2} = 10.263$ und $\alpha \approx \frac{0{,}23}{N}$. Zudem hat man $S(11) = N - I(11) - R(11) = 8.567.369$. Die Übereinstimmung mit den zehn existierendenWerten ist gut. Es ergibt sich

$$r_0 = 1{,}29 \quad \text{und} \quad R_\infty = 2{,}20 \text{ Mio.} \tag{5.2.7}$$

Ergebnis. Trotz des schwachen exponentiellen Startverlaufs beträgt der R_∞-Wert ein Viertel der Startpopulation. Einen Vergleich hierzu gehen wir in Kap. 7.6 mit einem verzögerten SIR-Modell unter Berücksichtigung der Inkubationszeit T_1 an.

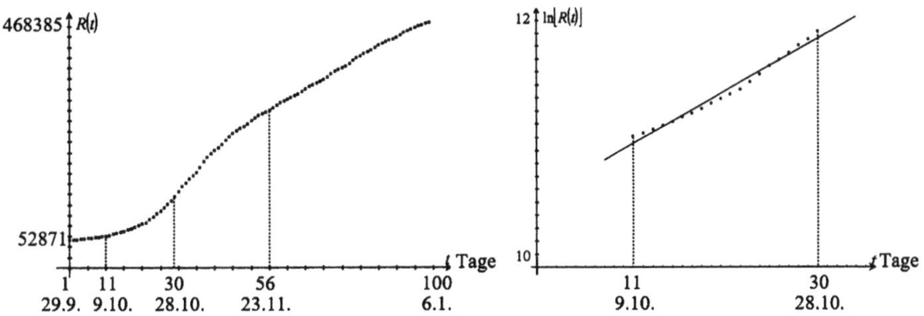

Abb. 5.3: Der Pandemieverlauf der zweiten Welle in der Schweiz.

5.3 Das SIRSI-Modell mit Demographie

Bisher sind wir davon ausgegangen, dass eine Genesung oder Immunität, also der Übergang von der I-Klasse in die R-Klasse, permanent ist und dass ein Immunitätsverlust oder ein Rückfall ausgeschlossen sind. Tatsächlich kann es natürlich vorkommen, dass eines von beiden eintritt. Damit kann man zwei Einzelmodelle unterscheiden:

1. *SIRS.* Verliert ein Individuum die Immunität, so ist eine erneute Ansteckung möglich. Die Person geht von der R-Klasse in die S-Klasse zurück (Abb. 5.1 oben mitte).
2. *SIRI.* Erleidet die Person einen Rückfall, dann wird sie von der R-Klasse zurück in die I-Klasse verschoben (Abb. 5.1 oben rechts).

Im Modell SIRSI ist sowohl ein Immunitätsverlust als auch ein Rückfall möglich (Abb. 5.1 unten links). Damit können wir die beiden Übergänge in einem einzigen Modell erfassen und durch Nullsetzen der einen Zusatzrate oder beider Zusatzraten damit das Modell SIR, SIRS oder SIRI erzeugen.

Herleitung von (5.3.1)–(5.3.5)

Mit σ bezeichnen wir die Immunitätsverlustrate und mit ω die Rückfallrate. Die Einheit beider Raten ist $\frac{1}{\text{Zeiteinheit}}$. Das System (5.1.1) wird damit leicht ergänzt zu:

$$\dot{S} = \varepsilon - \alpha SI + \sigma R - \mu S,$$
$$\dot{I} = \alpha SI + \omega R - \gamma I - \mu I,$$
$$\dot{R} = \gamma I - \sigma R - \omega R - \mu R. \tag{5.3.1}$$

Das System (5.3.1) besitzt den epidemielosen GP $G_1(\frac{\varepsilon}{\mu}, 0, 0)$. Für den endemischen GP $G_2(S_\infty, I_\infty, R_\infty)$ drückt man zuerst in der dritten Gleichung von (5.3.1) R_∞ durch I_∞ aus, setzt dies in die zweite Gleichung ein und ermittelt S_∞. Wird das Ergebnis in die erste Gleichung eingefügt, ergibt sich I_∞, womit auch R_∞ folgt. Man erhält

$$S_\infty = \frac{\gamma(\mu + \sigma) + \mu(\mu + \sigma + \omega)}{\alpha(\mu + \sigma + \omega)},$$
$$I_\infty = \frac{\alpha\varepsilon(\mu + \sigma + \omega) - \mu[\gamma(\mu + \sigma) + \mu(\mu + \sigma + \omega)]}{\alpha[\gamma\mu + \mu(\mu + \sigma + \omega)]} \quad \text{und}$$
$$R_\infty = \frac{\gamma I_\infty}{\mu + \sigma + \omega}. \tag{5.3.2}$$

Weiter ergibt sich die Basisreproduktionszahl zu

$$r_0 = \frac{\alpha\varepsilon(\mu + \sigma + \omega)}{\mu[\gamma(\mu + \sigma) + \mu(\mu + \sigma + \omega)]} = \frac{\varepsilon}{\mu S_\infty}. \tag{5.3.3}$$

Behauptung: G_2 ist global asymptotisch stabil.

Beweis. Eine zugehörige starke Lyapunov-Funktion lautet:

$$V(S, I, R) = \frac{1}{2}(S - S_\infty + I - I_\infty + R - R_\infty)^2 + \frac{2\mu}{\alpha}\left[I - I_\infty - I_\infty \ln\left(\frac{I}{I_\infty}\right)\right]$$
$$+ \frac{2\mu\omega R_\infty}{\alpha\gamma I_\infty}\left[R - R_\infty - R_\infty \ln\left(\frac{R}{R_\infty}\right)\right] + \frac{\mu}{\gamma}(R - R_\infty)^2. \tag{5.3.4}$$

Wir stellen zuerst drei Identitäten voran, die sich jeweils durch das System (5.3.1) ergeben:

$$\varepsilon = \mu(S_\infty + I_\infty + R_\infty), \quad \gamma + \mu = \alpha S_\infty + \frac{\omega R_\infty}{I_\infty}, \quad \mu + \sigma + \omega = \frac{\gamma I_\infty}{R_\infty}. \tag{5.3.5}$$

Dann gilt

$$\dot{V}(S, I, R) = (S - S_\infty + I - I_\infty + R - R_\infty)(\dot{S} + \dot{I} + \dot{R}) + \frac{2\mu}{\alpha}\left(\frac{I - I_\infty}{I}\right)\dot{I}$$
$$+ \frac{2\mu\omega R_\infty}{\alpha\gamma I_\infty}\left(\frac{R - R_\infty}{R}\right)\dot{R} + \frac{\mu}{\gamma}(R - R_\infty)\dot{R}.$$

Unter Benutzung der Eigenschaften aus (5.3.5) folgt:

$$\dot{V}(S, I, R) = (S - S_\infty + I - I_\infty + R - R_\infty)[\varepsilon - \mu(S + I + R)]$$

$$
\begin{aligned}
&+\frac{2\mu}{\alpha}\left(\frac{I-I_\infty}{I}\right)[\alpha SI-(\gamma+\mu)I+\omega R]\\
&+\frac{2\mu\omega R_\infty}{\alpha\gamma I_\infty}\left(\frac{R-R_\infty}{R}\right)[\gamma I-(\sigma+\omega+\mu)R]\\
&+\frac{2\mu}{\gamma}(R-R_\infty)[\gamma I-(\sigma+\omega+\mu)R]\\
=&-\mu(S-S_\infty+I-I_\infty+R-R_\infty)(S-S_\infty+I-I_\infty+R-R_\infty)\\
&+\frac{2\mu}{\alpha}(I-I_\infty)\left[\alpha(S-S_\infty)+\omega\left(\frac{R}{I}-\frac{R_\infty}{I_\infty}\right)\right]\\
&+\frac{2\mu\omega R_\infty}{\alpha\gamma I_\infty}\left(1-\frac{R_\infty}{R}\right)\left(\gamma I-\frac{\gamma I_\infty R}{R_\infty}\right)\\
&+\frac{2\mu}{\gamma}(R-R_\infty)[\gamma(I-I_\infty)-(\sigma+\omega+\mu)(R-R_\infty)]\\
=&-\mu(S-S_\infty+R-R_\infty)^2-2\mu(I-I_\infty)(S-S_\infty+R-R_\infty)-\mu(I-I_\infty)^2\\
&+2\mu(I-I_\infty)(S-S_\infty)+\frac{2\mu\omega R_\infty}{\alpha}\left(1+\frac{R}{R_\infty}-\frac{I}{I_\infty}-\frac{RI_\infty}{R_\infty I}\right)\\
&+\frac{2\mu\omega R_\infty}{\alpha}\left(1-\frac{R}{R_\infty}+\frac{I}{I_\infty}-\frac{R_\infty I}{RI_\infty}\right)\\
&+\frac{2\mu}{\gamma}(R-R_\infty)[\gamma(I-I_\infty)-(\sigma+\omega+\mu)(R-R_\infty)]\\
=&-\mu(S-S_\infty+R-R_\infty)^2-2\mu(I-I_\infty)(S-S_\infty+R-R_\infty)-\mu(I-I_\infty)^2\\
&+2\mu(I-I_\infty)(S-S_\infty)-\frac{2\mu\omega R_\infty}{\alpha}\left(\frac{RI_\infty}{R_\infty I}-2+\frac{R_\infty I}{RI_\infty}\right)\\
&+2\mu(I-I_\infty)(R-R_\infty)-\frac{2\mu(\sigma+\omega+\mu)}{\gamma}(R-R_\infty)^2\\
=&-\mu(S-S_\infty+R-R_\infty)^2-\mu(I-I_\infty)^2\\
&-\frac{2\mu\omega R_\infty}{\alpha}\left(\sqrt{\frac{RI_\infty}{R_\infty I}}-\sqrt{\frac{R_\infty I}{RI_\infty}}\right)^2-\frac{2\mu(\sigma+\omega+\mu)}{\gamma}(R-R_\infty)^2\\
<&\ 0
\end{aligned}
$$

für $(S,I,R)\neq(S_\infty,I_\infty,R_\infty)$

Damit ist (5.3.4) eine starke Lyapunov-Funktion. q. e. d.

Beispiel. Gegeben ist das System (5.3.1) mit den Größen $\varepsilon=1$, $\alpha=0{,}001$, $\gamma=0{,}1$, $\mu=0{,}004$, $S_0=199$, $I_0=1$ und $R_0=0$. Ausgehend von einer Gesamtrate $\sigma+\omega=0{,}01$, welche die Immunität und den Rückfall gesamthaft erfasst, teilen wir diese zudem in den folgenden Teilaufgaben auf. Gesucht ist jeweils der GP G_2, die Basisreproduktionszahl und eine Simulation für die Verläufe $S(t)$, $I(t)$ und $R(t)$ mit $\Delta t=0{,}1$ Tagen und $n=4.000$ Zeitschritten.

a) SIRS-Modell mit $\sigma=0{,}01$ und $\omega=0$.

b) SIRI-Modell mit $\sigma = 0$ und $\omega = 0{,}01$.
c) SIRSI-Modell mit $\sigma = \omega = 0{,}005$.

Vergleichen Sie die Graphen mit dem SIR-Modell, bei dem $\sigma = \omega = 0$ ist (Beispiel, Kap. 5.1).

Lösung.
a) Man erhält mit (5.3.2) $G_2(104,\ 17{,}93,\ 128{,}07)$ und aus (5.3.3) $r_0 = 2{,}40$. Da es nur Immunitätsverluste, aber keine Rückfälle gibt, ist $S_\infty > I_\infty$ (Abb. 5.2 oben rechts).
b) Es gilt $G_2(32{,}57,\ 26{,}70,\ 190{,}73)$ und $r_0 = 7{,}68$. Hier gibt es nur Rückfälle, sodass etwa $I_\infty \approx S_\infty$ gilt (Abb. 5.2 unten links), ein deutlicher Unterschied im Vergleich zum SIR-Modell mit $\sigma = \omega = 0$ (Abb. 5.2 oben links).
c) Man findet $G_2(68{,}29,\ 22{,}32,\ 159{,}40)$ und $r_0 = 3{,}66$. Bei gleich verteilter Immunitätsrate wie Rückfallrate ist abermals $S_\infty > I_\infty$ (Abb. 5.2 unten rechts).

5.4 Das SEIR-Modell mit Demographie

Herleitung von (5.4.1)–(5.4.8)
Im Modell (4.7.1) ergänzt man die Änderung der S-Klasse mit der Geburtenrate ε und fügt bei den restlichen drei Änderungen die jeweilige Sterberate hinzu (Abb. 5.1 unten rechts). Dies ergibt dann:

$$\begin{aligned}\dot{S} &= \varepsilon - \alpha SI - \mu S,\\ \dot{E} &= \alpha SI - \beta E - \mu E,\\ \dot{I} &= \beta E - \gamma I - \mu I,\\ \dot{R} &= \gamma I - \mu R.\end{aligned} \tag{5.4.1}$$

Die durchschnittliche Verweilzeit in der E-Klasse kann man wie anhin bei $\alpha = 0$ mit $T_E = \frac{1}{\beta+\mu}$ angeben. Der epidemielose GP des Systems ist $G_1(\frac{\varepsilon}{\mu}, 0, 0, 0)$. Den endemischen GP $G_2(S_\infty, E_\infty, I_\infty, R_\infty)$ erhält man, wenn in der dritten Gleichung von (5.4.1) E_∞ durch I_∞ ausgedrückt wird, dies in die zweite Gleichung eingesetzt und daraus S_∞ ermittelt wird. Fügt man das Ergebnis in die erste Gleichung ein, so ergibt das I_∞, womit man auch die beiden restlichen Werte erhält. Es folgt

$$\begin{aligned}S_\infty &= \frac{(\beta+\mu)(\gamma+\mu)}{\alpha\beta}, \quad I_\infty = \frac{\alpha\beta\varepsilon - \mu(\beta+\mu)(\gamma+\mu)}{\alpha(\beta+\mu)(\gamma+\mu)},\\ E_\infty &= \frac{(\gamma+\mu)I_\infty}{\beta} \quad \text{und} \quad R_\infty = \frac{\gamma I_\infty}{\mu}.\end{aligned} \tag{5.4.2}$$

Für die Basisreproduktionszahl gilt

$$r_0 = \frac{\alpha\beta\varepsilon}{\mu(\beta+\mu)(\gamma+\mu)} = \frac{\varepsilon}{\mu S_\infty}. \tag{5.4.3}$$

Behauptung: G_2 ist global asymptotisch stabil.

Beweis. Wie schon beim SIR-Modell erwähnt, taucht R in den ersten drei Gleichungen des Systems (5.4.1) nicht auf, womit es genügt, eine starke Lyapunov-Funktion für das SEI-System zu finden. Da nämlich Gleichung (5.1.4) leicht abgeändert gilt, $N(t) = \frac{\varepsilon}{\mu} + (S_0 + E_0 + I_0 + R_0 - \frac{\varepsilon}{\mu})e^{-\mu t}$, folgt die globale asymptotische Stabilität des ganzen Systems über $R(t) = N(t) - S(t) - E(t) - I(t)$. Eine geeignete Lyapunov-Funktion lautet beispielsweise wie folgt:

$$\begin{aligned} V(S,E,I) &= S - S_\infty - S_\infty \ln\left(\frac{S}{S_\infty}\right) + E - E_\infty - E_\infty \ln\left(\frac{E}{E_\infty}\right) \\ &\quad + \frac{\beta+\mu}{\beta}\left[I - I_\infty - I_\infty \ln\left(\frac{I}{I_\infty}\right)\right]. \end{aligned} \tag{5.4.4}$$

Es gelten die folgenden drei Identitäten:

$$1.\quad \varepsilon = \mu S_\infty + \alpha S_\infty I_\infty, \quad 2.\quad (\beta+\mu)E_\infty = \alpha S_\infty I_\infty, \quad 3.\quad \frac{I}{I_\infty} = \frac{\gamma+\mu}{\beta E_\infty} I. \tag{5.4.5}$$

Als Erstes formen wir nur den S-Teil von (5.4.4) unter Benutzung von 1. und 2. um. Man erhält

$$\begin{aligned} \dot V_S &= \left(1 - \frac{S_\infty}{S}\right)(\varepsilon - \alpha SI - \mu S) = \mu\left(1 - \frac{S_\infty}{S}\right)(S_\infty - S) + \left(1 - \frac{S_\infty}{S}\right)(\alpha S_\infty I_\infty - \alpha SI) \\ &= \mu\left(1 - \frac{S_\infty}{S}\right)(S_\infty - S) + (\beta+\mu)E_\infty\left(1 - \frac{S_\infty}{S}\right)\left(1 - \frac{SI}{S_\infty I_\infty}\right). \end{aligned} \tag{5.4.6}$$

Für den Rest der Ableitung verwenden wir abermals 1. und 2. und erweitern den I-Term etwas. Es ergibt sich:

$$\begin{aligned} \dot V_{E,I} &= \left(1 - \frac{E_\infty}{E}\right)[\alpha SI - (\beta+\mu)E] + \frac{\beta+\mu}{\beta}\left(1 - \frac{I_\infty}{I}\right)[\beta E - (\gamma+\mu)I] \\ &= (\beta+\mu)E_\infty\left(1 - \frac{E_\infty}{E}\right)\left(\frac{SI}{S_\infty I_\infty} - \frac{E}{E_\infty}\right) + (\beta+\mu)E_\infty\left(1 - \frac{I_\infty}{I}\right)\left(\frac{E}{E_\infty} - \frac{\gamma+\mu}{\beta E_\infty} I\right). \end{aligned}$$

Nun wird die dritte Eigenschaft verwendet und es entsteht:

$$\begin{aligned} \dot V_{E,I} &= (\beta+\mu)E_\infty\left(1 - \frac{E_\infty}{E}\right)\left(\frac{SI}{S_\infty I_\infty} - \frac{E}{E_\infty}\right) + (\beta+\mu)E_\infty\left(1 - \frac{I_\infty}{I}\right)\left(\frac{E}{E_\infty} - \frac{I}{I_\infty}\right) \\ &= (\beta+\mu)E_\infty\left[\left(1 - \frac{E_\infty}{E}\right)\left(\frac{SI}{S_\infty I_\infty} - \frac{E}{E_\infty}\right) + \left(1 - \frac{I_\infty}{I}\right)\left(\frac{E}{E_\infty} - \frac{I}{I_\infty}\right)\right]. \end{aligned} \tag{5.4.7}$$

Insgesamt erhält man somit aus (5.4.6) und (5.4.7):

$$\begin{aligned}\dot{V}(S,E,I) &= \mu\left(1-\frac{S_\infty}{S}\right)(S_\infty - S) + (\beta+\mu)E_\infty\left(1-\frac{S_\infty}{S}\right)\left(1-\frac{SI}{S_\infty I_\infty}\right)\\ &\quad + (\beta+\mu)E_\infty\left[\left(1-\frac{E_\infty}{E}\right)\left(\frac{SI}{S_\infty I_\infty}-\frac{E}{E_\infty}\right)+\left(1-\frac{I_\infty}{I}\right)\left(\frac{E}{E_\infty}-\frac{I}{I_\infty}\right)\right]\\ &= \mu S_\infty\left(2-\frac{S}{S_\infty}-\frac{S_\infty}{S}\right)\\ &\quad + (\beta+\mu)E_\infty\left[\left(1-\frac{S_\infty}{S}\right)\left(1-\frac{SI}{S_\infty I_\infty}\right)+\left(1-\frac{E_\infty}{E}\right)\left(\frac{SI}{S_\infty I_\infty}-\frac{E}{E_\infty}\right)\right.\\ &\quad \left.+\left(1-\frac{I_\infty}{I}\right)\left(\frac{E}{E_\infty}-\frac{I}{I_\infty}\right)\right]\\ &= \mu S_\infty\left(2-\frac{S}{S_\infty}-\frac{S_\infty}{S}\right) + (\beta+\mu)E_\infty\left(3-\frac{S_\infty}{S}-\frac{E_\infty SI}{ES_\infty I_\infty}-\frac{I_\infty E}{IE_\infty}\right).\end{aligned} \tag{5.4.8}$$

Es bleibt noch, zu zeigen, dass die beiden Terme von (5.4.8) für

$$(S,E,I) \neq (S_\infty, E_\infty, I_\infty)$$

negativ sind.

Beweis. Dies beweisen wir für den zweiten Term und definieren dazu $x_1 := \frac{S_\infty}{S}$, $x_2 := \frac{E_\infty SI}{ES_\infty I_\infty}$, $x_3 := \frac{I_\infty E}{IE_\infty}$. Wir beachten als Erstes $x_1x_2x_3 = 1$. Nun verwenden wir die Tatsache, dass das arithmetische Mittel von n Zahlen immer größer oder gleich dem geometrischen Mittel derselben Zahlen ist: $\frac{x_1+x_2+\cdots+x_n}{n} \geq \sqrt[n]{x_1x_2\cdot\dots\cdot x_n}$. Das Gleichheitszeichen gilt nur für $x_1 = x_2 = \cdots = x_n$. Es gibt dazu viele elementare Beweise. In unserem Fall ist also $\frac{x_1+x_2+x_3}{3} > \sqrt[3]{x_1x_2x_3} = 1$ und damit $x_1 + x_2 + x_3 > 3$, womit der zweite Term von (5.4.7) negativ wird. Der Beweis für den ersten Term folgt analog.

Somit stellt (5.4.4) eine starke Lyapunov-Funktion dar. q. e. d.

Beispiel. Betrachten Sie das System (5.4.1) mit den Größen $\varepsilon = 1$, $\alpha = 0{,}001$, $\beta = 0{,}2$, $\gamma = 0{,}1$, $\mu = 0{,}004$, $S_0 = 198$, $E_0 = I_0 = 1$ und $R_0 = 0$.

a) Bestimmen Sie den GP G_2 und die Basisreproduktionszahl.
b) Stellen Sie nebst $S(t)$, $E(t)$, $I(t)$ und $R(t)$ auch den Verlauf von $N(t)$ dar.

Lösung.

a) Aus (5.4.2) und (5.4.3) erhält man $G_2(106{,}08,\ 2{,}82,\ 5{,}43,\ 135{,}67)$ und $r_0 = 2{,}36$.
b) Es gilt $N_\infty = S_\infty + E_\infty + I_\infty + R_\infty = 250$ und dies entspricht auch $\frac{\varepsilon}{\mu} = \frac{1}{0{,}004} = 250$. Zudem ist $N(t) = 250 - 50e^{-0{,}004t}$. Für die Darstellung siehe Abb. 5.4 links.

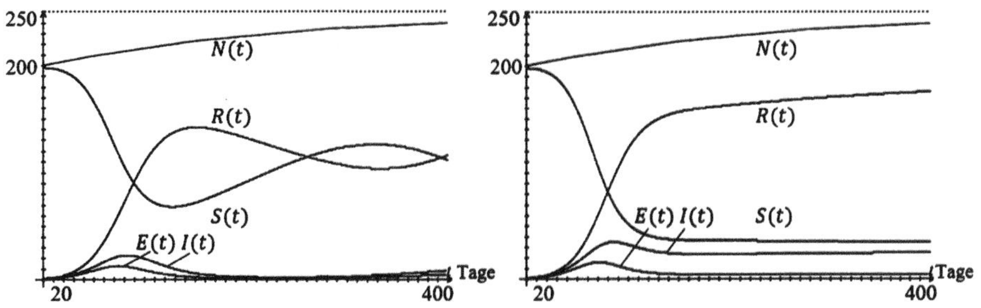

Abb. 5.4: Simulationen zum SEIR- und SEIRI-Modell mit Demographie.

5.5 Das SEIR-Modell mit Demographie am Beispiel der ersten SARS-CoV-2-Pandemiewelle in Frankreich 2020

Der anfängliche Verlauf der Pandemie in Frankreich soll mithilfe des SEIR-Modells einschließlich demographischer Raten modelliert werden. Im Unterschied zu Kap. 4.8 benötigen wir zusätzlich Informationen über die Geburten- und natürliche Sterberate.

Herleitung von (5.5.1)–(5.5.3)

Im Jahr 2019 wurden im zentraleuropäischen Teil Frankreichs etwa 714.000 Kinder geboren, womit man $\varepsilon = 1956 \frac{1}{\text{Tag}}$ erhält (die Zu- und Abwanderungsraten sind nicht eruierbar). Die natürliche Sterberate betrug 2019 etwa 1.677 Personen pro Tag, was bei einer Bevölkerungszahl von 64.898.000 im Jahr 2019 $\mu = \frac{1.677}{64.898.000} = 2{,}58 \cdot 10^{-5} \frac{1}{\text{Person}\cdot\text{Tag}}$ ergibt. Mit der Zeit würde die Population bis zu $\frac{\varepsilon}{\mu} \approx 75{,}8$ Mio anwachsen. Im Jahr 2022 waren es aber aufgrund abnehmender Geburtenrate und zunehmender Sterberate lediglich 65,8 Mio.

Schätzen der Raten β und γ. Geht man wie bei der Herleitung von (4.8.2) und (4.8.3) vor, so erhält man $T_E = \frac{1}{\beta+\mu}$ mit $T_E = 3$ Tage und $T_I = \frac{1}{\gamma+\mu-\beta}$ mit $T_I = 5$ Tage. Da $\mu \ll \beta, \gamma$ kann man wiederum mit $\beta = 0{,}33$ und $\gamma = 0{,}53$ rechnen. Hierzu gilt es, noch etwas zu bemerken. Die durchschnittliche Verweilzeit in der E-Klasse des SEIR-Modells ohne Demographie wurde über das Integral $T_E = \int_0^\infty t \cdot e^{-\beta t} dt = \frac{1}{\beta}$ gewonnen. Hier sind aber sowohl E_∞, als auch I_∞ von null verschieden, sodass obiges Integral unendlich groß wird. Betrachtet man aber die Funktion $\overline{E}(t) = E(t) - E_\infty$, so startet $\overline{E}(t)$ je nach Wahl von $E(1)$, E_∞ und dem Verlauf von $E(t)$ bei $t = 0$ ($E(1) > E_\infty$) oder $t > 0$ ($E(1) < E_\infty$). Außerdem entstehen Schnittpunkte für $E(t) = E_\infty$, die mit wachsendem t, weitere, immer kleinere Flächeninhalte erzeugen. Konvergiert der Wert des Integrals aufgrund der zusätzlichen Flächeninhalte nicht, so wählt man t zwar groß, aber endlich. Grob gedacht, ersetzt man also den Flächeninhalt zwischen $E(t)$ und E_∞ durch eine fallende Exponentialfunktion $f(t) = Ce^{-(\beta+\mu)t}$. Aus diesem Grund lassen sich $\overline{E}(t)$ und $\overline{I}(t) = I(t) - I_\infty$ als Maß für die Verweilzeit in der E-Klasse bzw. I-Klasse als Abschätzung heranziehen.

Schätzen der Rate α. Wiederum gehen wir von der Annahme aus, dass anfangs $S(t) \approx N$ gilt. Damit erhält das EI-System von (5.4.1) die Gestalt:

$$\begin{aligned} \dot{E} &= \alpha NI - (\beta + \mu)E, \\ \dot{I} &= \beta E - (\gamma + \mu)I. \end{aligned} \tag{5.5.1}$$

In Matrixform geschrieben ist $\begin{pmatrix} \dot{E} \\ \dot{I} \end{pmatrix} = \begin{pmatrix} -(\beta+\mu) & \alpha N \\ \beta & -(\gamma+\mu) \end{pmatrix} \begin{pmatrix} E \\ I \end{pmatrix}$ und für die Eigenwerte berechnen wir $\det\begin{pmatrix} \beta+\mu+\lambda & \alpha N \\ \beta & \gamma+\mu+\lambda \end{pmatrix} = 0$. Man erhält

$$(\lambda + \beta + \mu)(\lambda + \gamma + \mu) - \alpha\beta N = 0, \quad \lambda^2 + (\beta + \gamma + 2\mu)\lambda + (\beta + \mu)(\gamma + \mu) - \alpha\beta N = 0$$

und

$$\lambda_{1,2} = \frac{-(\beta + \gamma + 2\mu) \pm \sqrt{(\beta - \gamma)^2 + 4\alpha\beta N}}{2}, \qquad \alpha = \frac{(\lambda + \beta + \mu)(\lambda + \gamma + \mu)}{\beta N}. \tag{5.5.2}$$

Für die Basisreproduktionszahl gilt dann

$$r_0 = \frac{\alpha S_0}{\gamma} \approx \frac{\alpha N}{\gamma} = \frac{(\lambda + \beta + \mu)(\lambda + \gamma + \mu)}{\beta\gamma}. \tag{5.5.3}$$

1. Prognose am 20. Epidemietag. Als Startpunkt nehmen wir $R(11) = 613$.

Herleitung von (5.5.4)–(5.5.6)

Die zugehörige Kontaktzahl ermittelt man bei $\beta = 0{,}33$, $\gamma = 0{,}53$ und $\lambda = 0{,}235$ wie in Kap. 4.8 zu $\alpha = \frac{1{,}31}{N}$, da $\mu \ll \beta, \gamma, \lambda$. Weiter ist $E(11) = I(11) = \frac{\dot{R}_1(11)}{\gamma} = \frac{13 \cdot 0{,}383 \cdot e^{0{,}383 \cdot 10}}{0{,}53} = 433$ mithilfe der Annahme $E(t) \approx I(t)$ für den Startbereich und (4.8.4). Demnach ist $S(11) = 64.896.521$. Es stellen sich dieselben Größen wie im Modell ohne Demographie ein, weil $\mu \ll \beta, \gamma, \lambda$. Insbesondere gilt gemäß (5.5.3) $r_0 = 2{,}47$. Da dies aber eine Näherung darstellt, ist sie nicht genau. Die Gleichungen (5.4.2) und (5.4.3) ergeben

$$r_0 = 2{,}89 \quad \text{und} \quad R_\infty = 49{,}5\ \text{Mio.} \tag{5.5.4}$$

Der R_∞-Wert ist praktisch identisch mit demjenigen von (4.8.8), was bedeutet, dass sich der Einfluss von Geburten- und Sterberate neutralisieren.

2. Die Prognose am 30. Tag der Epidemie. Aus demselben Grund wie eben beschrieben, kann man (4.8.9) auch hier übernehmen. Es gilt unter Verwendung von (5.5.2) und (5.5.3)

$$r_0 = 2{,}53 \quad \text{und} \quad R_\infty = 45{,}9\ \text{Mio.} \tag{5.5.5}$$

3. Weitere Prognosen ab dem 10. Epidemietag. Analog zum SEIR-Modell ohne Demographie könnte man das System (5.5.1) für den kontaktlosen Fall $\alpha = 0$ nach dem Lockdown analytisch lösen. Die Verläufe sind praktisch identisch, da wiederum die Sterberate nicht ins Gewicht fällt. Zudem ist, wie schon erwähnt, eine Kontaktzahl von null rein hypothetisch, sodass wir diesen Fall nicht weiterverfolgen. Hingegen besitzt Gleichung (4.8.19) auch hier Gültigkeit. Bezeichnen wir wie gehabt mit $E(T)$, $I(T)$ und $R(T)$ die Individuenzahlen zu einem Zeitpunkt T und mit $r_0(T)$ die zugehörige Basisreproduktionszahl, so ist

$$r_0(T) = \frac{R(T) + E(T) + I(T)}{R(T)} = 1 + \frac{J(T)}{R(T)}.$$

Folglich gelten dieselben Grafiken wie in Abb. 5.1 rechts, woraus man einen sinnvollen Zeitpunkt für den Lockdown ablesen kann. Beschränken wir uns auf die Prognose am 20. Epidemietag, so sollte spätestens am 38. Tag die Kontaktsperre erfolgen und am 80. Tag wurde der Zeitpunkt verpasst. Wie schon am Ende der Prognose 1 erwähnt, lässt sich, im Unterschied zum nicht demografischen Modell, R_∞ mithilfe von (5.4.2) angeben zu

$$\begin{aligned} R_\infty &= \frac{0{,}53[\frac{1{,}31}{64.898.000} \cdot 0{,}33 \cdot 1.956 - 2{,}58 \cdot 10^{-5}(0{,}33 + 2{,}58 \cdot 10^{-5})(0{,}53 + 2{,}58 \cdot 10^{-5})]}{\frac{1{,}31}{64.898.000} \cdot 2{,}58 \cdot 10^{-5}(0{,}33 + 2{,}58 \cdot 10^{-5})(0{,}53 + 2{,}58 \cdot 10^{-5})} \\ &= 49{,}5 \text{ Mio.} \end{aligned} \tag{5.5.6}$$

Dies ist ein vergleichbarer Wert mit demjenigen des nichtdemografischen Modells von $R_\infty = 57{,}4$ Mio (4.8.8). Er weicht allerdings etwas vom numerischen Wert ab.

Ergebnis. Mit oder ohne Demographie liefert das SEIR-Modell dieselben Prognosen. Dies liegt daran, dass die Sterberate sehr klein gegenüber den anderen Raten ist.

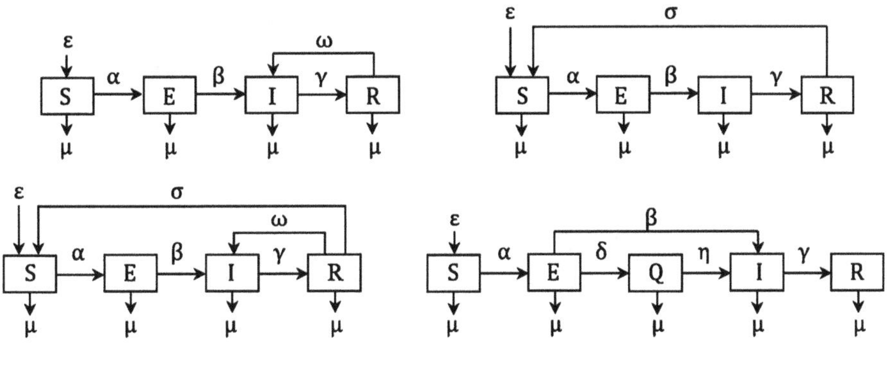

Abb. 5.5: Diagramme zu den Modellen SEIRI, SEIRS, SEIRSI und SEQIR mit Demographie.

5.6 Das SEIRI-Modell mit Demographie

In diesem Modell kann ein Individuum einen Rückfall erleiden und von der R-Klasse in die I-Klasse zurückkehren. Wir werden mithilfe einer Lyapunov-Funktion zeigen, dass dieses System einen global asymptotischen endemischen GP besitzt. Im Gegensatz dazu lässt sich für das SEIRS-Modell (Immunitätsverlust, Kap. 5.8) nur eine lokal asymptotische Stabilität nachweisen.

Herleitung von (5.6.1)–(5.6.8)

Die einzige Änderung gegenüber dem Modell (5.4.1) besteht also darin, dass ein Individuum mit der Rate ω einen Rückfall erleiden kann (Abb. 5.5 oben links). Man erhält somit:

$$\begin{aligned}\dot S &= \varepsilon - \alpha SI - \mu S,\\ \dot E &= \alpha SI - \beta E - \mu E,\\ \dot I &= \beta E + \omega R - \gamma I - \mu I,\\ \dot R &= \gamma I - \omega R - \mu R.\end{aligned} \tag{5.6.1}$$

Die durchschnittliche Verweilzeit in der E-Klasse beträgt $T_E = \frac{1}{\beta+\mu}$. Abermals ergibt sich der epidemielose GP zu $G_1(\frac{\varepsilon}{\mu}, 0, 0, 0)$. Für den endemischen GP $G_2(S_\infty, E_\infty, I_\infty, R_\infty)$ drückt man in der vierten Gleichung von (5.6.1) R_∞ durch I_∞ aus, setzt dies in die dritte Gleichung ein und bestimmt E_∞ als Funktion von I_∞. Dies wiederum fügt man in die zweiten Gleichung ein, womit S_∞ folgt. Die erste Gleichung liefert dann den Wert für I_∞. Insgesamt erhält man

$$\begin{aligned}S_\infty &= \frac{\mu(\beta+\mu)(\gamma+\mu+\omega)}{\alpha\beta(\mu+\omega)}, \quad I_\infty = \frac{\alpha\beta\varepsilon(\mu+\omega) - \mu^2(\beta+\mu)(\gamma+\mu+\omega)}{\alpha\mu(\beta+\mu)(\gamma+\mu+\omega)},\\ E_\infty &= \frac{\mu(\gamma+\mu+\omega)I_\infty}{\beta(\mu+\omega)} \quad \text{und} \quad R_\infty = \frac{\gamma I_\infty}{\mu+\omega}.\end{aligned} \tag{5.6.2}$$

Für die Basisreproduktionszahl gilt

$$r_0 = \frac{\alpha\beta\varepsilon(\mu+\omega)}{\mu^2(\beta+\mu)(\gamma+\mu+\omega)} = \frac{\varepsilon}{\mu S_\infty}. \tag{5.6.3}$$

Weiterhin gilt $N(t) = \frac{\varepsilon}{\mu} + (S_0 + E_0 + I_0 + R_0 - \frac{\varepsilon}{\mu})e^{-\mu t}$.
Behauptung: G_2 ist global asymptotisch stabil.

Beweis. Folgende vier Identitäten werden angewendet:

$$\begin{aligned}&1.\quad \varepsilon = \mu S_\infty + \alpha S_\infty I_\infty, \quad 2.\quad (\beta+\mu)E_\infty = \alpha S_\infty I_\infty,\\ &3.\quad \frac{\beta E_\infty + \omega R_\infty}{I_\infty} = (\gamma+\mu) \quad \text{und} \quad 4.\quad \mu+\omega = \frac{\gamma I_\infty}{R_\infty}.\end{aligned} \tag{5.6.4}$$

Eine mögliche Lyapunov-Funktion besitzt die Gestalt:

$$\begin{aligned} V(S,E,I,R) = {} & S - S_\infty - S_\infty \ln\left(\frac{S}{S_\infty}\right) + E - E_\infty - E_\infty \ln\left(\frac{E}{E_\infty}\right) \\ & + \frac{\beta+\mu}{\beta}\left[I - I_\infty - I_\infty \ln\left(\frac{I}{I_\infty}\right)\right] \\ & + \frac{\omega(\beta+\mu)R_\infty}{\beta\gamma I_\infty}\left[R - R_\infty - R_\infty \ln\left(\frac{R}{r_\infty}\right)\right]. \end{aligned} \tag{5.6.5}$$

Die Differentiation nach der Zeit spalten wir der besseren Übersicht halber in drei Teile auf. Mithilfe der 1. und 2. Eigenschaft von (5.6.4) erhält man:

$$\begin{aligned} \dot V_S &= \left(1 - \frac{S_\infty}{S}\right)(\varepsilon - \alpha SI - \mu S) \\ &= \mu\left(1 - \frac{S_\infty}{S}\right)(S_\infty - S) + \left(1 - \frac{S_\infty}{S}\right)(\alpha S_\infty I_\infty - \alpha SI) \\ &= \mu\left(1 - \frac{S_\infty}{S}\right)(S_\infty - S) + (\beta+\mu)E_\infty\left(1 - \frac{S_\infty}{S}\right)\left(1 - \frac{SI}{S_\infty I_\infty}\right). \end{aligned} \tag{5.6.6}$$

Unter Benutzung der 2. und 3. Eigenschaft folgt:

$$\begin{aligned} \dot V_{E,I} &= \left(1 - \frac{E_\infty}{E}\right)[\alpha SI - (\beta+\mu)E] + \frac{\beta+\mu}{\beta}\left(1 - \frac{I_\infty}{I}\right)[\beta E - (\gamma+\mu)I + \omega R] \\ &= (\beta+\mu)E_\infty\left(1 - \frac{E_\infty}{E}\right)\left(\frac{SI}{S_\infty I_\infty} - \frac{E}{E_\infty}\right) \\ &\quad + (\beta+\mu)E_\infty\left(1 - \frac{I_\infty}{I}\right)\left(\frac{E}{E_\infty} - \frac{\gamma+\mu}{\beta E_\infty}I + \frac{\omega R}{\beta E_\infty}\right) \\ &= (\beta+\mu)E_\infty\left(1 - \frac{E_\infty}{E}\right)\left(\frac{SI}{S_\infty I_\infty} - \frac{E}{E_\infty}\right) \\ &\quad + (\beta+\mu)E_\infty\left(1 - \frac{I_\infty}{I}\right)\left(\frac{E}{E_\infty} - \frac{I}{I_\infty} - \frac{\omega R_\infty I}{\beta E_\infty I_\infty} + \frac{\omega R}{\beta E_\infty}\right) \\ &= (\beta+\mu)E_\infty\left[\left(1 - \frac{E_\infty}{E}\right)\left(\frac{SI}{S_\infty I_\infty} - \frac{E}{E_\infty}\right) + \left(1 - \frac{I_\infty}{I}\right)\left(\frac{E}{E_\infty} - \frac{I}{I_\infty}\right)\right] \\ &\quad + \frac{\omega(\beta+\mu)}{\beta}\left(R - \frac{R_\infty I}{I_\infty} - \frac{I_\infty R}{I} + R_\infty\right) \\ &= (\beta+\mu)E_\infty\left[\left(1 - \frac{E_\infty}{E}\right)\left(\frac{SI}{S_\infty I_\infty} - \frac{E}{E_\infty}\right) + \left(1 - \frac{I_\infty}{I}\right)\left(\frac{E}{E_\infty} - \frac{I}{I_\infty}\right)\right] \\ &\quad - \frac{\omega(\beta+\mu)R_\infty}{\beta}\left(\sqrt{\frac{RI_\infty}{R_\infty I}} - \sqrt{\frac{R_\infty I}{RI_\infty}}\right)^2 \\ &\quad + \frac{\omega(\beta+\mu)}{\beta}\left(R - \frac{R_\infty I}{I_\infty} + \frac{R_\infty^2 I}{RI_\infty} - R_\infty\right). \end{aligned} \tag{5.6.7}$$

Schließlich führt die Verwendung der 4. Eigenschaft auf:

$$
\begin{aligned}
\dot{V}_R &= \frac{\omega(\beta+\mu)R_\infty}{\beta\gamma I_\infty}\left(1-\frac{R_\infty}{R}\right)[\gamma I-(\mu+\omega)R] \\
&= \frac{\omega(\beta+\mu)}{\beta}\left(\frac{IR_\infty}{I_\infty}-\frac{(\mu+\omega)}{\gamma}\cdot\frac{RR_\infty}{I_\infty}-\frac{R_\infty^2 I}{RI_\infty}+\frac{(\mu+\omega)}{\gamma}\cdot\frac{R_\infty^2}{I_\infty}\right) \\
&= \frac{\omega(\beta+\mu)}{\beta}\left(-R+\frac{IR_\infty}{I_\infty}-\frac{R_\infty^2 I}{RI_\infty}+R_\infty\right).
\end{aligned} \tag{5.6.8}
$$

Summiert man (5.6.4)–(5.6.6), so entsteht:

$$
\begin{aligned}
\dot{V}(S,E,I,R) &= \mu\left(1-\frac{S_\infty}{S}\right)(S_\infty-S)+(\beta+\mu)E_\infty\left(1-\frac{S_\infty}{S}\right)\left(1-\frac{SI}{S_\infty I_\infty}\right) \\
&\quad+(\beta+\mu)E_\infty\left[\left(1-\frac{E_\infty}{E}\right)\left(\frac{SI}{S_\infty I_\infty}-\frac{E}{E_\infty}\right)+\left(1-\frac{I_\infty}{I}\right)\left(\frac{E}{E_\infty}-\frac{I}{I_\infty}\right)\right] \\
&\quad-\frac{\omega(\beta+\mu)R_\infty}{\beta}\left(\sqrt{\frac{RI_\infty}{R_\infty I}}-\sqrt{\frac{R_\infty I}{RI_\infty}}\right)^2+\frac{\omega(\beta+\mu)}{\beta}\left(R-\frac{R_\infty I}{I_\infty}+\frac{R_\infty^2 I}{RI_\infty}-R_\infty\right) \\
&\quad+\frac{\omega(\beta+\mu)}{\beta}\left(-R+\frac{IR_\infty}{I_\infty}-\frac{R_\infty^2 I}{RI_\infty}+R_\infty\right) \\
&= \mu\left(1-\frac{S_\infty}{S}\right)(S_\infty-S)+(\beta+\mu)E_\infty\left(1-\frac{S_\infty}{S}\right)\left(1-\frac{SI}{S_\infty I_\infty}\right) \\
&\quad+(\beta+\mu)E_\infty\left[\left(1-\frac{E_\infty}{E}\right)\left(\frac{SI}{S_\infty I_\infty}-\frac{E}{E_\infty}\right)+\left(1-\frac{I_\infty}{I}\right)\left(\frac{E}{E_\infty}-\frac{I}{I_\infty}\right)\right] \\
&\quad-\frac{\omega(\beta+\mu)R_\infty}{\beta}\left(\sqrt{\frac{RI_\infty}{R_\infty I}}-\sqrt{\frac{R_\infty I}{RI_\infty}}\right)^2 \\
&= \mu S_\infty\left(2-\frac{S}{S_\infty}-\frac{S_\infty}{S}\right)+(\beta+\mu)E_\infty\left(3-\frac{S_\infty}{S}-\frac{EI_\infty}{E_\infty I}-\frac{SE_\infty I}{S_\infty EI_\infty}\right) \\
&\quad-\frac{\omega(\beta+\mu)R_\infty}{\beta}\left(\sqrt{\frac{RI_\infty}{R_\infty I}}-\sqrt{\frac{R_\infty I}{RI_\infty}}\right)^2 \\
&< 0
\end{aligned}
$$

für $(S,E,I,R) \neq (S_\infty,E_\infty,I_\infty,R_\infty)$.

Die strikte Negativität folgt mithilfe derselben Überlegungen aus dem Beweis von Kap. 5.4.

Insgesamt ist mit (5.6.5) eine starke Lyapunov-Funktion gewonnen. q. e. d.

Beispiel. Gegeben ist das System (5.6.1) mit $\varepsilon = 1$, $\alpha = 0{,}001$, $\beta = 0{,}2$, $\gamma = 0{,}1$, $\mu = 0{,}004$, $\omega = 0{,}01$, $S_0 = 198$, $E_0 = I_0 = 1$ und $R_0 = 0$.

a) Ermitteln Sie den GP G_2 und die Basisreproduktionszahl.

b) Stellen Sie nebst $S(t)$, $E(t)$, $I(t)$ und $R(t)$ auch den Verlauf von $N(t)$ dar.

Lösung.

a) Die Gleichungen (5.6.2), (5.6.3) führen zu $G_2(33{,}22,\ 4{,}25,\ 26{,}10,\ 186{,}43)$ und $r_0 = 7{,}52$.

b) Die Verläufe sind in Abb. 5.4 rechts dargestellt. Aufgrund der Rückfälle ist der Wert I_∞ verglichen mit dem Wert des SEIR-Modells in Abb. 5.4 links etwas größer. Der Unterschied an Infizierten geht auf Kosten der Suszeptiblen, weshalb S_∞ auch unter dem Wert desjenigen vom SEIR-Modells liegt. Zusätzlich übertreffen die Anzahl der Infizierten I_∞ aufgrund derselben Rückfälle die Anzahl der Suszeptiblen (vgl. auch SEIRS-Modell, Kap. 5.8).

5.7 Das Routh-Hurwitz-Kriterium

Die bisherigen Epidemiemodelle mit Demographie ermöglichten es, ihre global asymptotische Stabilität mithilfe einer Lyapunov-Funktion zu beweisen. Da dies nicht immer gelingt, muss man sich mit einer allfälligen lokal asymptotischen Stabilität des Systems begnügen. Bekanntlich gilt es, die zugehörige Jacobi-Matrix zu betrachten und daraus das charakteristische Polynom zu bilden. Im besten Fall erhält man danach lauter negative Eigenwerte. Ist dies bei einem Polynom 2. Grades einfach zu entscheiden, so benötigen wir für Polynome höheren Grades eine Hilfestellung. Dies leistet das Routh-Hurwitz-Kriterium. Es gibt Auskunft über das Vorzeichen der Nullstellen eines Polynoms.

Definition. Ein Polynom $H_n(\lambda) = a_0 + a_1\lambda + a_2\lambda^2 + \cdots + a_{n-1}\lambda^{n-1} + a_n\lambda^n$, $a_i \in \mathbb{R}$ heißt Routh-Hurwitz-Polynom, wenn aus $H_n(\lambda_i) = 0$ folgt: $\mathrm{Re}(\lambda_i) < 0$ für alle $i = 1, 2, \ldots, n$.

In Worten bedeutet dies, dass alle Nullstellen s_i des Polynoms negativen Realteil besitzen. Ist insbesondere eine Nullstelle reell, dann ist sie negativ.

Herleitung von (5.7.1)–(5.7.3)

I. $n = 2$. Wir betrachten direkt ein quadratisches Polynom $H_2(\lambda) = a_0 + a_1\lambda + a_2\lambda^2$. Damit dieses ein Hurwitz-Polynom wird, muss $\lambda_1, \lambda_2 < 0$ sein. Der Satz von Vieta besagt, dass einerseits $\lambda_1 + \lambda_2 = -\frac{a_1}{a_2}$ und anderseits $\lambda_1\lambda_2 = \frac{a_0}{a_2}$. Ist $\lambda_1, \lambda_2 < 0$ gefordert, so wird dies entweder für $a_0, a_1, a_2 > 0$ oder $a_0, a_1, a_2 < 0$ erfüllt. Multiplikation mit -1 im letzteren Fall liefert dieselbe Bedingung: $H_2(\lambda)$ ist ein Hurwitz-Polynom, falls $a_0, a_1, a_2 > 0$.

II. $n = 3$. Für $n \geq 3$ bildet man aus den Polynomkoeffizienten die Hurwitz-Matrix der Form

$$M_n = \begin{pmatrix} a_{n-1} & a_{n-3} & a_{n-5} & \cdots & 0 \\ a_n & a_{n-2} & a_{n-4} & \cdots & 0 \\ 0 & a_{n-1} & a_{n-3} & \cdots & 0 \\ 0 & a_n & a_{n-2} & \cdots & 0 \\ 0 & 0 & a_{n-1} & \cdots & 0 \\ \vdots & \vdots & \vdots & \ddots & \vdots \\ 0 & 0 & 0 & \cdots & a_0 \end{pmatrix}. \tag{5.7.1}$$

Dabei werden Koeffizienten mit negativem Index gleich null gesetzt. Man erhält dann

$$M_3 = \begin{pmatrix} a_2 & a_0 & 0 \\ a_3 & a_1 & 0 \\ 0 & a_2 & a_0 \end{pmatrix}.$$

Danach bildet man von links oben aus die drei Unterdeterminanten

$$D_{31} = |a_2| = a_2, \quad D_{32} = \begin{vmatrix} a_2 & a_0 \\ a_3 & a_1 \end{vmatrix} = a_1a_2 - a_0a_3 \quad \text{und}$$

$$D_{33} = \begin{vmatrix} a_2 & a_0 & 0 \\ a_3 & a_1 & 0 \\ 0 & a_2 & a_0 \end{vmatrix} = a_2 \cdot \begin{vmatrix} a_1 & 0 \\ a_2 & a_0 \end{vmatrix} - a_0 \cdot \begin{vmatrix} a_3 & 0 \\ 0 & a_0 \end{vmatrix} = a_0a_1a_2 - a_0a_0a_3 = a_0D_{32}.$$

Das Kriterium von Routh-Hurwitz besagt nun, dass alle Eigenwerte des Polynoms $H_3(\lambda)$ negativ werden, wenn die drei Unterdeterminanten positiv sind. Mit der Forderung $D_{32}, D_{33} > 0$ folgt auch $a_0 > 0$. Insgesamt lauten die drei Bedingungen

$$a_0, a_2 > 0 \quad \text{und} \quad D_{32} = a_1a_2 - a_0a_3 > 0. \tag{5.7.2}$$

III. $n = 4$. Es gilt

$$M_4 = \begin{pmatrix} a_3 & a_1 & 0 & 0 \\ a_4 & a_2 & a_0 & 0 \\ 0 & a_3 & a_1 & 0 \\ 0 & a_4 & a_2 & a_0 \end{pmatrix}.$$

Man erhält analog zu oben die Bedingungen $D_{41} = a_3, D_{42} = a_2a_3 - a_1a_4$. Zur Berechnung von D_{43} wird nach der ersten Zeile entwickelt und es folgt

$$D_{43} = a_3 \cdot \begin{vmatrix} a_2 & a_0 \\ a_3 & a_1 \end{vmatrix} - a_1 \cdot \begin{vmatrix} a_4 & a_0 \\ 0 & a_1 \end{vmatrix} = a_1a_2a_3 - a_0a_3a_3 - a_1a_1a_4 = a_1D_{42} - a_0a_3^2.$$

Für D_{44} entwickelt man nach der ersten Zeile und erhält

$$D_{44} = a_3 \cdot \begin{vmatrix} a_2 & a_0 & 0 \\ a_3 & a_1 & 0 \\ a_4 & a_2 & a_0 \end{vmatrix} - a_1 \cdot \begin{vmatrix} a_4 & a_0 & 0 \\ 0 & a_1 & 0 \\ 0 & a_2 & a_0 \end{vmatrix}$$
$$= a_3 \cdot \left\{ a_2 \cdot \begin{vmatrix} a_1 & 0 \\ a_2 & a_0 \end{vmatrix} - a_0 \cdot \begin{vmatrix} a_3 & 0 \\ a_4 & a_0 \end{vmatrix} \right\} - a_1 \cdot \left\{ a_4 \cdot \begin{vmatrix} a_1 & 0 \\ a_2 & a_0 \end{vmatrix} - a_0 \cdot \begin{vmatrix} 0 & 0 \\ 0 & a_0 \end{vmatrix} \right\}$$
$$= a_0 a_1 a_2 a_3 - a_0 a_0 a_3 a_3 - a_0 a_1 a_1 a_4 = a_0 D_{43}.$$

Da $D_{44} > 0$ sein muss, folgt $a_0 > 0$. Insgesamt lauten die vier Bedingungen

$$a_0, a_3 > 0, \quad D_{42} = a_2 a_3 - a_1 a_4 > 0 \quad \text{und} \quad D_{43} = a_1 D_{42} - a_0 a_3^2 > 0. \tag{5.7.3}$$

5.8 Das SEIRS-Modell mit Demographie

Im Vergleich zum SEIRI-Modell aus Kap. 5.6 verliert eine Person aus der R-Klasse mit der Rate σ ihre Immunität und wird zurück in die S-Klasse befördert (Abb. 5.5 oben rechts).

Herleitung von (5.8.1)–(5.8.7)
Das Modell erhält die Gestalt:

$$\begin{aligned} \dot{S} &= \varepsilon - \alpha SI + \sigma R - \mu S, \\ \dot{E} &= \alpha SI - \beta E - \mu E, \\ \dot{I} &= \beta E - \gamma I - \mu I, \\ \dot{R} &= \gamma I - \sigma R - \mu R. \end{aligned} \tag{5.8.1}$$

Mit $T_E = \frac{1}{\beta+\mu}$ lässt sich zumindest für die E-Klasse die durchschnittliche Verweilzeit in diesem Kompartiment angeben. Der epidemielose GP ist $G_1(\frac{\varepsilon}{\mu}, 0, 0, 0)$. Den endemischen GP $G_2(S_\infty, E_\infty, I_\infty, R_\infty)$ ermittelt man folgendermaßen: In der dritten Gleichung von (5.8.1) schreibt man E_∞ als Funktion von I_∞ und fügt den Ausdruck in die zweite Gleichung ein. Dies ergibt S_∞. Zur Berechnung von I_∞ drückt man in der vierten Gleichung R_∞ durch I_∞ aus und setzt den Ausdruck inklusive dem Wert von S_∞ in die erste Gleichung ein. Danach folgen die Werte für E_∞ und R_∞. Es ergibt sich

$$S_\infty = \frac{(\beta+\mu)(\gamma+\mu)}{\alpha\beta}, \quad I_\infty = \frac{(\mu+\sigma)[\alpha\beta\varepsilon - \mu(\beta+\mu)(\gamma+\mu)]}{\alpha\mu[\sigma(\beta+\gamma+\mu) + (\beta+\mu)(\gamma+\mu)]},$$
$$E_\infty = \frac{(\gamma+\mu)I_\infty}{\beta} \quad \text{und} \quad R_\infty = \frac{\gamma I_\infty}{(\mu+\sigma)}. \tag{5.8.2}$$

Die Basisreproduktionszahl lautet

$$r_0 = \frac{\alpha\beta\varepsilon}{\mu(\beta+\mu)(\gamma+\mu)} = \frac{\varepsilon}{\mu S_\infty}. \tag{5.8.3}$$

Wie bisher gilt der Zusammenhang

$$N(t) = \frac{\varepsilon}{\mu} + \left(S_0 + E_0 + I_0 + R_0 - \frac{\varepsilon}{\mu}\right)e^{-\mu t} = S(t) + E(t) + I(t) + R(t).$$

Behauptung: G_2 ist lokal asymptotisch stabil.

Beweis. Die Jacobi-Matrix des Systems (5.8.1) lautet:

$$Jf(S,E,I,R) = \begin{pmatrix} -\alpha I - \mu & 0 & -\alpha S & \sigma \\ \alpha I & -\beta - \mu & \alpha S & 0 \\ 0 & \beta & -\gamma - \mu & 0 \\ 0 & 0 & \gamma & -\mu - \sigma \end{pmatrix}. \tag{5.8.4}$$

Zur Berechnung der charakteristischen Gleichung für G_2 gilt es,

$$\det\begin{pmatrix} -\alpha I_\infty - \mu - \lambda & 0 & -\alpha S_\infty & \sigma \\ \alpha I_\infty & -\beta - \mu - \lambda & \alpha S_\infty & 0 \\ 0 & \beta & -\gamma - \mu - \lambda & 0 \\ 0 & 0 & \gamma & -\mu - \sigma - \lambda \end{pmatrix} = 0 \tag{5.8.5}$$

zu lösen. Entwickelt man wie im vorigen Kapitel gezeigt, so erhält man die Gleichung

$$(\mu + \sigma + \lambda)\left[(\alpha I_\infty + \mu + \lambda)(\beta + \mu + \lambda)(\gamma + \mu + \lambda) - \alpha\beta S_\infty(\mu + \lambda)\right] - \alpha\beta\gamma\sigma I_\infty = 0. \tag{5.8.6}$$

In der Form $a_0 + a_1\lambda + a_2\lambda^2 + a_3\lambda^3 + a_4\lambda^4 = 0$ ergibt sich:

$$\begin{aligned} a_4 &= 1,\\ a_3 &= \alpha I_\infty + \beta + \gamma + 4\mu + \sigma,\\ a_2 &= -\alpha\beta S_\infty + \sigma(\alpha I_\infty + \beta + \gamma + 3\mu) + \alpha I_\infty(\beta + \gamma + 3\mu) + \beta(\gamma + 3\mu) + 3\mu(\gamma + 2\mu),\\ a_1 &= -\alpha\beta S_\infty(\sigma + 2\mu) + \sigma\left[\alpha I_\infty(\beta + \gamma + 2\mu) + \beta(\gamma + 2\mu) + \mu(2\gamma + 3\mu)\right]\\ &\quad + \alpha I_\infty\left[\beta(\gamma + 2\mu) + \mu(2\gamma + 3\mu)\right] + \mu\left[\beta(2\gamma + 3\mu) + \mu(3\gamma + 4\mu)\right],\\ a_0 &= -\alpha\beta\mu S_\infty(\mu + \sigma) + \mu\sigma\left[\alpha I_\infty(\beta + \gamma + \mu) + (\beta + \mu)(\gamma + \mu)\right]\\ &\quad + \mu(\alpha I_\infty + \mu)(\beta + \mu)(\gamma + \mu). \end{aligned} \tag{5.8.7}$$

Nun müssen die vier Bedingungen (5.7.3) überprüft werden.

I. $$\begin{aligned} a_0 &= -\mu(\beta + \mu)(\gamma + \mu)(\mu + \sigma) + \mu\sigma(\beta + \mu)(\gamma + \mu) + \mu(\alpha I_\infty + \mu)(\beta + \mu)(\gamma + \mu)\\ &\quad + \alpha\mu\sigma I_\infty(\beta + \gamma + \mu)\\ &= (\beta + \mu)(\gamma + \mu)\left[-\mu(\mu + \sigma) + \mu\sigma + \mu(\alpha I_\infty + \mu)\right] + \alpha\mu\sigma I_\infty(\beta + \gamma + \mu)\\ &= \alpha\mu I_\infty\left[\sigma(\beta + \gamma + \mu) + (\beta + \mu)(\gamma + \mu)\right] > 0, \end{aligned}$$

II. $a_3 > 0$,

III. $a_2a_3 - a_1a_4$

$$\begin{aligned}
&= \sigma^2(aI_\infty + \beta + \gamma + 3\mu)\\
&\quad + \sigma[(a^2I_\infty^2 + 2aI_\infty(\beta + \gamma + 4\mu) + \beta^2 + 2\beta(\gamma + 4\mu) + \gamma^2 + 8\gamma\mu + 15\mu^2)]\\
&\quad + a^2I_\infty^2(\beta + \gamma + 3\mu) + aI_\infty[\beta^2 + (\beta + \gamma)(\gamma + 7\mu) + 14\mu^2]\\
&\quad + 2\beta^2\mu + 4\beta\mu(\gamma + 3\mu) + 2\mu(\gamma^2 + 6\gamma\mu + 9\mu^2)\\
&> 0,
\end{aligned}$$

IV. $a_1(a_2a_3 - a_1a_4) - a_0a_3^2 > 0.$

Dies ist erfüllt. Der entstehende Ausdruck ist sehr groß. Wichtig ist, dass dieser nur aus Pluszeichen besteht, analog zu III. q. e. d.

Beispiel. Das System (5.8.1) wird bestimmt durch $\varepsilon = 1$, $a = 0{,}001$, $\beta = 0{,}2$, $\gamma = 0{,}1$, $\mu = 0{,}004$, $\sigma = 0{,}01$, $S_0 = 198$, $E_0 = I_0 = 1$ und $R_0 = 0$.

a) Bestimmen Sie den GP G_2 und die Basisreproduktionszahl.

b) Stellen Sie nebst $S(t)$, $E(t)$, $I(t)$ und $R(t)$ auch den Verlauf von $N(t)$ dar.

Lösung.

a) Es gilt nach (5.8.2) $G_2(106{,}08,\ 8{,}64,\ 16{,}61,\ 118{,}67)$ und mit (5.8.3) $r_0 = 2{,}36$.

b) Die Verläufe entnimmt man Abb. 5.6 links. Aufgrund der Immunitätsverlustfälle liegt der Wert von S_∞ deutlich über dem Wert von I_∞, beim SEIRI-Modell nur leicht.

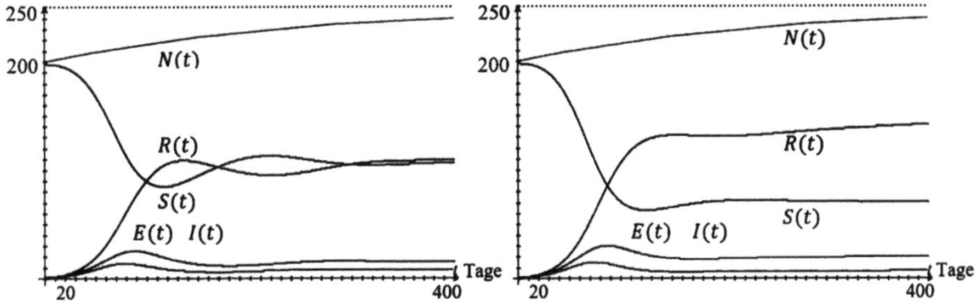

Abb. 5.6: Simulationen zum SEIRS- und SEIRSI-Modell mit Demographie.

5.9 Das SEIRSI-Modell mit Demographie

Die Kombination des SEIRS- und SEIRI-Modell liefert das SEIRSI-Modell bei gleichzeitigem Rückfall mit der Rate ω und einem Immunitätsverlust mit der Rate σ (Abb. 5.5 unten links).

Herleitung von (5.9.1)–(5.9.5)
Demnach lautet das System:

$$\begin{aligned}\dot{S} &= \varepsilon - \alpha SI + \sigma R - \mu S,\\ \dot{E} &= \alpha SI - \beta E - \mu E,\\ \dot{I} &= \beta E + \omega R - \gamma I - \mu I,\\ \dot{R} &= \gamma I - \sigma R - \omega R - \mu R.\end{aligned} \tag{5.9.1}$$

Wie bisher gilt für die durchschnittliche Verweilzeit in der E-Klasse $T_E = \frac{1}{\beta+\mu}$. Weiter ist $G_1(\frac{\varepsilon}{\mu}, 0, 0, 0)$ der epidemiefreie GP. Die Bestimmung des endemischen GP $G_2(S_\infty, E_\infty, I_\infty, R_\infty)$ geschieht nach folgender Anleitung: In der vierten Gleichung von (5.9.1) schreibt man R_∞ als Funktion von I_∞ und fügt den Ausdruck in die dritte Gleichung ein. Hier wiederum wird E_∞ als Funktion von I_∞ dargestellt und der Ausdruck in die zweite Gleichung eingesetzt, woraus S_∞ entsteht. Einsetzen dieses Wertes in die erste Gleichung führt zu I_∞. Danach folgen die Ausdrücke für E_∞ und R_∞. Es ergibt sich

$$\begin{aligned}S_\infty &= \frac{(\beta+\mu)[\sigma(\gamma+\mu)+\mu(\gamma+\mu+\omega)]}{\alpha\beta(\mu+\sigma+\omega)},\\ I_\infty &= \frac{\alpha\beta\varepsilon(\mu+\sigma+\omega)-\mu(\beta+\mu)[\sigma(\gamma+\mu)+\mu(\gamma+\mu+\omega)]}{\alpha\mu[\sigma(\beta+\gamma+\mu)+(\beta+\mu)(\gamma+\mu+\omega)]},\\ E_\infty &= \frac{[\sigma(\gamma+\mu)+\mu(\gamma+\mu+\omega)]I_\infty}{\beta(\mu+\sigma+\omega)} \quad \text{und} \quad R_\infty = \frac{\gamma I_\infty}{\mu+\sigma+\omega}.\end{aligned} \tag{5.9.2}$$

Für die Basisreproduktionszahl erhält man

$$r_0 = \frac{\alpha\beta\varepsilon(\mu+\sigma+\omega)}{\mu(\beta+\mu)[\sigma(\gamma+\mu)+\mu(\gamma+\mu+\omega)]} = \frac{\varepsilon}{\mu S_\infty}. \tag{5.9.3}$$

Zusätzlich ist $N(t) = \frac{\varepsilon}{\mu} + (S_0 + E_0 + I_0 + R_0 - \frac{\varepsilon}{\mu})e^{-\mu t}$.
Behauptung: G_2 ist lokal asymptotisch stabil.

Beweis. Die zur charakteristischen Gleichung notwendige Determinantengleichung besitzt die im Vergleich zu (5.8.5) leicht veränderte Gestalt:

$$\det\begin{pmatrix} -\alpha I_\infty - \mu - \lambda & 0 & -\alpha S_\infty & \sigma \\ \alpha I_\infty & -\beta - \mu - \lambda & \alpha S_\infty & 0 \\ 0 & \beta & -\gamma - \mu - \lambda & \omega \\ 0 & 0 & \gamma & -\mu - \sigma - \omega - \lambda \end{pmatrix} = 0. \tag{5.9.4}$$

Analog zum vorigen Kapitel entwickelt man nach der ersten Zeile und findet:

$$\begin{aligned}&(\alpha I_\infty + \mu + \lambda)(\beta + \mu + \lambda)\big[(\gamma + \mu + \lambda)(\mu + \sigma + \omega + \lambda) - \gamma\omega\big]\\ &\quad - \alpha\beta S_\infty(\mu + \lambda)(\mu + \sigma + \omega + \lambda) - \alpha\beta\gamma\sigma I_\infty = 0.\end{aligned} \tag{5.9.5}$$

In der Form $a_0 + a_1\lambda + a_2\lambda^2 + a_3\lambda^3 + a_4\lambda^4 = 0$ besitzt (5.9.5) die folgenden Koeffizienten:

$$\begin{aligned} a_4 &= 1, \\ a_3 &= \alpha I_\infty + \beta + \gamma + 4\mu + \sigma + \omega, \\ a_0 &= \alpha\mu I_\infty[\sigma(\beta + \gamma + \mu) + (\beta + \mu)(\gamma + \mu + \omega)]. \end{aligned}$$

Die Ausdrücke a_2 und a_3 sind sehr umfangreich und werden hier nicht abgedruckt. Die Prüfung der vier Bedingungen (5.7.3) führt zu folgendem Ergebnis:

Die Positivität von a_0 und a_3 ist offensichtlich. Die Richtigkeit der beiden anderen Bedingungen benötigt mehr Speicherplatz und muss mit einem leistungsfähigeren Computer nachgewiesen werden. q. e. d.

Beispiel. Betrachten Sie das System (5.9.1) mit den Werten $\varepsilon = 1$, $\alpha = 0{,}001$, $\beta = 0{,}2$, $\gamma = 0{,}1$, $\mu = 0{,}004$, $\sigma = \omega = 0{,}005$, $S_0 = 198$, $E_0 = I_0 = 1$ und $R_0 = 0$.

a) Wie lautet der GP G_2 und die Basisreproduktionszahl?
b) Setzen Sie in (5.9.4) die Koordinaten von G_2 ein, bestimmen Sie die charakteristische Gleichung (5.9.5) und daraus die vier Eigenwerte.
c) Die Verläufe von $S(t)$, $E(t)$, $I(t)$, $R(t)$ und $N(t)$ sollen dargestellt werden.

Lösung.

a) Die Gleichungen (5.9.2), (5.9.3) liefern $G_2(69{,}65,\ 7{,}26,\ 21{,}26,\ 151{,}83)$ und $r_0 = 3{,}59$.
b) Man erhält $0{,}000002 + 0{,}000576\lambda + 0{,}019230\lambda^2 + 0{,}347257\lambda^3 + \lambda^4 = 0$ mit den vier Eigenwerten $\lambda_1 = -0{,}2872$, $\lambda_1 = -0{,}0040$, $\lambda_{3,4} = -0{,}0280 \pm 0{,}0312i$. Die Werte bzw. die Realteile sind allesamt negativ, womit die lokale asymptotische Stabilität folgt.
c) Die Verläufe entnimmt man Abb. 5.6 rechts. Aufgrund der Immunitätsverlustfälle liegt der Wert von S_∞ über dem Wert von I_∞. Beim SEIRI-Modell ist es gerade umgekehrt.

Ergebnis. Vergleicht man paarweise die Modelle SIR/SEIR, SIRS/SEIRS, SIRI/SEIRI und SIRSI/SEIRSI miteinander, so erkennt man, dass für einen qualitativen Verlauf der Graphen die Aufspaltung der Infizierten in eine E- und eine I-Klasse nicht zwingend ist.

5.10 Das SEQIR-Modell mit Demographie

Anders als ein Lockdown bietet die Quarantäne gezielt die Möglichkeit, Individuen, die glauben, in Kontakt mit Infektiösen gekommen zu sein, für einige Tage aus dem Epidemiegeschehen zu entfernen. An dieser Stelle kann man zwei Arten von Quarantäne unterscheiden:

1. Im Modell SEQIR wird die Q-Klasse der I-Klasse vorangestellt. Personen, die sich in der E-Klasse befinden und in Kontakt mit Infizierten gekommen sind, werden vorsichtshalber unter Quarantäne gesetzt. Sind sie infektiös, so werden sie isoliert, von den Individuen der Q-Klasse getrennt und somit in die I-Klasse verschoben.

In der Q-Klasse halten sich Personen auf, die vor einer Infektion geschützt werden sollen.

2. Im Modell SEIQR wird die Q-Klasse der I-Klasse nachgestellt. Personen aus der E-Klasse werden infektiös und gelangen wie bisher in die I-Klasse. Erst bei bestätigter Infektiosität werden diese Personen isoliert und in die Q-Klasse verschoben. Damit beherbergt diese Klasse nur kranke Individuen, was der klassischen Definition von Quarantäne gleichkommt.

Einschränkung: Wir betrachten nur den Fall 1, weil dies auch das Vorgehen in der Schweiz und Deutschland ab der zweiten Covid-Welle 2020 darstellt.

Herleitung von (5.10.1)–(5.10.5)

Ein gewisser prozentualer Anteil β der E-Klasse pro Zeiteinheit wird während der Latenzzeit positiv getestet und wandert wie anhin in die I-Klasse. Dazu gehören auch diejenigen, die – obwohl ansteckend – negativ getestet wurden, weil wohl die Virenlast noch zu gering war. Neu ist die Rate δ der Exponierten, die pro Zeiteinheit prophylaktisch in Quarantäne, also in die Q-Klasse gehen. Da die Quarantäne eine infektionsfreie Zone darstellt, müssen diese Individuen von allen Infektiösen getrennt bleiben. Mit ηQ bezeichnen wir deshalb den Anteil der Personen pro Zeiteinheit, die positiv getestet werden, demnach als infiziert gelten und in die I-Klasse überführt werden. Wie bisher vollzieht sich der Übergang aus der I-Klasse in die R-Klasse mit der Infektions- oder Ausscheidungsrate γ (Abb. 5.5 unten rechts). Insgesamt erhält das neue Modell die Gestalt:

$$\begin{aligned}
\dot{S} &= \varepsilon - \alpha SI - \mu S,\\
\dot{E} &= \alpha SI - \beta E - \delta E - \mu E,\\
\dot{Q} &= \delta E - \eta Q - \mu Q,\\
\dot{I} &= \beta E + \eta Q - \gamma I - \mu I,\\
\dot{R} &= \gamma I - \mu R.
\end{aligned} \tag{5.10.1}$$

Einzig die durchschnittliche Verweilzeit in der E-Klasse kann zu $T_E = \frac{1}{\beta+\delta+\mu}$ angegeben werden. Wie anhin existiert der epidemielose GP $G_1(\frac{\varepsilon}{\mu}, 0, 0, 0, 0)$. Für den endemischen GP $G_2(S_\infty, E_\infty, Q_\infty, I_\infty, R_\infty)$ drückt man in der dritten Gleichung von (5.10.1) Q_∞ durch E_∞ aus, fügt dies in die vierte Gleichung ein und bestimmt E_∞ als Funktion von I_∞. Dies in die zweite Gleichung eingesetzt, ergibt den Wert von S_∞. Daraus erhält man aus der ersten Gleichung die Größe I_∞. Die beiden Werte für E_∞ und Q_∞ sind dann Vielfache von I_∞. Letztlich folgt noch R_∞ aus der 5. Gleichung. Man erhält:

$$S_\infty = \frac{(\gamma + \mu)(\eta + \mu)(\beta + \delta + \mu)}{\alpha[\beta(\eta + \mu) + \delta\eta]},$$

$$I_\infty = \frac{\alpha\varepsilon[\beta(\eta+\mu)+\delta\eta] - \mu(\gamma+\mu)(\eta+\mu)(\beta+\delta+\mu)}{\alpha(\gamma+\mu)(\eta+\mu)(\beta+\delta+\mu)},$$
$$E_\infty = \frac{(\gamma+\mu)(\eta+\mu)I_\infty}{\beta(\eta+\mu)+\delta\eta}, \quad Q_\infty = \frac{\delta E_\infty}{\mu+\eta} \quad \text{und} \quad R_\infty = \frac{\gamma I_\infty}{\mu}. \tag{5.10.2}$$

Dem Ausdruck I_∞ entnimmt man die Basisreproduktionszahl

$$r_0 = \frac{\alpha\varepsilon[\beta(\eta+\mu)+\delta\eta]}{\mu(\gamma+\mu)(\eta+\mu)(\beta+\delta+\mu)} = \frac{\varepsilon}{\mu S_\infty}. \tag{5.10.3}$$

Analog zu den anderen Modellen gilt auch hier der Zusammenhang

$$N(t) = \frac{\varepsilon}{\mu} + \left(S_0 + E_0 + Q_0 + I_0 + R_0 - \frac{\varepsilon}{\mu}\right)e^{-\mu t} = S(t) + E(t) + Q(t) + I(t) + R(t).$$

Behauptung: G_2 ist lokal asymptotisch stabil.

Beweis. Man kann sich auf die ersten vier Gleichungen beschränken, da R nur in der fünften Gleichung auftaucht. Für G_2 ergibt sich die folgende zu lösende Eigenwertgleichung:

$$\det\begin{pmatrix} -\alpha I_\infty - \mu - \lambda & 0 & 0 & -\alpha S_\infty \\ \alpha I_\infty & -\beta-\delta-\mu-\lambda & 0 & \alpha S_\infty \\ 0 & \delta & -\eta-\mu-\lambda & 0 \\ 0 & \beta & \eta & -\gamma-\mu-\lambda \end{pmatrix} = 0. \tag{5.10.4}$$

Entwickelt man (5.9.4), so erhält man die charakteristische Gleichung

$$\begin{aligned}&(\alpha I_\infty + \mu + \lambda)(\beta+\delta+\mu+\lambda)(\eta+\mu+\lambda)(\gamma+\mu+\lambda)\\ &\quad - \alpha S_\infty(\mu+\lambda)[\delta\eta + \beta(\eta+\mu+\lambda)] = 0.\end{aligned} \tag{5.10.5}$$

Gleichung (5.10.5) wird umgeformt in $a_0 + a_1\lambda + a_2\lambda^2 + a_3\lambda^3 + a_4\lambda^4 = 0$ mit

$$\begin{aligned} a_4 &= 1,\\ a_3 &= \alpha I_\infty + \beta + \gamma + \delta + \eta + 4\mu,\\ a_0 &= \alpha I_\infty(\beta+\delta+\mu)(\gamma+\mu)(\mu+\eta). \end{aligned}$$

a_2 und a_3 sind etwas längere, positive Ausdrücke.

Die ersten beiden Bedingungen aus (5.7.3) sind offensichtlich erfüllt: Es gilt $a_0, a_3 > 0$. Der Nachweis der dritten und vierten Bedingung benötigt mehr Speicherplatz und kann nur mit einem leistungsfähigeren Computer erbracht werden. q. e. d.

Beispiel. Gegeben ist das System (5.10.1) mit $\varepsilon = 2$, $\alpha = 0{,}002$, $\gamma = 0{,}1$, $\eta = 0{,}1$, $\mu = 0{,}008$, $S_0 = 198$, $E_0 = I_0 = 1$ und $Q_0 = R_0 = 0$.

a) Bestimmen Sie den GP G_2 und die Basisreproduktionszahl für $\beta = 0{,}16$ und $\delta = 0{,}04$.

b) In den folgenden beiden Teilaufgaben sollen nur die Verläufe von $E(t)$, $Q(t)$ und $I(t)$ dargestellt werden. Wir wollen untersuchen, wie sich die Änderung der prozentualen Anteile β und δ in Bezug auf die Infektiösenzahlen auswirkt. Da $\mu \ll \beta, \delta$, kann man die durchschnittliche Verweilzeit in der E-Klasse auch mit $T_E \approx \frac{1}{\beta+\delta}$ angeben. Für einen aussagekräftigen Vergleich bei der Änderung der erwähnten Anteile halten wir die Summe $\beta + \delta = \text{konst} = 0{,}2$ und variieren die Raten β, δ innerhalb dieser Konstanten.
   b_1) $\beta = 0{,}16$ und $\delta = 0{,}04$
   b_2) $\beta = 0{,}11$ und $\delta = 0{,}09$.

Lösung.

a) Es gilt mit (5.10.2) $G_2(57{,}00,\ 7{,}42,\ 2{,}75,\ 13{,}54,\ 169{,}28)$ und aus (5.10.3) folgt $r_0 = 4{,}39$.

b_1) und b_2) Die Graphen sind in Abb. 5.6 festgehalten.

Ergebnis. Der leichte Anstieg der Quarantänerate zeigt bei etwa gleichbleibender Exponiertenzahl Wirkung bezüglich der Anzahl Infizierten. Aus rein epidemiologischer Sicht wäre es natürlich am besten, wenn sich alle Exponierten unmittelbar in strikt einzuhaltender Quarantäne ohne jeglichen Kontakt begeben würden, was jedoch undenkbar ist.

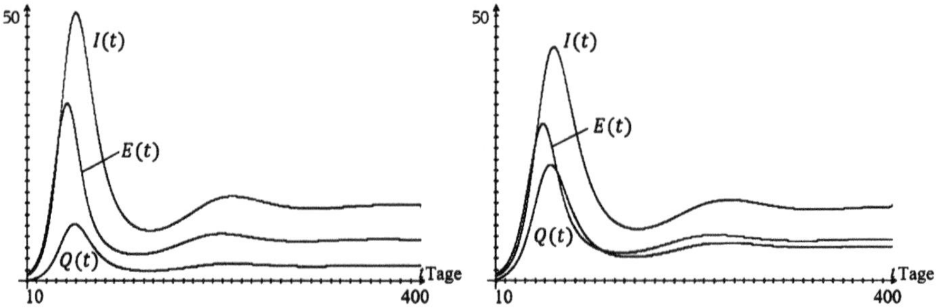

Abb. 5.7: Simulationen zum SEQIR-Modell mit Demographie.

5.11 Das SEQIR-Modell mit Demographie am Beispiel der zweiten SARS-CoV-2-Pandemiewelle in der Schweiz 2020

Den Verlauf haben wir schon in Kap. 5.2 unter Verwendung des SIR-Modells untersucht. Nach Ablauf der ersten Welle setzt man ab Mitte des Jahres 2020 auf die sogenannte Kontakt-Nachverfolgung (Contact Tracing), um potentielle Infizierte, die nach eigenen Angaben wahrscheinlich in Kontakt mit dem Virus gekommen sind, aufzuspüren und diese in eine 10-tägige Quarantäne zu schicken. Aus diesem Grund scheint es sinnvoll, das eben entwickelte SEQIR-Modell (5.10.1) heranzuziehen. Die Tabellenwerte sind schon in Kap. 5.2 aufgelistet.

Das SEQIR-Modell gestattet wie schon bei der Untersuchung mithilfe des SIR-Modells weder Rückfall noch Immunitätsverlust.

Bei der Betrachtung der ersten Welle Anfang 2020 haben wir die Dunkelziffer vernachlässigt. Seither sind etwa 10 Monate vergangen und man muss davon ausgehen, dass der Großteil der Bevölkerung in irgendeiner Weise mit dem Virus in Kontakt gekommen ist. Deshalb stellen die Werte obiger Tabelle nur einen kleineren Teil der tatsächlich Infizierten dar. Die im März 2020 ins Leben gerufene Schweizer Science Task-Force geht von viermal so vielen Infizierten aus (Dunkelziffer 4). Einige Indizien hierfür stellen wir kurz zusammen:

- asymptomatische Krankheitsverläufe, bei denen man weder bei sich selber noch bei anderen Verdacht schöpft;
- Zunahme der Krankmeldungen und Hospitalisierungen;
- eine extrem hohe Positivitätsrate wie beispielsweise 20 % oder höher;
- steigende Viruslast im Abwasser;
- Nachweis von Antikörpern Monate später, die auf eine Infizierung hinweisen. Diese wurde entweder nicht gemeldet oder schlicht nicht erkannt wurde.

Die Dunkelziffer gilt es also, bei den Startwerten unserer Simulation zu beachten. Weiter übernehmen wir den schon mit (5.2.1) ermittelten Wett von $\lambda = 0{,}034$.

Herleitung von (5.11.1)–(5.11.5)

Schätzen der Rate β. Entwickelt jemand während der Latenzzeit eine Ansteckung, so ist diese Person der I-Klasse zugehörig. Zur selben Klasse gesellen sich noch diejenigen, die wohl aufgrund einer zu kleinen Virenmenge negativ getestet werden, obwohl sie schon ansteckend sind. Die Raten β und δ hängen insofern miteinander zusammen, als sie etwa die durchschnittliche Verweilzeit $T_E \approx \frac{1}{\beta+\delta} = 3$ Tage in der E-Klasse bestimmen. Daraus ergibt sich

$$\beta + \delta = 0{,}33. \tag{5.11.1}$$

Schätzen der Rate δ. Personen gehen aus zwei Gründen in eine 10-tägige Quarantäne:

1. Das Contact Tracing weist auf eine mögliche Infizierung (also noch nicht zwangsweise infektiös) hin. Dasselbe gilt für Heimkehrer aus Risikoländern.
2. Es entwickeln sich typische Symptome, die auf eine Infektion hindeuten. Wird die Person nach 7 Tagen negativ getestet, so darf sie vorzeitig die Quarantäne beenden (in Deutschland galten während dieser Zeit dieselben Bedingungen). Wird sie in dieser Zeit positiv getestet, so gelangt sie in die I-Klasse. Ein gewisser Anteil wird es wohl versäumen, der Anordnung Folge zu leisten. Zudem gibt es noch diejenigen Infektiösen mit schwerwiegendem Epidemieverlauf, die besonderer Betreuung

auf der Intensivstation bedürfen. Sie sind nicht der Q-Klasse, sondern bleiben der I-Klasse zugehörig. Wiederum gilt wie (5.11.1) $\beta + \delta = 0{,}33$.

Schätzen der Rate η. Werden Personen während der Quarantänezeit positiv getestet, so müssen sie von den restlichen Individuen in Quarantäne getrennt werden und in die I-Klasse abwandern, sie gehen in eine sogenannte (Selbst-)Isolation. Personen, die während der Quarantänedauer ein negatives Testergebnis aufweisen, können vorzeitig die Quarantäne verlassen. In der Schweiz schwankte der Anteil der positiv Getesteten gemäß BAG zwischen 4,6 % (29.9.) und 7,9 % (28.10.), im Mittel also 6,25 %. Wir nehmen an, dass der Großteil aller Tests an Personen in Quarantäne durchgeführt wurde, weshalb wir folgenden Wert ansetzen können:

$$\eta = 0{,}06. \tag{5.11.2}$$

Eine davon abweichende Rate hätte keinen wesentlichen Einfluss, da der Anteil ηQ verglichen mit den anderen Termen der beiden DGen in (5.10.1) klein ist. Wie groß der Anteil der positiv Getesteten außerhalb der Quarantäne ist, kann nur über die Dunkelziffer geschätzt werden.

Schätzen der Rate γ. Individuen verlassen die I-Klasse, wenn sie entweder genesen, immun oder verstorben sind. Diese Rate werden wir zuletzt anpassen.

Schätzen der Rate α. Dazu gehen wir analog zu (4.8.5) vor, setzen für die Anfangsphase der Epidemie $S(t) \approx N$ und erhalten das reduzierte, lineare EQI-System:

$$\begin{aligned}\dot{E} &= \alpha N I - (\beta + \delta + \mu)E,\\ \dot{Q} &= \delta E - (\eta + \mu)Q,\\ \dot{I} &= \beta E + \eta Q - (\gamma + \mu)I.\end{aligned} \tag{5.11.3}$$

Die Berechnung der Eigenwerte geschieht mithilfe von

$$\det\begin{pmatrix} -(\beta+\delta+\mu)-\lambda & 0 & \alpha N\\ \delta & -(\eta+\mu)-\lambda & 0\\ \beta & \eta & -(\gamma+\mu)-\lambda \end{pmatrix} = 0.$$

Man erhält die charakteristische Gleichung

$$(\lambda + \eta + \mu)\big[\alpha\beta N - (\lambda + \beta + \delta + \mu)(\lambda + \gamma + \mu)\big] = 0$$

mit der ersten Lösung $\lambda_1 = -(\eta + \mu)$.

Die weiteren Eigenwerte bestimmt man über

$$(\lambda + \beta + \delta + \mu)(\lambda + \gamma + \mu) - \alpha\beta N = 0 \quad \text{oder}$$
$$\lambda^2 + \lambda(\beta + \gamma + \delta + 2\mu) + (\gamma + \mu)(\beta + \delta + \mu) - \alpha\beta N = 0.$$

Es folgt insgesamt

$$\lambda_{2,3} = \frac{-(\beta+\gamma+\delta+2\mu) \pm \sqrt{(\beta+\delta-\gamma)^2 + 4\alpha\beta N}}{2} \quad \text{und}$$
$$\alpha = \frac{(\lambda+\beta+\delta+\mu)(\lambda+\gamma+\mu)}{.}\beta N \tag{5.11.4}$$

Die Basisreproduktionszahl lautet

$$r_0 = \frac{\alpha S_0}{\gamma} \approx \frac{\alpha N}{\gamma} = \frac{(\lambda+\beta+\delta+\mu)(\lambda+\gamma+\mu)}{\beta\gamma}. \tag{5.11.5}$$

Der Eigenwert λ in (5.11.3) und (5.11.4) entspricht demjenigen mit $\lambda > 0$.

1. Prognose am 30. Epidemietag. Zu diesem Zeitpunkt befindet sich die Punktfolge am Ende ihrer exponentiellen Phase. Zudem hat das BAG für den 31. Tag (29.10.) verschärfende Maßnahmen veranlasst. Es seien hier nur einige aufgezählt: Maskenpflicht in Schulen ab der Sekundarstufe II sowie am Arbeitsplatz, Verbot des Betriebs von Diskotheken und Tanzlokalen, Beschränkung von Gästegruppen auf max. 4 Personen und Einrichten der Sperrstunde von 23:00 Uhr bis 6:00 Uhr. Als Startpunkt wählen wir den 1. Tag (29.09.) mit $R(11) = 60.368$.

Herleitung von (5.11.6) und (5.11.7)

Wir verwenden dieselben Daten wie beim SIR-Modell: $N = 8.638.000$, $\varepsilon = 235 \frac{1}{\text{Tag}}$ und $\mu = 2{,}42 \cdot 10^{-5} \frac{1}{\text{Person·Tag}}$. Da weiter $\mu \ll \gamma$, schreibt sich die fünfte Gleichung von (5.10.1) als $\dot{R} \approx \gamma I$ und mit (4.8.4) folgt $I(11) = \frac{\dot{R}(11)}{\gamma}$. Dies nützt uns aber bei noch unbekanntem γ reichlich wenig. Die Task-Force rechnet mit insgesamt viermal so vielen Infizierten. Der angenommene Startwert $I(11) \approx 3 \cdot R(11) = 181.104$ für die Infiziertenzahl am 11. Tag wird sich erst bei ermitteltem γ als sinnvoll erweisen. Vergleicht man weiter die vom BAG veröffentlichten Quarantänezahlen mit denen der kumulierten gemeldeten Infiziertenzahlen, so ergibt sich während der betrachteten Zeitspanne ein etwa gleichbleibendes Verhältnis von 1 : 2,5. Bei der erwähnten Dunkelziffer von 4 beträgt das eigentliche Verhältnis etwa $Q(t) : I(t) \approx 1 : 10$. Ein Großteil (60 %–70 %) der in Quarantäne Versetzten bilden die aus den Risikogebieten zurückkehrenden Urlauber oder Arbeiter (Mitte November sinkt die Rate auf etwa 1 : 20 und Mitte Dezember auf 1 : 40. Diese Tatsache ist am Prognosentag natürlich noch nicht bekannt und darf somit auch nicht berücksichtigt werden). Weiter ist gemäß BAG $Q(11) = 23.800$, womit noch die Abschätzung für $E(11)$ fehlt. Hierfür wird gemäß Task-Force das Vielfache $E(11) \approx 0{,}75 \cdot I(11) = 135.828$ verwendet und wir erhalten $S(11) = N - E(11) - I(11) - Q(11) - R(11) = 8.236.900$.

Wir gehen nun folgendermaßen vor: Die Rate $\eta = 0{,}06$ ist nach (5.11.2) gesetzt. Die Raten β und δ wählen wir derart, dass sie in der Summe gemäß (5.11.1) $\beta + \delta = 0{,}33$ ergeben und für die betrachtete Zeitspanne vom 11. bis zum 30. Tag etwa $Q(t) : I(t) \approx$

$1:10$ entsteht. Dafür nehmen wir $\beta = 0{,}28$ und $\delta = 0{,}05$ (der Grund dafür liegt einzig darin, dass damit das Verhältnis $Q(30) \approx \frac{1}{10} \cdot I(30)$ erreicht wird. Ansonsten wären beispielsweise auch $\beta = 0{,}3$ und $\delta = 0{,}03$ sinnvoll).

Bedingung an γ. Schließlich bestimmen wir die Übergangsrate γ und die von γ abhängige Kontaktrate α über eine Simulation, sodass die Kurve durch den letzten verfügbaren Tabellenwert $R(30) = 135.658$ verläuft. Es wäre auch denkbar, dass die R-Kurve, im Sinne einer Ausgleichskurve, etwa den Verlauf der 20 gegebenen Werte widerspiegelt. Dies wäre aber viel schwieriger zu bewerkstelligen als die erwähnte Bedingung.

Die Ausführung liefert $\gamma = 0{,}01$ und $\alpha = \frac{0{,}071}{N}$ (Abb. 5.8 links). Als Kontrolle ergibt sich am 30. Tag etwa $Q(30) \approx \frac{1}{10} \cdot I(30)$. Damit erhält man als Ergebnis

$$r_0 = \frac{\alpha N}{\gamma} = 7{,}10 \quad \text{und} \quad R_\infty = 8{,}47 \text{ Mio.} \tag{5.11.6}$$

Die Basisreproduktionszahl ist aufgrund der hohen Dunkelziffer sehr groß. Andere Studien zeigen, dass die Dunkelziffer wahrscheinlich sogar bis auf das Zehnfache der gemeldeten Fälle anzusetzen ist. Letztlich wird – wissentlich oder nicht – fast die gesamte Bevölkerung infiziert.

Bemerkungen.

1. Gleichung (5.10.3) ergibt einen von (5.11.5) abweichenden Wert $r_0 = 7{,}96$, weil die Kontaktzahl α und somit die Basisreproduktionszahl mithilfe des Eigenwerts ermittelt wurde.
   Der Wert von R_∞ bleibt hingegen bestehen.
2. Aufgrund der hohen Dunkelziffer fallen sowohl die Quarantäne- als auch die Exponiertenfunktion klein gegenüber der Infiziertenfunktion aus.
3. Gleichung (4.8.4) liefert mithilfe der Regression $R(t) = 60.368e^{0{,}034t}$ für $t \in [0, 20]$ den Wert $I(11) \approx \frac{\dot{R}(11)}{\gamma} = \frac{60.368 \cdot 0{,}034 \cdot e^{0{,}034 \cdot 0}}{0{,}01} = 205.251$, ein vergleichbares Ergebnis zum Startwert $I(11) = 181.104$.
4. Das Ergebnis (5.11.5) soll noch kurz mit demjenigen ohne Beachtung der Dunkelziffer verglichen werden. Ausgangspunkt ist der Wert $R(11) = 60.368$. Aufgrund der Verzögerungszeit T_I muss dann $I(11) < R(11)$ sein. Wir wählen $I(11) \approx 0{,}75 \cdot R(11) = 45.276$, womit $Q(11) = 23.00$ und mit dem Task-Force-Faktor von 0,75 der Wert $E(11) \approx 0{,}75 \cdot I(11) = 33.957$ folgt. Letztlich ist $S(11) = 8.474.599$. Weiter erhält man bei $\beta = 0{,}2$ und $\delta = 0{,}13$ das Verhältnis $Q(30) \approx \frac{1}{2{,}5} \cdot I(30)$ und $\alpha = \frac{0{,}151}{N}$, $\gamma = 0{,}038$. Dies ist auch verträglich mit der Wahl des Startwerts $I(11) \approx \frac{R(11)-R(10)}{\gamma} = \frac{60.368-58.881}{0{,}038} = 39.132$. Schließlich hätte man $r_0 = \frac{\alpha N}{\gamma} = 3{,}97$ und $R_\infty = 7{,}53$ Mio., was zu falschen Prognosen und Entscheidungen führen würde.

Ergebnis. Für eine Prognose muss ab der zweiten Welle die Dunkelziffer unbedingt beachtet werden.

2. Prognose am 56. Epidemietag. Verfolgt man die Punktfolge aus Abb. 5.7 links weiter, so scheinen die getroffenen Maßnahmen dahin gehend zu greifen, dass am 56. Tag (23.11.) die R-Kurve die konstante Phase verlässt (diesen Eindruck gewinnt man schon eine Woche zuvor). Die weiteren Daten zeigen aber, dass nach einem kleinen Knick die Fallzahlen konstant zunehmen und erst am Anfang des Jahres 2021 mit Entwicklung einer Schutzimpfung die Neuinfektionen stagnieren. Die logistische Regression, welche die 46 Werte vom 11. bis zum 56. Tag beinhaltet, ergibt (Abb. 5.8 rechts)

$$R(t) = \frac{374.850}{1 + 15{,}190 \cdot e^{-0{,}077 \cdot t}} \quad \text{für} \quad t \geq 11 \quad \text{mit} \quad R_\infty = 374.850. \tag{5.11.7}$$

Dies entspräche einer Reduktion um etwa 95,5 % gegenüber dem Prognosewert von (5.11.5). Anstelle der Basisreproduktionszahl tritt nun die 7-Tage-Inzidenz I_7. Beispielsweise vergleichen wir $I_7(42, 49)$ vom 42. bis zum 49. Tag mit $I_7(49, 56)$ vom 49. bis zum 56. Tag. Im ersten Zeitraum sind es $R(49) - R(42) = 40.752$ Neuinfektionen und im zweiten $R(56) - R(49) = 30.378$. Wieder beziehen wir die Zahlen auf 100.000 Einwohner verglichen mit der Gesamtpopulation und erhalten $I_7(42, 49) = \frac{40.752}{863.800} \cdot 100.000 = 472$ Personen bzw. $I_7(49, 56) = \frac{30.378}{863.800} \cdot 100.000 = 352$ Personen.

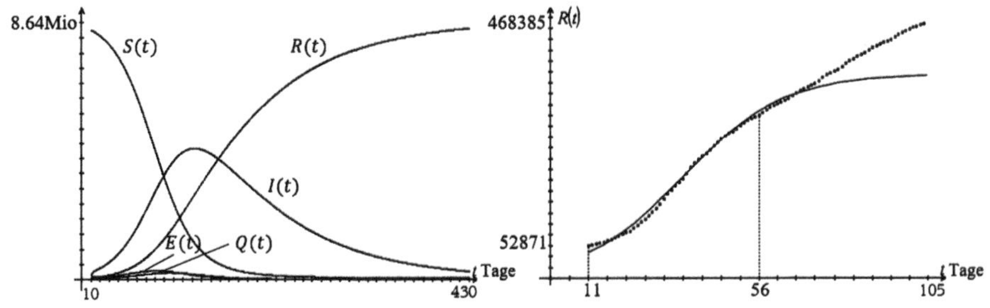

Abb. 5.8: Simulation für den 30. und logistische Regression für den 56. Epidemietag.

6 Epidemiemodelle mit Impfung

Seit der ersten, von E. Jenner im Jahr 1796 an einem Menschen erfolgreich durchgeführten Pockenimpfung stellt das Impfen ein unverzichtbares Werkzeug dar, um die Verbreitung von Krankheitserregern zu verlangsamen oder gar zu stoppen. Man kann Lockdown und Quarantäne als passive Mittel im Kampf gegen Viren bezeichnen, weil sie Rückzugsmöglichkeiten sind und dem Virus potenzielle Wirte entziehen. Bei einer Impfung infiziert man potenzielle Wirte prophylaktisch mit dem abgeschwächten Virus, sodass die geimpften Personen Antikörper bilden und als Wirte für das Virus praktisch nicht mehr infrage kommen. Eine Impfung bleibt das beste aktive Mittel bei der Bekämpfung von Viren, um einerseits die soziale Interaktion der Bevölkerung nicht allzu stark einzugrenzen und zugleich die Überlebenschance der vulnerablen Personen zu erhöhen.

Durchimpfungsrate

Ein zentraler Begriff ist die sogenannte Durchimpfungsrate. Sie bezeichnet den zu impfenden Anteil der Bevölkerung, damit die Anzahl der Infizierten abnimmt.

Herleitung von (6.1)

Bekanntlich gibt die Basisreproduktionszahl r_0 an, wie viele Personen von einem Individuum während seiner infektiösen Phase durchschnittlich infiziert werden. Wenn demnach mindestens $r_0 - 1$ von diesen neu Infizierten eine Impfung verabreicht bekommen, dann kann die Infiziertenzahl nicht mehr anwachsen. Somit müssen gar nicht alle Suszeptiblen geimpft werden, weil eine infizierte Person höchstens $r_0 - (r_0 - 1) = 1$ Individuen anstecken kann. Mit Durchimpfungsrate D bezeichnet man den Quotienten $D = \frac{r_0-1}{r_0} = 1 - \frac{1}{r_0} < 1$. Es gilt noch zu beachten, dass keine Impfung eine 100 %ige Sicherheit gewährleistet. Dies erfassen wir mit dem Wirksamkeitsfaktor $0 < W < 1$. Insgesamt erhalten wir für die (kritische) Durchimpfungsrate

$$D = \frac{r_0 - 1}{r_0 W}. \tag{6.1}$$

Je größer der Wert für W, umso kleiner wird D und umgekehrt. Ist der Wirkstoff genügend wirksam, sodass also $D < 1$, dann spricht man von einer mittels Impfung erreichbaren *Herdenimmunität*. Es ist möglich, dass $D > 1$, da W zu klein ist (schwacher Impfstoff). In diesem Fall kann die Epidemie mithilfe einer Impfung allein nicht erfolgreich bekämpft werden. Zwangsweise wären Quarantäne- oder andere kontakteinschränkende Maßnahmen erforderlich. Nachstehend geben wir einige typische Durchimpfungsraten an:

https://doi.org/10.1515/9783111348018-006

Infektionskrankheit	r_0 Basisreproduktionszahl	D Durchimpfungsrate in Prozent
Keuchhusten	13–17	≥ 92–94
Masern	12–16	≥ 92–93
Mumps	4–7	≥ 75–83
Röteln	6–7	≥ 84
Diphterie	4–6	≥ 75–83
Pocken	3–5	≥ 67–80
Grippe	1,2–2	≥ 40–50

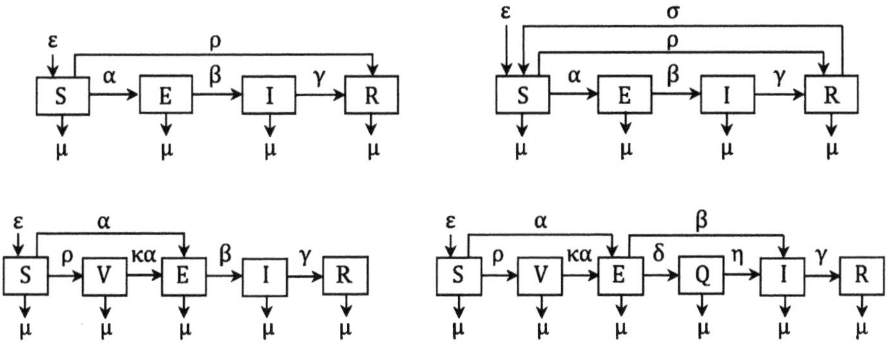

Abb. 6.1: Diagramme zu den Modellen SEIR, SEIRS, SVEIR und SVEQIR mit Demographie und Impfung.

6.1 Das SEIR-Modell mit Demographie und Impfung

Eine Impfung kann auf vielfältige Weise in ein bestehendes Epidemiemodell implementiert werden.

Herleitung von (6.1.1)–(6.1.5)

Zugrunde liege das SEIR-Modell aus Kap. 5.3. Wir beginnen mit dem einfachen Fall, dass dem Anteil ρS pro Zeiteinheit der Suszeptiblenklasse eine Impfung verabreicht wird. Dabei darf ρ nicht mit der Durchimpfungsrate D verwechselt werden. Letztere ist eine Zahl, wohingegen ρ die Einheit $\frac{1}{\text{Zeiteinheit}}$ besitzt. Die Grösse ρ ist eine Frequenz und sie bestimmt, in welchem Takt geimpft wird. Weiter setzen wir voraus, dass die Impfung einen 100 %igen Schutz gewährleistet und für die gesamte Epidemiedauer wirksam bleibt, sodass diese Individuen direkt in die R-Klasse überführt werden. Weiter ist ein Rückfall unmöglich und das Modell erhält die Gestalt (Abb. 6.1 oben links):

$$\begin{aligned}
\dot{S} &= \varepsilon - \alpha SI - \rho S - \mu S,\\
\dot{E} &= \alpha SI - \beta E - \mu E,\\
\dot{I} &= \beta E - \gamma I - \mu I,\\
\dot{R} &= \gamma I + \rho S - \mu R.
\end{aligned} \tag{6.1.1}$$

Für den epidemielosen GP des Systems erhält man $G_1(\frac{\varepsilon}{\mu+\rho}, 0, 0, \frac{\varepsilon\rho}{\mu(\mu+\rho)})$. Die Koordinate S_∞ des endemischen GP $G_2(S_\infty, E_\infty, I_\infty, R_\infty)$ ergibt sich, wenn man in der dritten Gleichung von (6.1.1) E_∞ durch I_∞ ausgedrückt und in die zweiten Gleichung einfügt. Das Ergebnis in die erste Gleichung eingesetzt, führt zu I_∞, womit man auch die beiden restlichen Werte erhält. Insgesamt folgt

$$S_\infty = \frac{(\beta+\mu)(\gamma+\mu)}{\alpha\beta}, \quad I_\infty = \frac{\alpha\beta\varepsilon - (\beta+\mu)(\gamma+\mu)(\rho+\mu)}{\alpha(\beta+\mu)(\gamma+\mu)},$$
$$E_\infty = \frac{(\gamma+\mu)I_\infty}{\beta} \quad \text{und} \quad R_\infty = \frac{\gamma I_\infty + \rho S_\infty}{\mu}. \tag{6.1.2}$$

Die Basisreproduktionszahl lautet

$$r_0 = \frac{\alpha\beta\varepsilon}{(\beta+\mu)(\gamma+\mu)(\rho+\mu)} = \frac{\varepsilon}{(\rho+\mu)S_\infty}. \tag{6.1.3}$$

Behauptung: G_2 ist global asymptotisch stabil.

Beweis. Die zugehörige Lyapunov-Funktion ist

$$V(S,E,I) = S - S_\infty - S_\infty \ln\left(\frac{S}{S_\infty}\right) + E - E_\infty - E_\infty \ln\left(\frac{E}{E_\infty}\right)$$
$$+ \frac{\beta+\mu}{\beta}\left[I - I_\infty - I_\infty \ln\left(\frac{I}{I_\infty}\right)\right]. \tag{6.1.4}$$

Es gelten die folgenden drei Identitäten:

$$1.\quad \varepsilon = (\mu+\rho)S_\infty + \alpha S_\infty I_\infty, \quad 2.\quad (\beta+\mu)E_\infty = \alpha S_\infty I_\infty, \quad 3.\quad \frac{I}{I_\infty} = \frac{\gamma+\mu}{\beta E_\infty} I. \tag{6.1.5}$$

Der Vergleich mit (5.3.5) ergibt bis auf den einen Faktor in 1. eine vollständige Übereinstimmung, sodass sich der Beweis praktisch erübrigt. Wir kürzen deshalb etwas ab. Man erhält (vgl. Kap. 5.3):

$$\dot V_S = (\mu+\rho)\left(1 - \frac{S_\infty}{S}\right)(S_\infty - S) + (\beta+\mu)E_\infty\left(1 - \frac{S_\infty}{S}\right)\left(1 - \frac{SI}{S_\infty I_\infty}\right),$$
$$\dot V_{E,I} = (\beta+\mu)E_\infty\left[\left(1 - \frac{E_\infty}{E}\right)\left(\frac{SI}{S_\infty I_\infty} - \frac{E}{E_\infty}\right) + \left(1 - \frac{I_\infty}{I}\right)\left(\frac{E}{E_\infty} - \frac{I}{I_\infty}\right)\right]$$

und insgesamt

$$\dot V(S,E,I) = (\mu+\rho)S_\infty\left(2 - \frac{S}{S_\infty} - \frac{S_\infty}{S}\right) + (\beta+\mu)E_\infty\left(3 - \frac{S_\infty}{S} - \frac{E_\infty SI}{ES_\infty I_\infty} - \frac{I_\infty E}{IE_\infty}\right) \le 0$$

für $(S,E,I) \neq (S_\infty, E_\infty, I_\infty)$. Damit stellt (6.1.4) eine starke Lyapunov-Funktion dar.

q. e. d.

Beispiel. Gegeben ist das System (6.1.1) mit den Größen $\varepsilon = 1$, $\alpha = 0{,}001$, $\beta = 0{,}2$, $\gamma = 0{,}1$, $\mu = 0{,}004$, $S_0 = 198$, $E_0 = I_0 = 1$ und $R_0 = 0$.

a) Die Impfrate sei $\rho = 0{,}0002$. Bestimmen Sie die Basisreproduktionszahl und die Durchimpfungsrate D.

b) Wie hoch müsste die Impfrate ρ sein, damit nur 50 % für eine Herdenimmunität durchgeimpft werden müssten?

c) Stellen Sie den Verlauf von $I(t)$ nacheinander für $\rho = 0$, 0,001, 0,002 und $\rho = 0{,}006$ dar.

Lösung.

a) Die Gleichungen (6.1.3) und (6.1) ergeben $r_0 = 2{,}24$ und $D = \frac{2{,}24-1}{2{,}24 \cdot 1} = 55{,}45\,\%$.

b) Allgemein gilt $D = 1 - \frac{(\beta+\mu)(\gamma+\mu)(\rho+\mu)}{\alpha\beta\varepsilon}$. Aufgelöst erhält man $\rho = \frac{\alpha\beta\varepsilon(1-D)}{(\beta+\mu)(\gamma+\mu)} - \mu$. Für unser Beispiel ist $\rho \approx 0{,}0007$, was etwa dreieinhalb mal mehr Impfungen pro Zeiteinheit entspricht.

c) Es gilt $\rho = 0$ ($I_\infty = 5{,}43$, $r_0 = 2{,}36$), $\rho = 0{,}001$ ($I_\infty = 4{,}43$, $r_0 = 1{,}89$), $\rho = 0{,}002$ ($I_\infty = 3{,}43$, $r_0 = 1{,}57$) und $\rho = 0{,}006$ ($I_\infty = 0{,}94$, $r_0 = -0{,}57$). Die erste Welle erzeugt etwa gleich viele kumulierte Infizierte (Abb. 6.2 links). Man erkennt aber, dass bei wachsender Impfrate ρ die zweite Welle tiefer ausfällt und später auftritt (Dies gilt nur, wenn man davon ausgeht, dass die Impfung so lange wirksam ist). Für $\rho = 0{,}006$ entfällt die zweite Welle vollständig, die Epidemie kommt mit der ersten Welle zum Erliegen.

Ergebnis. Auf Dauer kann eine Epidemie mithilfe einer Impfung beendet werden.

6.2 Das SEIRS-Modell mit Demographie und Impfung

Wie den SEIR-Modellen sind sowohl Rückfälle als auch Immunitätsverluste möglich.

Herleitung von (6.2.1)–(6.2.6)

Gekoppelt mit einer Impfung betrachten wir nur den Rückfall gemäß (5.7.1) von der R- in die S-Klasse (Abb. 6.1 oben rechts). Ansonsten bleibt das Gleichungssystem (6.1.1) bestehen und es folgt:

$$\begin{aligned}
\dot{S} &= \varepsilon - \alpha SI - \rho S + \sigma R - \mu S,\\
\dot{E} &= \alpha SI - \beta E - \mu E,\\
\dot{I} &= \beta E - \gamma I - \mu I,\\
\dot{R} &= \gamma I + \rho S - \sigma R - \mu R.
\end{aligned} \tag{6.2.1}$$

Der epidemielose GP des Systems lautet $G_1(\frac{\varepsilon(\mu+\sigma)}{\mu+\rho+\sigma}, 0, 0, \frac{\varepsilon\rho}{\mu(\mu+\rho+\sigma)})$. Für den endemischen GP $G_2(S_\infty, E_\infty, I_\infty, R_\infty)$ drückt man in der dritten Gleichung von (6.2.1) E_∞ durch I_∞ aus, fügt dies in die zweite Gleichung ein und erhält S_∞. Mithilfe dieses Ergebnisses schreibt man in der vierten Gleichung R_∞ als Funktion von I_∞ und setzt diesen Ausdruck in die erste Gleichung ein. Daraus folgt I_∞. Es ergibt sich insgesamt

$$S_\infty = \frac{(\beta+\mu)(\gamma+\mu)}{\alpha\beta}, \quad I_\infty = \frac{\alpha\beta\varepsilon(\mu+\sigma) - \mu(\beta+\mu)(\gamma+\mu)(\mu+\rho+\sigma)}{\alpha\mu[\sigma(\beta+\gamma+\mu)+(\beta+\mu)(\gamma+\mu)]},$$
$$E_\infty = \frac{(\gamma+\mu)I_\infty}{\beta} \quad \text{und} \quad R_\infty = \frac{\gamma I_\infty + \rho S_\infty}{\sigma+\mu}. \tag{6.2.2}$$

Die Basisreproduktionszahl schreibt sich zu

$$r_0 = \frac{\alpha\beta\varepsilon(\sigma+\mu)}{\mu(\beta+\mu)(\gamma+\mu)(\mu+\rho+\sigma)} = \frac{\varepsilon(\sigma+\mu)}{\mu(\mu+\rho+\sigma)S_\infty}. \tag{6.2.3}$$

Behauptung: G_2 ist lokal asymptotisch stabil.

Beweis. Die Jacobi-Matrix des Systems (6.2.1) lautet:

$$Jf(S,E,I,R) = \begin{pmatrix} -\alpha I - \rho - \mu & 0 & -\alpha S & \sigma \\ \alpha I & -\beta - \mu & \alpha S & 0 \\ 0 & \beta & -\gamma-\mu & 0 \\ \rho & 0 & \gamma & -\mu-\sigma \end{pmatrix}. \tag{6.2.4}$$

Bis auf das ρ in der ersten Spalte entspricht (6.2.4) der Jacobi-Matrix von (5.8.4). Die charakteristische Gleichung lautet

$$\begin{aligned}&(\mu+\sigma+\lambda)\big[(\alpha I_\infty+\rho+\mu+\lambda)(\beta+\mu+\lambda)(\gamma+\mu+\lambda) - \alpha\beta S_\infty(\rho+\mu+\lambda)\big]\\ &\quad - \alpha\beta\gamma\sigma I_\infty = 0.\end{aligned} \tag{6.2.5}$$

Das ρ in der ersten Klammer ist denn auch der einzige Unterschied zu (5.8.6). Weiter verläuft der Beweis identisch. In der Form $a_0 + a_1\lambda + a_2\lambda^2 + a_3\lambda^3 + a_4\lambda^4 = 0$ erhält man:

$$\begin{aligned}
a_4 &= 1,\\
a_3 &= \alpha I_\infty + \beta + \gamma + \rho + 4\mu + \sigma,\\
a_2 &= -\alpha\beta S_\infty + \sigma(\alpha I_\infty + \beta + \gamma + \rho + 3\mu) + \alpha I_\infty(\beta+\gamma+3\mu)\\
&\quad + \beta(\gamma+\rho+3\mu) + \gamma(\rho+3\mu) + 3\mu(\rho+2\mu),\\
a_1 &= -\alpha\beta S_\infty(\sigma+\rho+2\mu)\\
&\quad + \sigma\big[\alpha I_\infty(\beta+\gamma+2\mu) + \beta(\gamma+\rho+2\mu) + \gamma(\rho+2\mu) + \mu(2\rho+3\mu)\big]\\
&\quad + \alpha I_\infty\big[\beta(\gamma+2\mu) + \mu(2\gamma+3\mu)\big] - \beta\big[\gamma(\rho+2\mu) + \mu(\rho+3\mu)\big]\\
&\quad + \mu\big[\gamma(2\rho+3\mu) + \mu(3\rho+4\mu)\big],\\
a_0 &= -\alpha\beta(\rho+\mu)S_\infty(\mu+\sigma) + \mu\sigma\big[\alpha I_\infty(\beta+\gamma+\mu) + (\beta+\mu)(\gamma+\mu)(\rho+\mu)\big]\\
&\quad + \mu(\alpha I_\infty + \rho + \mu)(\beta+\mu)(\gamma+\mu).
\end{aligned} \tag{6.2.6}$$

Man überzeugt sich mithilfe des CAS-Rechners, dass die vier Bedingungen (5.6.3) erfüllt sind. q. e. d.

Beispiel. Zugrunde liege das System (6.2.1) mit den Größen $\varepsilon = 1$, $\alpha = 0{,}001$, $\beta = 0{,}2$, $\gamma = 0{,}1$, $\sigma = 0{,}01$, $\mu = 0{,}004$, $S_0 = 198$, $E_0 = I_0 = 1$ und $R_0 = 0$.

a) Die Impfrate sei $\rho = 0{,}0002$. Bestimmen Sie die Basisreproduktionszahl und die Durchimpfungsrate D.

b) Wie hoch müsste die Impfrate ρ sein, damit nur 50 % für eine Herdenimmunität durchgeimpft werden müssten?

c) Für eine Darstellung von $I(t)$ nehmen wir bis auf die letzte, zusätzliche Rate zum Vergleich mit dem SEIR-Modell des vorherigen Kapitels dieselben Impfraten $\rho =$ 0, 0,001, 0,002, 0,006 und $\rho = 0{,}019$.

Lösung.

a) Die Gleichungen (6.1.3) und (6.1) ergeben $r_0 = 2{,}32$ und $D = 56{,}96\,\%$.

b) Allgemein gilt $D = 1 - \frac{\mu(\beta+\mu)(\gamma+\mu)(\mu+\rho+\sigma)}{\alpha\beta\varepsilon(\sigma+\mu)}$. Aufgelöst erhält man $\rho = \frac{\alpha\beta\varepsilon(\sigma+\mu)(1-D)}{\mu(\beta+\mu)(\gamma+\mu)} - (\sigma+\mu)$. Für unser Beispiel ist $\rho \approx 0{,}0025$, was etwa zwölfeinhalb mal mehr Impfungen pro Zeiteinheit bedeutet.

c) Es gilt $\rho = 0$ ($I_\infty = 16{,}61$, $r_0 = 2{,}36$), $\rho = 0{,}001$ ($I_\infty = 15{,}74$, $r_0 = 2{,}20$), $\rho = 0{,}002$ ($I_\infty = 14{,}86$, $r_0 = 2{,}06$), $\rho = 0{,}006$ ($I_\infty = 11{,}37$, $r_0 = 1{,}65$) und $\rho = 0{,}019$ ($I_\infty = -0{,}0053$, $r_0 = 0{,}9998$). Die erste Welle zeigt etwa dasselbe Verhalten wie beim Modell aus Kap. 6.1 (Abb. 6.2 rechts). Man erkennt, dass aufgrund der Rückfallquote die Graphen der zweiten Welle deutlich höher liegen als diejenigen des Modells ohne Rückfallquote. Deshalb braucht es auch höhere Impfraten als im vorhergehenden Modell, um die Epidemie weiter abzuschwächen. Insbesondere liefert der Wert $\rho = 0{,}019$ erstmals $I_\infty < 0$.

Ergebnis. Zur Beendigung der Epidemie benötigt man verglichen mit dem SEIR-Modell eine höhere Impfrate.

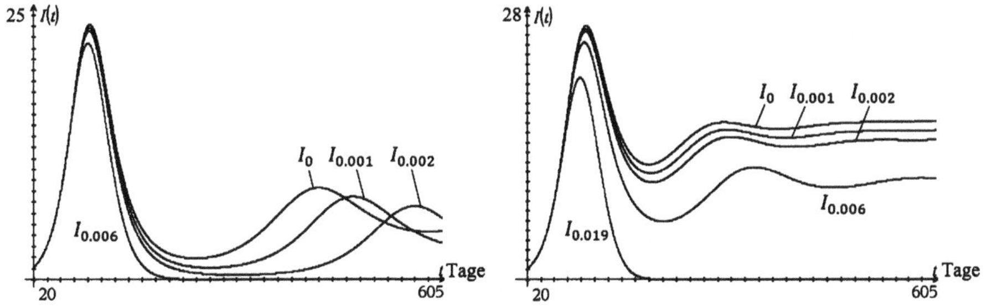

Abb. 6.2: Simulationen zum SEIR- und SEIRS-Modell mit Demographie und Impfung.

6.3 Das SVEIR-Modell mit Demographie

In diesem Modell führen wir eine neue Impfklasse V als Stufe zwischen der S- und der E-Klasse ein.

Herleitung von (6.3.1)–(6.3.9)

Wir beginnen wie bisher damit, dass sich ein prozentualer Anteil ρ der Suszeptiblen für eine Impfung entscheidet. Nun betrachten wir eine Impfung, die nur zu einem gewissen Prozentsatz κ ($0 \leq \kappa \leq 1$) Schutz im Kontakt mit Infizierten I bei einer Kontaktzahl α bietet. Dies bedeutet, dass die Zahl der Exponierten nicht nur wie bisher mit dem Produkt αSI, sondern zusätzlich mit dem Produkt $\kappa\alpha VI$ wächst. Dabei entspricht $\kappa = 0$ einem 100 %igen Schutz, weil in diesem Fall keine Geimpften als Exponierte anfallen können. Hingegen kommt $\kappa = 1$ einer wirkungslosen Impfung gleich, denn eine geimpfte Person unterscheidet sich nicht mehr von einer suszeptiblen Person, sodass die Exponiertenzahl um αSI bzw. αVI erhöht wird. Ansonsten bleibt alles unverändert: abermals ist βE der Anteil der Exponierten, die sich infizieren, γ die Infektions- oder Ausscheidungs- und μ die Sterberate (Abb. 6.1 unten links). Das neue Modell erhält somit die Gestalt:

$$\begin{aligned}
\dot{S} &= \varepsilon - \alpha SI - \rho S - \mu S,\\
\dot{V} &= \rho S - \kappa\alpha VI - \mu V,\\
\dot{E} &= \alpha SI + \kappa\alpha VI - \beta E - \mu E,\\
\dot{I} &= \beta E - \gamma I - \mu I,\\
\dot{R} &= \gamma I - \mu R.
\end{aligned} \tag{6.3.1}$$

Der epidemielose GP lautet in diesem Fall $G_1(\frac{\varepsilon}{\rho+\mu}, \frac{\rho\varepsilon}{\mu(\rho+\mu)}, 0, 0, 0)$. Zur Berechnung des endemischen GP $G_2(S_\infty, V_\infty, E_\infty, I_\infty, R_\infty)$ schreibt man in der vierten Gleichung von (6.3.1) E_∞ als Vielfache von I_∞ und drückt in der dritten Gleichung V_∞ mit S_∞ aus. Aus der ersten Gleichung entnimmt man S_∞ als Funktion von I_∞. Setzt man nun die Ausdrücke für V_∞ und S_∞ in die zweite Gleichung ein, so ergibt sich eine quadratische Gleichung für I_∞. Sie lautet:

$$C_1 I_\infty^2 + C_2 I_\infty + C_3 = 0$$

mit

$$\begin{aligned}
C_1 &= \alpha^2\kappa(\beta + \mu)(\gamma + \mu),\\
C_2 &= \alpha\{(\beta + \mu)(\gamma + \mu)[\kappa(\rho + \mu) + \mu] - \alpha\beta\kappa\varepsilon\},\\
C_3 &= -\alpha\beta\varepsilon(\rho\kappa + \mu) + \mu(\beta + \mu)(\gamma + \mu)(\rho + \mu).
\end{aligned} \tag{6.3.2}$$

Die fehlenden Werte folgen entsprechend. Man erhält

$$\begin{aligned}
I_\infty &= (\kappa a - \kappa\rho b - \mu(1+\kappa)b \\
&\quad \pm \sqrt{\kappa^2\rho^2 b^2 + 2\kappa\rho b[\kappa a - \mu(1-\kappa)b] + \kappa^2 a^2 + 2\kappa a\mu(1-\kappa)b + \mu^2(1-\kappa)^2 b^2}) \\
&\quad /(2a\kappa b) \\
&= \frac{\kappa a - \kappa\rho b - \mu(1+\kappa)b \pm \sqrt{[\kappa a + \kappa\rho b + \mu(1-\kappa)b]^2 - 4\kappa\mu\rho(1-\kappa)b^2}}{2a\kappa b}, \qquad (6.3.3)
\end{aligned}$$

wobei $a = \alpha\beta\varepsilon$ und $b = (\beta+\mu)(\gamma+\mu)$ gesetzt wurde. Das Pluszeichen führt zur Bedingung

$$\kappa\rho a - \mu\rho b + \mu a - \mu^2 b > 0, \quad (\kappa\rho + \mu)a - \mu(\mu+\rho)b > 0,$$
$$(\kappa\rho + \mu)\alpha\beta\varepsilon - \mu(\rho+\mu)(\beta+\mu)(\gamma+\mu) > 0$$

und schließlich

$$r_0 = \frac{\alpha\beta\varepsilon(\kappa\rho+\mu)}{\mu(\rho+\mu)(\beta+\mu)(\gamma+\mu)} > 1. \qquad (6.3.4)$$

Das Minuszeichen ergibt $r_0 < 1$. Lässt sich niemand impfen, so ist $\rho = 0$ und (6.3.4) geht in (5.3.3) über. Damit ist $V \equiv 0$ und das System entspricht dem SEIR-Modell.

Die weiteren Koordinaten von G_2 sind

$$\begin{aligned}
E_\infty &= \frac{(\gamma+\mu)I_\infty}{\beta}, \quad V_\infty = \frac{\rho S_\infty}{\kappa\alpha I_\infty + \mu} = \frac{(\beta+\mu)(\gamma+\mu) - \alpha\beta S_\infty}{\alpha\beta\kappa}, \\
S_\infty &= \frac{\varepsilon}{\alpha I_\infty + \rho + \mu} \quad \text{und} \quad R_\infty = \frac{\gamma I_\infty}{\mu}. \qquad (6.3.5)
\end{aligned}$$

Wie bei den bisherigen Modellen gilt der Zusammenhang

$$N(t) = \frac{\varepsilon}{\mu} + \left(S_0 + V_0 + E_0 + I_0 + R_0 - \frac{\varepsilon}{\mu}\right)e^{-\mu t} = S(t) + V(t) + E(t) + I(t) + R(t).$$

Behauptung: G_2 ist global asymptotisch stabil.

Beweis. Dazu genügt es, da R nicht in den ersten vier Gleichungen von (6.3.1) erscheint, eine starke Lyapunov-Funktion für die vier Variablen S, V, E und I zu finden. Die nachstehenden vier Identitäten werden verwendet:

$$\begin{aligned}
&1.\ \ \varepsilon = \alpha S_\infty I_\infty + \rho S_\infty + \mu S_\infty, \quad 2.\ \ \rho = \frac{\mu V_\infty + \kappa\alpha V_\infty I_\infty}{S_\infty}, \\
&3.\ \ \beta + \mu = \frac{\alpha I_\infty (S_\infty + \kappa V_\infty)}{E_\infty} \quad \text{und} \quad 4.\ \ \gamma + \mu = \frac{\beta E_\infty}{I_\infty}. \qquad (6.3.6)
\end{aligned}$$

Folgende Lyapunov-Funktion bietet sich an:

$$L(S, V, E, I) = S - S_\infty - S_\infty \ln\left(\frac{S}{S_\infty}\right) + V - V_\infty - V_\infty \ln\left(\frac{V}{V_\infty}\right)$$

$$+ E - E_\infty - E_\infty \ln\left(\frac{E}{E_\infty}\right) + \frac{\beta + \mu}{\beta}\left[I - I_\infty - I_\infty \ln\left(\frac{I}{I_\infty}\right)\right] \tag{6.3.7}$$

Als Erstes wird die Ableitung der beiden Variablen S und V durchgeführt und mit den Identitäten 1 und 2 vereinfacht. Man erhält:

$$\dot{L}_S + \dot{L}_V = \left(1 - \frac{S_\infty}{S}\right)\left[\varepsilon - \alpha SI - (\rho + \mu)S\right] + \left(1 - \frac{V_\infty}{V}\right)(\rho S - \kappa\alpha VI - \mu V)$$

$$= \varepsilon - \alpha SI - (\rho + \mu)S - \varepsilon\frac{S_\infty}{S} + \alpha S_\infty I + (\rho + \mu)S_\infty$$

$$+ \rho S - \kappa\alpha VI - \mu V - \rho S\frac{V_\infty}{V} + \kappa\alpha V_\infty I + \mu V_\infty$$

$$= 2\mu S_\infty - \mu S - \mu\frac{(S_\infty)^2}{S} + 3\mu V_\infty - \mu V - \mu V_\infty\frac{S_\infty}{S} - \mu\frac{S}{S_\infty}\frac{(V_\infty)^2}{V}$$

$$+ \alpha S_\infty I_\infty + \alpha S_\infty I - \alpha SI - \alpha I_\infty\frac{(S_\infty)^2}{S} + 2\kappa\alpha V_\infty I_\infty - \kappa\alpha VI + \kappa\alpha V_\infty I$$

$$- \kappa\alpha V_\infty I_\infty\frac{S_\infty}{S} - \kappa\alpha I_\infty\frac{S}{S_\infty}\frac{(V_\infty)^2}{V}. \tag{6.3.8}$$

Nun sind die beiden anderen Variablen an der Reihe. Unter Verwendung der Identitäten 3 und 4 ergibt sich:

$$\dot{L}_E + \dot{L}_I = \left(1 - \frac{E_\infty}{E}\right)\left[\alpha SI + \kappa\alpha VI - (\beta + \mu)E\right] + \frac{\beta + \mu}{\beta}\left(1 - \frac{I_\infty}{I}\right)\left[\beta E - (\gamma + \mu)I\right]$$

$$= \alpha SI + \kappa\alpha VI - \alpha SI\frac{E_\infty}{E} - \kappa\alpha VI\frac{E_\infty}{E} + (\beta + \mu)E_\infty$$

$$- \frac{\beta + \mu}{\beta}(\gamma + \mu)I - (\beta + \mu)E\frac{I_\infty}{I} + \frac{\beta + \mu}{\beta}(\gamma + \mu)I_\infty$$

$$= 2\alpha S_\infty I_\infty - \alpha S_\infty I + \alpha SI - \alpha SI\frac{E_\infty}{E} + 2\kappa\alpha V_\infty I_\infty + \kappa\alpha VI$$

$$- \kappa\alpha V_\infty I - \alpha S_\infty\frac{E}{E_\infty}\frac{(I_\infty)^2}{I} - \kappa\alpha VI\frac{E_\infty}{E} - \kappa\alpha V_\infty\frac{E}{E_\infty}\frac{(I_\infty)^2}{I}. \tag{6.3.9}$$

Die Addition von (6.3.8) und (6.3.9) führt zu:

$$\dot{L} = 2\mu S_\infty - \mu S - \mu\frac{(S_\infty)^2}{S} + 3\mu V_\infty - \mu V_\infty\frac{S_\infty}{S} - \mu V - \mu\frac{S}{S_\infty}\frac{(V_\infty)^2}{V}$$

$$+ 3\alpha S_\infty I_\infty - \alpha I_\infty\frac{(S_\infty)^2}{S} - \alpha S_\infty\frac{E}{E_\infty}\frac{(I_\infty)^2}{I} - \alpha SI\frac{E_\infty}{E}$$

$$
\begin{aligned}
&+ 4\kappa\alpha V_\infty I_\infty - \kappa\alpha V_\infty I_\infty \frac{S_\infty}{S} - \kappa\alpha I_\infty \frac{S}{S_\infty}\frac{(V_\infty)^2}{V} - \kappa\alpha V_\infty \frac{E}{E_\infty}\frac{(I_\infty)^2}{I} - \kappa\alpha VI\frac{E_\infty}{E} \\
&= \mu S_\infty\left(2 - \frac{S}{S_\infty} - \frac{S_\infty}{S}\right) + \mu V_\infty\left(3 - \frac{S_\infty}{S} - \frac{V}{V_\infty} - \frac{SV_\infty}{S_\infty V}\right) \\
&\quad + \alpha S_\infty I_\infty\left(3 - \frac{S_\infty}{S} - \frac{EI_\infty}{E_\infty I} - \frac{SE_\infty I}{S_\infty EI_\infty}\right) \\
&\quad + \kappa\alpha V_\infty I_\infty\left(4 - \frac{S_\infty}{S} - \frac{SV_\infty}{S_\infty V} - \frac{EI_\infty}{E_\infty I} - \frac{VE_\infty I}{V_\infty EI_\infty}\right) \\
&< 0
\end{aligned}
$$

für $(S, V, E, I) \neq (S_\infty, V_\infty, E_\infty, I_\infty)$. Das Ungleichheitszeichen folgt aus dem Beweis am Ende von Kap. 5.3 für die vier Zahlen

$$
\begin{aligned}
x_1 &= \frac{S}{S_\infty}\cdot\frac{S_\infty}{S} = 1, \quad x_2 = \frac{S_\infty}{S}\cdot\frac{V}{V_\infty}\cdot\frac{SV_\infty}{S_\infty V} = 1, \\
x_3 &= \frac{S_\infty}{S}\cdot\frac{EI_\infty}{E_\infty I}\cdot\frac{SE_\infty I}{S_\infty EI_\infty} = 1 \quad \text{und} \quad x_4 = \frac{S_\infty}{S}\cdot\frac{SV_\infty}{S_\infty V}\cdot\frac{EI_\infty}{E_\infty I}\cdot\frac{VE_\infty I}{V_\infty EI_\infty}.
\end{aligned}
$$

Damit stellt (6.3.7) eine starke Lyapunov-Funktion dar. q. e. d.

Beispiel. Betrachten Sie das System (6.3.1) mit $\varepsilon = 2$, $\alpha = 0{,}009$, $\beta = 0{,}2$, $\gamma = 0{,}1$, $\mu = 0{,}01$, $S_0 = 198$, $E_0 = I_0 = 1$ und $V_0 = R_0 = 0$.

a) Vorausgesetzt sei eine Impfung mit einem Schutz von 90 % ($\kappa = 0{,}1$). Nehmen Sie nacheinander $\rho = 0{,}1,\ 0{,}2,\ 0{,}5,\ 1$, berechnen Sie die zugehörigen Werte für I_∞, r_0 und stellen Sie den Verlauf der Infizierten $I(t)$ dar.

b) Beantworten Sie dieselben Fragen für den Fall eines 95 %igen Schutzes ($\kappa = 0{,}05$).

c) Berechnen Sie die Durchimpfungsrate D bei einem Impfschutz von 90 % und der Impfrate $\rho = 0{,}5$.

d) Wie groß muss die Impfrate mindestens sein, wenn bei einem Impfschutz von 95 % eine Durchimpfungsrate von 60 % nicht überschritten werden soll?

Lösung.

a) Es gilt $\rho = 0{,}1$ ($I_\infty = 13{,}01$, $r_0 = 2{,}83$), $\rho = 0{,}2$ ($I_\infty = 11{,}22$, $r_0 = 2{,}23$), $\rho = 0{,}5$ ($I_\infty = 8{,}85$, $r_0 = 1{,}83$), $\rho = 1$ ($I_\infty = 7{,}65$, $r_0 = 1{,}70$). Aus den Grenzwerten und den Basisreproduktionszahlen erkennt man, dass bei einem 90 %igen Impfschutz und einer 100 %igen Suszeptiblenbeteiligung immer noch Infizierte vorhanden sind. Die Epidemie kann mithilfe dieser Impfung nicht beendet werden (Abb. 6.3 links).

b) Man erhält $\rho = 0{,}1$ ($I_\infty = 10{,}90$, $r_0 = 2{,}13$), $\rho = 0{,}2$ ($I_\infty = 7{,}10$, $r_0 = 1{,}48$), $\rho = 0{,}5$ ($I_\infty = 1{,}39$, $r_0 = 1{,}07$), $\rho = 0{,}7$ ($I_\infty = -0{,}26$, $r_0 = 0{,}988$). Die Epidemie endet in absehbarer Zeit bei einer Impfrate von $\rho \approx 0{,}7$ (Abb. 6.3 rechts).

c) Aus a) ist $r_0 = 1{,}83$ bekannt. Kombiniert man (6.2.3) und (6.3.4), so gilt $D = \frac{r_0 - 1}{r_0 W}$. Dabei ist $W = 1 - \kappa$ die Wirksamkeit, also $W = 0{,}9$. Insgesamt hat man $D = \frac{1{,}83-1}{1{,}83\cdot 0{,}9} = 50{,}51\,\%$.

d) In diesem Fall ist $D = \frac{r_0(\rho)-1}{r_0(\rho)W}$, wobei r_0 von der Impfrate ρ abhängt. Es gilt die Gleichung $0{,}6 = \frac{r_0(\rho)-1}{r_0(\rho)\cdot 0{,}95}$ zu lösen. Man erhält $\rho \geq 0{,}122$.

Ergebnis. Aus rein epidemiologischer Sicht zeigt sich, dass eine große Zustimmung am bestehenden Impfprogramm das Ende einer Epidemie herbeiführen wird. Je größer der Impfschutz und je größer die Beteiligung der Bevölkerung, umso schneller endet die Epidemie.

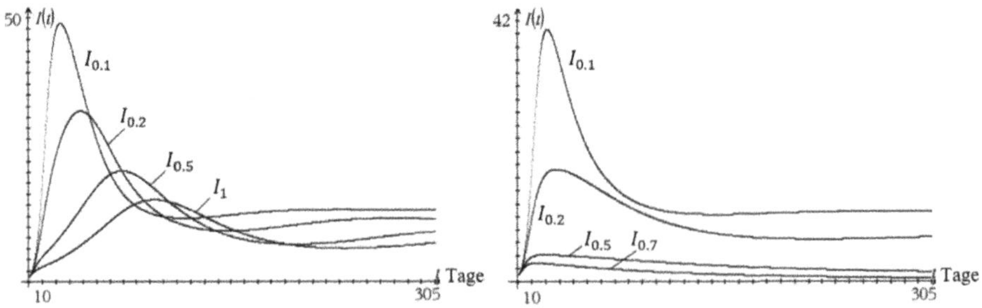

Abb. 6.3: Simulationen zum SVEIR-Modell mit Demographie.

6.4 Das SVEQIR-Modell mit Demographie

Dieses Modell beschreibt zwei Möglichkeiten, um den Epidemieverlauf zu beeinflussen.

Herleitung von (6.4.1)–(6.4.5)

Einerseits wird einem Teil der Suszeptiblen eine Impfung verabreicht und anderseits soll sich ein Teil der Exponierten einer freiwilligen Quarantäne unterziehen. Die Zusammenführung der beiden Modelle SEQIR aus Kap. 5.9 und SVEIR aus Kap. 6.3 liefern das nachstehende kombinierte System (Abb. 6.1 unten rechts):

$$
\begin{aligned}
\dot{S} &= \varepsilon - \alpha SI - \rho S - \mu S,\\
\dot{V} &= \rho S - \kappa\alpha VI - \mu V,\\
\dot{E} &= \alpha SI + \kappa\alpha VI - \beta E - \delta E - \mu E,\\
\dot{Q} &= \delta E - \eta Q - \mu Q,\\
\dot{I} &= \beta E + \eta Q - \gamma I - \mu I,\\
\dot{R} &= \gamma I - \mu R.
\end{aligned}
\tag{6.4.1}
$$

Für den epidemielosen GP erhält man $G_1(\frac{\varepsilon}{\rho+\mu}, \frac{\rho\varepsilon}{\mu(\rho+\mu)}, 0, 0, 0, 0)$. Der endemische GP $G_2(S_\infty, V_\infty, E_\infty, Q_\infty, I_\infty, R_\infty)$ errechnet sich folgendermaßen: In der vierten Gleichung von (6.4.1) schreibt man Q_∞ als Vielfaches von E_∞, setzt dies in die fünfte Gleichung ein und drückt E_∞ mit I_∞ aus. Eingesetzt in die dritte Gleichung folgt V_∞ als Funktion von

S_∞. Die erte Gleichung liefert S_∞ als Funktion von I_∞. Die beiden Ausdrücke für V_∞ und S_∞ in die zweite Gleichung eingefügt, ergeben eine quadratische Gleichung für I_∞:

$$C_1 I_\infty^2 + C_2 I_\infty + C_3 = 0$$

mit

$$\begin{aligned} C_1 &= \alpha^2\kappa(\beta+\delta+\mu)(\gamma+\mu)(\eta+\mu), \\ C_2 &= \alpha\{(\beta+\delta+\mu)(\gamma+\mu)(\eta+\mu)[\kappa(\rho+\mu)+\mu] - \alpha\kappa\varepsilon[\beta(\eta+\mu)+\delta\eta]\}, \\ C_3 &= -\alpha\varepsilon\{(\rho\kappa+\mu)[\beta(\eta+\mu)+\delta\eta]\} + \mu(\beta+\delta+\mu)(\gamma+\mu)(\eta+\mu)(\rho+\mu). \end{aligned} \tag{6.4.2}$$

Man erhält als Lösung

$$I_\infty = \frac{\kappa a - \kappa\rho b - \mu(1+\kappa)b \pm \sqrt{[\kappa a + \kappa\rho b + \mu(1-\kappa)b]^2 - 4\kappa\mu\rho(1-\kappa)b^2}}{2\alpha\kappa b}, \tag{6.4.3}$$

wobei $a = \alpha\varepsilon[\beta(\eta+\mu)+\delta\eta]$ und $b = (\beta+\delta+\mu)(\gamma+\mu)(\eta+\mu)$ abgekürzt wurde. Das Pluszeichen führt zur selben Bedingung wie im SEQIR-Modell, nämlich

$$\begin{aligned} (\kappa\rho+\mu)a - \mu(\rho+\mu)b &> 0, \\ \alpha\varepsilon(\kappa\rho+\mu)[\beta(\eta+\mu)+\delta\eta] - \mu(\beta+\delta+\mu)(\gamma+\mu)(\eta+\mu)(\rho+\mu) &> 0 \end{aligned}$$

und schließlich

$$r_0 = \frac{\alpha\varepsilon(\kappa\rho+\mu)[\beta(\eta+\mu)+\delta\eta]}{\mu(\beta+\delta+\mu)(\gamma+\mu)(\eta+\mu)(\rho+\mu)} > 1. \tag{6.4.4}$$

Das Minuszeichen entspricht $r_0 < 1$. Im Spezialfall $\rho = 0$ und/oder $\delta = 0$ reduziert sich (6.4.5) zum SVEIR-, SEQIR- bzw. SEIR-Modell. Insgesamt bestimmt man die restlichen Koordinaten von G_2 mit

$$\begin{aligned} S_\infty &= \frac{\varepsilon}{\alpha I_\infty + \rho + \mu}, \quad E_\infty = \frac{(\gamma+\mu)(\eta+\mu)I_\infty}{\beta(\eta+\mu)+\delta\eta}, \\ V_\infty &= \frac{\rho S_\infty}{\kappa\alpha I_\infty + \mu} = \frac{(\beta+\delta+\mu)(\gamma+\mu)(\eta+\mu) - \alpha[\beta(\eta+\mu)+\delta\eta]S_\infty}{\kappa\alpha[\beta(\eta+\mu)+\delta\eta]}, \\ Q_\infty &= \frac{\delta E_\infty}{\eta+\mu} \quad \text{und} \quad R_\infty = \frac{\gamma I_\infty}{\mu}. \end{aligned} \tag{6.4.5}$$

Die Jacobi-Matrix des Systems (6.2.1) lautet

$$Jf(S,V,E,Q,I) = \begin{pmatrix} -\alpha I - \rho - \mu - \lambda & 0 & 0 & 0 & -\alpha S \\ \rho & -\kappa\alpha I - \mu - \lambda & 0 & 0 & -\kappa\alpha V \\ \alpha I & \kappa\alpha I & -\beta-\delta-\mu-\lambda & 0 & \kappa\alpha V \\ 0 & 0 & \delta & -\eta-\mu-\lambda & 0 \\ 0 & 0 & \beta & \eta & -\gamma-\mu-\lambda \end{pmatrix}$$

und man erhält die charakteristische Gleichung

$$\begin{aligned}&\alpha[\beta(\eta+\mu+\lambda)+\delta\eta][\kappa V_\infty(\mu+\lambda)(aI_\infty+\rho+\mu+\lambda)-aS_\infty I_\infty(\kappa aI_\infty+\kappa\rho+\mu+\lambda)]\\&\quad-(\beta+\delta+\mu+\lambda)(\eta+\mu+\lambda)(\gamma+\mu+\lambda)(aI_\infty+\rho+\mu+\lambda)(\kappa aI_\infty+\mu+\lambda)=0.\end{aligned}$$

Ein Beweis für eine lokale asymptotische Stabilität ist mit dem verfügbaren Speicherplatz des vorhandenen CAS-Rechners nicht durchführbar. (Dem Autor ist im Moment kein Beweis bekannt). Wählt man hingegen wie im folgenden Beispiel die Größen $\varepsilon, \alpha, \beta, \kappa, \gamma$ und μ konstant, so kann man für jedes ρ und δ eine derartige Stabilität zeigen.

Beispiel. Das System (6.4.1) ist gegeben durch $\varepsilon = 2$, $\alpha = 0{,}009$, $\beta = 0{,}2$, $\kappa = \gamma = 0{,}1$, $\mu = 0{,}01$, $S_0 = 198$, $E_0 = I_0 = 1$ und $V_0 = Q_0 = R_0 = 0$.

a) Verwenden Sie für eine Darstellung der Infiziertenkurve $I(t)$ nacheinander die folgenden Wertekombinationen: i) $\rho = 0{,}2$, $\delta = 0$, ii) $\rho = 0{,}2$, $\delta = 0{,}2$ und iii) $\rho = 0{,}2$, $\delta = 0{,}7$.
b) Wiederholen Sie die Darstellung für die Paare i) $\rho = 0{,}15$, $\delta = 0$, ii) $\rho = 0{,}15$, $\delta = 0{,}1$ und iii) $\rho = 0{,}15$, $\delta = 0{,}2$ und entscheiden Sie, welche Kurven praktisch identisch sind.
c) Zeigen Sie, dass man für die beiden erwähnten Kombinationen praktisch denselben Wert für I_∞ und r_0 erhält.

Lösung.

a) Die Kurven sind in Abb. 6.4 links dargestellt.
b) Die Verläufe entnimmt man Abb. 6.4 rechts. Man erkennt, dass eine reine Impfungsrate (ohne Quarantänemaßnahme, $\delta = 0$) von $\rho = 0{,}2$ denselben Effekt wie die Kombination $\rho = 0{,}15$, $\delta = 0{,}2$ besitzt.
c) Mithilfe von (6.4.3) und (6.4.4) ergibt sich $I_\infty = 11{,}22$, $r_0 = 2{,}23$ ($\rho = 0{,}2$, $\delta = 0$) und $I_\infty = 11{,}59$, $r_0 = 2{,}38$ ($\rho = 0{,}15$, $\delta = 0{,}2$).

Ergebnis. Eine breit angelegte Impfkampagne kombiniert mit Quarantänebestimmungen sind effektive Werkzeuge bei der Bekämpfung einer Epidemie.

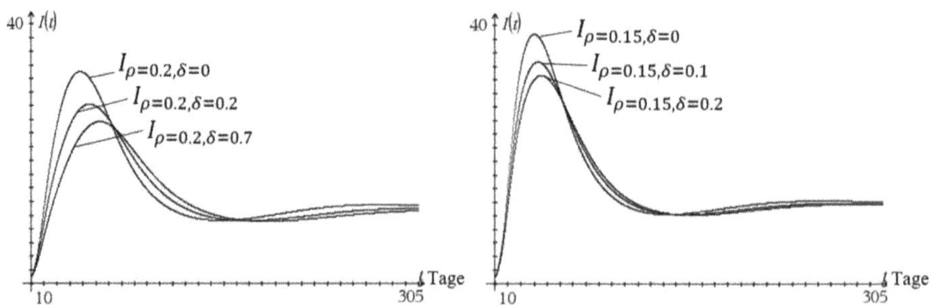

Abb. 6.4: Simulationen zum SVEQIR-Modell mit Demographie.

6.5 Das SVEQIR-Modell mit Demographie am Beispiel der dritten SARS-CoV-2-Pandemiewelle in der Schweiz 2021

Nachdem die Fallzahlen der zweiten Welle durch weitere einschränkende Maßnahmen stark gesenkt werden konnten und die Welle etwa Ende Januar 2021 zum Erliegen kam, stand der Bevölkerung schon eine weitere, wenn auch viel schwächere Welle bevor. Diese nahm etwa Ende März ihren Anfang. Die während der zweiten Welle aufgezogene Kontaktnachverfolgung und die damit verbundene prophylaktische Quarantäne werden weitergeführt. Zusätzlich setzt man zur Bekämpfung der Epidemie einen neu entwickelten Impfstoff ein. Deshalb verwenden wir zur Beschreibung der dritten Welle das SVEQIR-Modell (6.4.1). Die laborbestätigten, kumulierten Fälle für einen Zeitraum von 100 Tagen erfasst die nachstehende Tabelle.

Tag	Datum	Anzahl	Tag	Datum	Anzahl	Tag	Datum	Anzahl	Tag	Datum	Anzahl
1	01.03.	557.492	26	26.03.	592.217	51	20.04.	639.445	76	15.05.	680.392
2	02.03.	558.622	27	27.03.	593.737	52	21.04.	642.131	77	16.05.	681.276
3	03.03.	559.845	28	28.03.	595.262	53	22.04.	644.396	78	17.05.	682.160
4	04.03.	561.068	29	29.03.	596.790	54	23.04.	646.509	79	18.05.	683.400
5	05.03.	562.290	30	30.03.	598.713	55	24.04.	648.275	80	19.05.	684.954
6	06.03.	563.203	31	31.03.	601.124	56	25.04.	650.046	81	20.05.	686.152
7	07.03.	564.118	32	01.04.	603.092	57	26.04.	651.822	82	21.05.	687.353
8	08.03.	565.034	33	02.04.	605.342	58	27.04.	653.957	83	22.05.	688.044
9	09.03.	566.412	34	03.04.	606.571	59	28.04.	656.077	84	23.05.	688.737
10	10.03.	567.903	35	04.04.	607.803	60	29.04.	658.143	85	24.05.	689.429
11	11.03.	569.312	36	05.04.	609.037	61	30.04.	659.974	86	25.05.	690.123
12	12.03.	570.645	37	06.04.	610.274	62	01.05.	661.297	87	26.05.	691.119
13	13.03.	571.700	38	07.04.	612.575	63	02.05.	662.623	88	27.05.	692.111
14	14.03.	572.756	39	08.04.	615.024	64	03.05.	663.952	89	28.05.	693.023
15	15.03.	573.815	40	09.04.	617.543	65	04.05.	665.585	90	29.05.	693.640
16	16.03.	575.253	41	10.04.	619.398	66	05.05.	667.380	91	30.05.	694.258
17	17.03.	577.111	42	11.04.	621.259	67	06.05.	669.067	92	31.05.	694.877
18	18.03.	578.861	43	12.04.	623.126	68	07.05.	670.613	93	01.06.	695.496
19	19.03.	580.609	44	13.04.	625.367	69	08.05.	671.838	94	02.06.	696.213
20	20.03.	581.821	45	14.04.	627.968	70	09.05.	673.066	95	03.06.	696.801
21	21.03.	583.035	46	15.04.	630.197	71	10.05.	674.296	96	04.06.	697.292
22	22.03.	584.252	47	16.04.	632.399	72	11.05.	675.671	97	05.06.	697.651
23	23.03.	586.096	48	17.04.	634.030	73	12.05.	677.210	98	06.06.	698.010
24	24.03.	588.118	49	18.04.	635.665	74	13.05.	678.359	99	07.06.	698.369
25	25.03.	590.164	50	19.04.	637.304	75	14.05.	679.510	100	08.06.	698.798

Den Verlauf für die Werte der R-Klasse entnimmt man Abb. 6.5 links. Ein Rückfall oder Immunitätsverlust ist in diesem Modell unmöglich. Weiter kann man aufgrund der kleinen Wiederansteckungsrate jeden laborbestätigten Fall mit einer einzigen Person gleichsetzen. Die Dunkelziffer muss sich in den Startwerten der nachfolgenden Simulationen niederschlagen. Das System (6.4.1) gestattet keine Linearisierung wie bisher, um die Kontaktzahl α mithilfe eines gemittelten Eigenwerts λ zu bestimmen. Hier müssen wir also anders vorgehen. Eine Exponentialfunktion $R(t)$ zur Näherung der ersten Werte könnte man trotzdem aufstellen, um den gewählten Startwert der I-Klasse mithilfe von (4.8.4) besser zu kontrollieren. Wir verzichten aber darauf. Wir wollen eine Prognose für die zu erwartenden Fälle der R-Klasse zu drei verschiedenen Zeitpunkten erstellen: am 15., am 30. und am 45. Epidemietag.

Die Raten $\varepsilon, \mu, \kappa, \rho$. Diese vier Raten sind gesetzt. Die Gesamtbevölkerung der Schweiz im Jahr 2021 betrug etwa $N = 8.703.000$ bei einer Geburtenrate von $\varepsilon = 245\ \frac{1}{\text{Tag}}$ und einer Sterberate von $\mu = 2{,}24 \cdot 10^{-5}\ \frac{1}{\text{Person}\cdot\text{Tag}}$. Weiter versprachen die beiden eingekauften Impfstoffe eine Schutzwirkung von 95 %. Wir gehen aber vorsichtigerweise von einem 90 %igen Schutz aus, also $\kappa = 0{,}1$. Schließlich wurde die Bevölkerung (die Suszeptiblen) der Schweiz im März/April 2021 gemäß BAG mit einer gewissen Geschwindigkeit geimpft. Diese geben wir weiter unten beim Erstellen der drei Prognosen an.

Schätzen der Rate η. Wir gehen davon aus, dass die sich in Quarantäne befindenden Personen mit derselben Rate wie beim SEQIR-Modell der zweiten Welle positiv getestet werden und danach in die I-Klasse überführt werden: $\eta = 0{,}06$.

Schätzen der Raten β und δ. Die Anzahl der sich während der gesamten Welle in Quarantäne befindenden Personen bleibt etwa gleich groß, nämlich 25.000–30.000. Absolut gesehen, entspricht dies auch dem Wert der zweiten Welle, aber wir müssen diese Zahl auf die kumulierte Gesamtzahl $I(t)$ beziehen. Während der betrachteten Zeitspanne ergibt sich gemäß BAG ein etwa gleichbleibendes Verhältnis von $Q(t) : I(t) \approx 1 : 20$. Die Dunkelziffer muss sich weiter im Startwert $I(1)$ niederschlagen. Wir wählen im Unterschied zur zweiten Welle $I(1) \approx 2 \cdot R(1)$. Damit kann man zudem, zumindest für den Startbereich, $Q(t) \approx \frac{1}{40} \cdot I(t)$ ansetzen. Für die beiden Raten β, δ nehmen wir wie bisher, aufgrund der Verweilzeit von $T_I \approx 3$ Tage, etwa $\beta + \delta = 0{,}33$ und passen die beiden Raten so an, dass etwa $Q(15) \approx \frac{1}{40} \cdot I(15)$ gilt. Es ergibt sich dann $\beta = 0{,}3$, $\delta = 0{,}03$. Dies gilt auch für den gesamten Anfangszeitraum von 45 Tagen.

Bedingungen an α und γ.

1. Die Raten α, γ wählen wir so, dass die Kurve der R-Klasse durch den Punkt $(15, R(15))$ verläuft. Wie schon beim SEQIR-Modell erwähnt, könnte man auch eine Art Ausgleichskurve für die R-Kurve für die ersten 15 Werte verwenden. Dies ist aber viel schwieriger zu bewerkstelligen, als dass die Kurve schlicht durch den Endpunkt der betrachteten Punktfolge verläuft.
2. Das Paar (α, γ) muss aber noch eine zweite Bedingung erfüllen, ansonsten wären unendlich viele Wertepaare möglich: α und γ müssen zu einer Basisreproduktionszahl von $r_0 > 1$ führen.

1. Prognose am 15. Epidemietag. In der ersten Hälfte des Monats März wurden die Suszeptiblen mit einer Geschwindigkeit von $\rho = 0{,}25\,\%\ \frac{1}{\text{Tag}}$ geimpft.

Herleitung von (6.5.1)

Ausgangspunkt ist der 01. März mit $R(1) = 557.492$. Da wir etwa $I(1) \approx 2 \cdot R(1)$ annehmen (Dunkelziffer beachtet), ist $I(1) = 1.114.984$. Das dadurch entstandene Verhältnis $Q(t) \approx \frac{1}{40} \cdot I(t)$ führt zu $Q(1) = 27.875$. Am 01. März 2021 sind nach den Angaben des BAG 3,16 % der Bevölkerung geimpft, womit wir $V(1) = 275.015$ erhalten. Weiter folgen die Exponiertenzahl mit dem Task-Force-Faktor 0,75 zu $E(1) \approx 0{,}75 \cdot I(1) = 836.238$ und schließlich $S(1) = N - V(1) - E(1) - I(1) - Q(1) - R(1) = 5.891.396$. Die R-Kurve soll erstens den Punkt $(15, R(15))$ enthalten und die oben erwähnte zweite Bedingung an α und γ erfüllen. Die zugehörige Simulation liefert etwa $\gamma = 6{,}7 \cdot 10^{-4}$, $\alpha = \frac{0{,}008}{N}$. Zum Vergleich ziehen wir Gleichung (4.8.4) heran (diesmal in Differenzenform, da keine Exponentialfunktion $R(t)$ für den Anfangsverlauf ermittelt wurde). Es ergibt sich $I(1) \approx \frac{R(2)-R(1)}{\gamma} = 1.686.567$ und damit ein vertretbares Ergebnis für die getroffene Wahl von $I(1)$. Man muss dabei aber bedenken, dass γ über die Bedingung, dass die R-Kurve durch $(15, R(15))$ verläuft, ermittelt wurde. Die erwähnte Ausgleichskurve durch die ersten 15 Werte ergäbe mitunter ein anderes γ. Setzt man nun die Werte in (6.4.3) ein, so erhält man $I_\infty = 137.054$. Schließlich folgen mit (6.4.4) und (6.4.5) die Prognosen (siehe Kurve $R_{0{,}0025}$ in Abb. 6.5 rechts)

$$r_0 = 1{,}57 \quad \text{und} \quad R_\infty = 4{,}10 \text{ Mio.} \tag{6.5.1}$$

2. Prognose am 30. Epidemietag. Aufgrund der doch beunruhigenden Vorhersage (6.5.1) erhöhte man die Impfgeschwindigkeit in der zweiten Hälfte des Monats März auf $\rho = 0{,}29\,\%\ \frac{1}{\text{Tag}}$.

Herleitung von (6.5.2)

Startpunkt ist nun $R(16) = 575.253$. Der Geimpftenanteil beträgt am 16. März 2021 laut BAG 4,88 % der Bevölkerung, also $V(16) = 424.706$. Weiter ist $I(16) \approx 2 \cdot R(16) = 1.150.506$ und mit $Q(t) \approx \frac{1}{40} \cdot I(t)$ folgt $Q(16) = 28.763$. Zudem hat man $E(16) \approx 0{,}75 \cdot I(16) = 862.880$ und somit $S(16) = 5.660.892$. Es soll erreicht werden, dass die R-Kurve durch $(30, R(30))$ verläuft und der zweiten Bedingung an α und γ genügen. Damit ergibt sich etwa $\gamma = 9{,}3 \cdot 10^{-4}$, $\alpha = \frac{0{,}009}{N}$. Als eine Art Kontrolle für die Wahl von $I(16)$ betrachten wir mit $I(16) \approx \frac{R(16)-R(15)}{\gamma} = 1.546.237$, was einigermaßen vertretbar ist. Damit erhält man mithilfe von (6.4.4) und (6.4.5) als Prognose (Kurve $R_{0{,}0029}$ in Abb. 6.5 rechts) $I_\infty = 65.248$ und schließlich

$$r_0 = 1{,}28, \quad R_\infty = 2{,}71 \text{ Mio.} \tag{6.5.2}$$

Ergebnis. Man erkennt in Abb. 6.5 rechts, dass $R_{0,0029}$ anfangs über $R_{0,0025}$ liegt. Da $R_{0,0029}$ gegenüber $R_{0,0025}$ eine kleinere Reproduktionszahl besitzt, wird Letztere auch später abknicken als Erstere und damit $R_{0,0029}$ einem kleineren R_∞-Wert zustreben als $R_{0,0025}$.

3. Prognose am 45. Epidemietag. Ermutigt durch die Vorhersage, wird die Impfkampagne intensiviert auf $\rho = 0{,}37\,\%\ [\frac{1}{\text{Tag}}]$.

Herleitung von (6.5.3)

Anfangspunkt der letzten Simulation ist $R(31) = 601.124$. Am 31. März 2021 haben 6,69 % der Suszeptiblen eine Impfung erhalten, also $V(31) = 582.231$. Weiter sei $I(31) \approx 2 \cdot R(31) = 1.202.248$ und mit $Q(t) \approx \frac{1}{40} \cdot I(t)$ folgt $Q(31) = 30.056$. Zudem hat man $E(31) \approx 0{,}75 \cdot I(31) = 901.686$ und damit $S(31) = 5.385.655$. Abermals soll die R-Kurve durch den Endpunkt $(45, R(45))$ verlaufen und α, γ zusammen $r_0 > 1$ liefern. Die Simulation ergibt etwa $\gamma = 1{,}03 \cdot 10^{-3}$, $\alpha = \frac{0{,}009}{N}$. Der Vergleich mit $I(31) \approx \frac{R(31)-R(30)}{\gamma} = 2.3407.767$ liefert ein stark abweichendes Ergebnis zum Startwert der Simulation. Der Vergleich ist nun ungeeignet, denn die Kurven der Simulation verlaufen exponentiell, aber der wahre Verlauf (der Punktfolge) befindet sich schon in der konstanten Phase. Die Gleichungen (6.4.4) und (6.4.5) ergeben $I_\infty = 28.677$ und die Prognosewerte sind demnach

$$r_0 = 1{,}16, \quad R_\infty = 1{,}32 \text{ Mio.} \tag{6.5.3}$$

Wiederum liegt $R_{0,0037}$ anfangs über $R_{0,0029}$, aber aufgrund des kleineren r_0-Werts knickt $R_{0,0037}$ früher ab und führt zu einem kleineren R_∞-Wert.

Ergebnis. Aus rein epidemiologischer Sicht konnte die Ausbreitung der Epidemie durch Erhöhen der Impfquote eingedämmt werden.

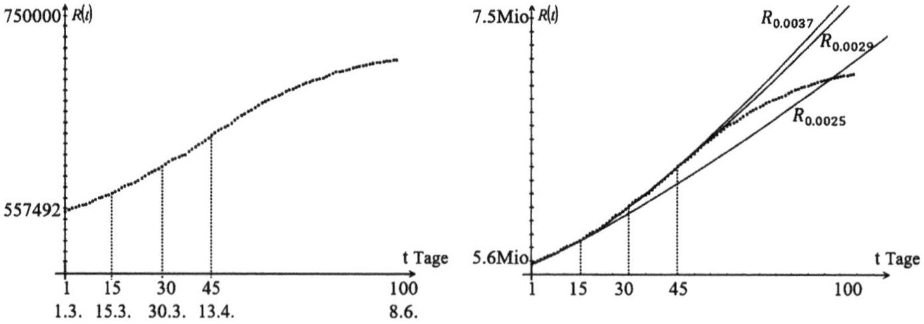

Abb. 6.5: Der Pandemieverlauf der dritten Welle in der Schweiz.

6.6 Das SVEIR-Modell mit Demographie am Beispiel der fünften SARS-CoV-2-Pandemiewelle in Deutschland 2022

Ende des Jahres 2021 taucht die Sars-CoV-2-Variante Omikron erstmals auf und bildet während der betrachteten Zeitspanne die dominante Abart des Virus. Man muss wissen, dass eine vor dem Ausbruch der fünften Welle erfolgte Impfung auch Schutz gegen die neue Omikron-Variante bietet. Erst Mitte des Jahres 2022 wird dann eine Booster-Impfung oder Erstimpfung speziell für die Omikron-Variante entwickelt, weil diese zu diesem Zeitpunkt praktisch alle bisherigen Varianten verdrängt hat. Die Ergebnisse entsprechender Untersuchungen bezüglich der Schutzwirkung des Impfgemischs für die anstehende Epidemiewelle weisen beträchtliche Unterschiede auf. Wir gehen weiterhin von einer 90 %igen Schutzwirkung aus ($\kappa = 0{,}1$). Ob eine Person zu einem ganz bestimmten Zeitpunkt der V-Klasse zugehörig ist, hängt vom Zeitpunkt und Art der erfolgten Impfung, aber auch von der durchschnittlich geschätzten oder experimentell ermittelten Zeitdauer der oben genannten prozentualen Schutzwirkung ab. Auf diese Weise kann die Zahl der Geimpften aus Tabellen entnommen werden.

Eine freiwillige Quarantäne bei Verdacht (SVEQIR-Modell) wie in der Schweiz gab es in Deutschland zwar auch, aber für geboosterte Menschen war diese nicht mehr zwingend. Zudem galt die freiwillige Quarantäne für Kontaktpersonen, die in Kontakt mit einer infizierten Person gekommen waren, aber nicht im selben Haushalt wie diese wohnten, nur für gewisse Bundesländer, sodass diese Bestimmung nicht landesweit einheitlich geregelt wurde. Wohl geht man bei bestätigter Infektion immer noch in Isolation, womit wir eine Quarantäne/Isolations-Klasse hinzunehmen könnten (SVEIQR-Modell) oder wie schon in Kap. 6.5 das SVEQIR-Modell heranziehen. Da man hingegen ab der fünften Welle zur Eindämmung der Pandemie vollends auf die Impfung setzt, wollen wir zur Modellierung dieser Welle auf die Quarantäne-Klasse verzichten.

Die laborbestätigten kumulierten Fälle der R-Klasse in Deutschland für die ersten 160 Tage des Jahres 2022 entnimmt man der nachstehenden Tabelle.

Man erhält die in Abb. 6.6 links dargestellte Punktfolge. In den ersten 30 Tagen steigt die Kurve exponentiell an, knickt dann aber in den darauffolgenden 30 Tagen ab, sodass schon ein Ende der Welle bevorsteht. Hingegen ändert die Kurve abermals das Krümmungsverhalten, verläuft während weiterer 30 Tage exponentiell, bevor sie nach etwa 90 Tagen abermals abknickt und die Epidemie endlich abebbt. Die wiederholte Änderung der Krümmungsrichtung wird sich weiter unten bei der Beschreibung der ersten drei 30-Tage-Phasen in der Basisreproduktionszahl widerspiegeln: Bei einem exponentiellen Wachstum ergibt sich $r_0 > 1$, bei einem logarithmischen $r_0 < 1$. Betrachtet man die zugehörige I-Kurve, die kumulierten Infiziertenzahlen, so besitzt diese eine M-Form: zwei Hochpunkte mit einem dazwischenliegenden Tiefpunkt.

Es soll jeweils eine Prognose für die zu erwartenden Fälle der R-Klasse zu drei verschiedenen Zeitpunkten erstellt werden: den 30., den 60. und den 90. Epidemietag.

Tag	Datum	Anzahl	Tag	Datum	Anzahl	Tag	Datum	Anzahl	Tag	Datum	Anzahl
1	01.01.	7.176.814	41	10.02.	11.769.540	81	22.03.	18.994.411	121	01.05.	24.809.785
2	02.01.	7.189.329	42	11.02.	12.009.712	82	23.03.	19.278.143	122	02.05.	24.813.817
3	03.01.	7.207.847	43	12.02.	12.219.501	83	24.03.	19.596.530	123	03.05.	24.927.339
4	04.01.	7.238.408	44	13.02.	12.344.661	84	25.03.	19.893.028	124	04.05.	25.033.970
5	05.01.	7.297.320	45	14.02.	12.421.126	85	26.03.	20.145.054	125	05.05.	25.130.137
6	06.01.	7.361.660	46	15.02.	12.580.343	86	27.03.	20.256.278	126	06.05.	25.215.210
7	07.01.	7.417.995	47	16.02.	12.800.315	87	28.03.	20.323.779	127	07.05.	25.287.642
8	08.01.	7.473.884	48	17.02.	13.035.941	88	29.03.	20.561.131	128	08.05.	25.295.950
9	09.01.	7.510.436	49	18.02.	13.255.989	89	30.03.	20.829.608	129	09.05.	25.299.300
10	10.01.	7.535.691	50	19.02.	13.445.094	90	31.03.	21.093.324	130	10.05.	25.406.868
11	11.01.	7.581.381	51	20.02.	13.563.126	91	01.04.	21.357.039	131	11.05.	25.503.878
12	12.01.	7.661.811	52	21.02.	13.636.993	92	02.04.	21.553.495	132	12.05.	25.592.839
13	13.01.	7.743.228	53	22.02.	13.762.895	93	03.04.	21.627.548	133	13.05.	25.661.831
14	14.01.	7.835.451	54	23.02.	13.971.947	94	04.04.	21.668.677	134	14.05.	25.723.697
15	15.01.	7.913.473	55	24.02.	14.188.269	95	05.04.	21.849.074	135	15.05.	25.729.848
16	16.01.	7.965.977	56	25.02.	14.399.012	96	06.04.	22.064.059	136	16.05.	25.732.153
17	17.01.	8.000.120	57	26.02.	14.574.845	97	07.04.	22.265.788	137	17.05.	25.818.405
18	18.01.	8.074.527	58	27.02.	14.682.758	98	08.04.	22.441.051	138	18.05.	25.890.456
19	19.01.	8.168.850	59	28.02.	14.745.107	99	09.04.	22.591.726	139	19.05.	25.949.175
20	20.01.	8.320.386	60	01.03.	14.867.218	100	10.04.	22.647.197	140	20.05.	25.998.085
21	21.01.	8.460.546	61	02.03.	15.053.624	101	11.04.	22.677.986	141	21.05.	26.040.460
22	22.01.	8.596.007	62	03.03.	15.264.297	102	12.04.	22.840.776	142	22.05.	26.044.283
23	23.01.	8.681.447	63	04.03.	15.481.890	103	13.04.	23.017.079	143	23.05.	26.045.528
24	24.01.	8.744.840	64	05.03.	15.674.100	104	14.04.	23.182.447	144	24.05.	26.109.965
25	25.01.	8.871.795	65	06.03.	15.790.989	105	15.04.	23.339.311	145	25.05.	26.159.106
26	26.01.	9.035.795	66	07.03.	15.869.417	106	16.04.	23.376.879	146	26.05.	26.198.811
27	27.01.	9.238.931	67	08.03.	16.026.216	107	17.04.	23.416.663	147	27.05.	26.200.663
28	28.01.	9.429.079	68	09.03.	16.242.070	108	18.04.	23.437.145	148	28.05.	26.240.639
29	29.01.	9.618.245	69	10.03.	16.504.822	109	19.04.	23.459.628	149	29.05.	26.243.352
30	30.01.	9.737.215	70	11.03.	16.757.658	110	20.04.	23.658.211	150	30.05.	26.244.107
31	31.01.	9.815.533	71	12.03.	16.994.744	111	21.04.	23.844.536	151	31.05.	26.305.996
32	01.02.	9.978.146	72	13.03.	17.141.351	112	22.04.	24.006.254	152	01.06.	26.360.953
33	02.02.	10.186.644	73	14.03.	17.233.729	113	23.04.	24.141.333	153	02.06.	26.409.455
34	03.02.	10.422.764	74	15.03.	17.432.617	114	24.04.	24.180.512	154	03.06.	26.452.148
35	04.02.	10.671.602	75	16.03.	17.695.210	115	25.04.	24.200.596	155	04.06.	26.472.692
36	05.02.	10.889.417	76	17.03.	17.990.141	116	26.04.	24.337.394	156	05.06.	26.493.235
37	06.02.	11.022.590	77	18.03.	18.287.986	117	27.04.	24.479.055	157	06.06.	26.496.611
38	07.02.	11.117.857	78	19.03.	18.548.225	118	28.04.	24.609.159	158	07.06.	26.498.361
39	08.02.	11.287.428	79	20.03.	18.680.017	119	29.04.	24.710.769	159	08.06.	26.583.016
40	09.02.	11.521.678	80	21.03.	18.772.331	120	30.04.	24.798.067	160	09.06.	26.660.652

Die Raten $\varepsilon, \mu, \kappa, \rho$. Diese vier Raten sind gegeben. In Deutschland betrug die Gesamtbevölkerung im Jahr 2022 etwa $N = 84{,}3$ Mio bei einer Geburtenrate von $\varepsilon = 2020\ \frac{1}{\text{Tag}}$ und einer Sterberate von $\mu = 3{,}44 \cdot 10^{-5}\ \frac{1}{\text{Person}\cdot\text{Tag}}$. Wie schon eingangs erwähnt, legen wir die Schutzwirkung der Impfung auf 90 % fest, also $\kappa = 0{,}1$. Die Impfgeschwindigkeit ρ geben wir für jede der drei Prognosen an Ort und Stelle an.

Schätzen der Rate β. Wenn wir wie bisher die durchschnittliche Verweildauer in der E-Klasse mit 3 Tagen ansetzen, so gilt wie auch schon $\beta = 0{,}33$.

Bedingungen an α und γ.

1. Die Raten α, γ sollen wie anhin so gewählt werden, dass die Kurve der R-Klasse durch den 30. Punkt der betrachteten Teilpunktfolge verläuft.
2. Das Paar (α, γ) soll zudem die Bedingung $r_0 > 1$ (1. und 3. Prognose) bzw. $r_0 < 1$ (2. Prognose) erfüllen.

1. Prognose am 30. Epidemietag. Für diesen Zeitraum betrug die Impfgeschwindigkeit $\rho = 0{,}123\,\%\ \frac{1}{\text{Tag}}$.

Herleitung von (6.6.1)

Startpunkt ist $R(1) = 7.176.814$. Gemäß Angaben des Robert-Koch-Instituts (RKI) sind am 01.01.2022 etwa 70,2 % der Bevölkerung oder $V(1) = 59.152.024$ Personen geimpft. Aufgrund dieser hohen Zahl verbleiben im Vergleich dazu wenig Infizierte. Wir verwenden $I(1) \approx \frac{1}{17} \cdot R(1) = 316.625$. Dies wird sich erst am Schluss als sinnvolle Annahme erweisen. Die Exponiertenzahl schätzen wir weiterhin mit dem Task-Force-Faktor von 0,75 ab: $E(1) \approx 0{,}75 \cdot I(1) = 316.625$, was schließlich $S(1) = 17.232.371$ ergibt. Wir schreiten zur Simulation, beachten die beiden Bedingungen an α, γ, wobei $R(30) = 9.737.215$ gilt und finden $\gamma = 0{,}042$, $\alpha = \frac{0{,}66}{N}$. Als Kontrolle ergibt sich $I(1) \approx \frac{R(2)-R(1)}{\gamma} = 297.976$, womit der Startwert $I(1)$ sinnvoll gewählt wurde. Die Gleichung (6.3.3) liefert $I_\infty = 14.885$. Mit (6.3.4) und (6.3.5) folgen (Kurve $R_{0,00123}$ in Abb. 6.6 rechts)

$$r_0 = 1{,}36, \quad R_\infty = 18{,}2 \text{ Mio.} \tag{6.6.1}$$

Die Kurve $R_{0,00123}$ erreicht nach etwa 200 Tagen ihren maximalen Wert und sinkt dann auf den Wert R_∞ ab.

2. Prognose am 60. Epidemietag. Die aktuelle Situation führt wohl dazu, dass sich viele Personen für eine Auffrischungsimpfung entscheiden. Trotzdem sinkt die durchschnittliche Impfgeschwindigkeit im Monat Februar auf $\rho = 0{,}0468\,\%\ \frac{1}{\text{Tag}}$. Dies hängt damit zusammen, dass die maximale Prozentzahl der Impfwilligen von 76,4 % schon fast erreicht ist.

Herleitung von (6.6.2)

Wir beginnen bei $R(31) = 9.815.533$. Das RKI liefert für diesen Zeitpunkt den Wert $V(31) = 61.561.557$ (73,0 % der Bevölkerung). Wie vorhin ist $I(31) \approx \frac{1}{17} \cdot R(31) = 577.384$, $E(31) \approx 0{,}75 \cdot I(31) = 433.038$ und somit $S(31) = 11.912.488$. Unter Beachtung, dass die R-Kurve den Endpunkt $R(60) = 14.867.218$ enthalten soll und $r_0 < 1$ ist, erhält man $\gamma = 0{,}3$ und $\alpha = \frac{1{,}56}{N}$. In diesem Fall ist (Kurve $R_{0,000468}$ in Abb. 6.5 rechts)

$$r_0 = 0{,}59 \quad \text{und} \quad R_\infty = 0. \tag{6.6.2}$$

Die Kurve $R_{0,000468}$ scheint sich einem Wert $R_\infty \neq 0$ anzunähern, mit der Zeit sinkt die Kurve aber aufgrund von $r_0 < 1$ auf den Wert $R_\infty = 0$ ab.

3. Prognose am 90. Epidemietag. Im Monat März sinkt die Impfgeschwindigkeit weiter auf $\rho = 0{,}0185\,\%\ \frac{1}{\text{Tag}}$.

Herleitung von (6.6.3)

Ausgehend von $R(61) = 15.053.624$ erhält man $I(1) \approx \frac{1}{17} \cdot R(61) = 885.507$, $E(61) \approx 0{,}75 \cdot I(61) = 664.130$ und demnach $S(61) = 4.983.645$, wenn man noch den Daten des RKI die Geimpftenzahl $V(61) = 62.713.094$ (74,4 % der Bevölkerung) entnimmt. Soll die R-Kurve durch $R(90) = 21.093.324$ verlaufen, so ergibt sich $\gamma = 0{,}205$ und $\alpha = \frac{1{,}75}{N}$. Der Vergleich mit $I(61) \approx \frac{R(61)-R(60)}{\gamma} = 909.298$ ist mit dem gewählten Startwert sehr gut vereinbar. Weiter gilt $I_\infty = 3.628$ und somit (Kurve $R_{0,000185}$ in Abb. 6.5 rechts)

$$r_0 = 1{,}43, \quad R_\infty = 21{,}6 \text{ Mio.} \tag{6.6.3}$$

Die Kurve $R_{0,000185}$ liegt anfangs zwar unter der Kurve $R_{0,00123}$, sie knickt aber aufgrund der größeren Basisreproduktionszahl später als die erste Kurve ab und läuft hin zu einem höheren R_∞-Wert.

Ergebnis. Die Welle kann allein durch Impfen bei einer Durchimpfung von etwa 76 % zum Erliegen gebracht werden.

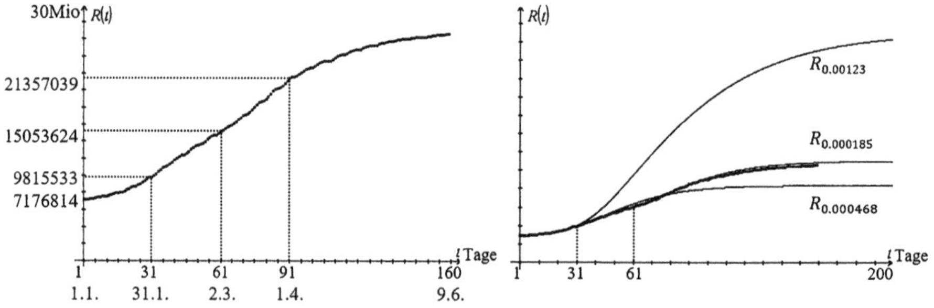

Abb. 6.6: Der Pandemieverlauf der fünften Welle in Deutschland.

7 Zeitverzögerte Epidemiemodelle

Sämtliche bisher untersuchten Systeme stellen Anfangswertprobleme dar, das heißt, es wird vom Zustand im Zeitpunkt der Gegenwart auf das Verhalten in der Zukunft geschlossen. Es ist damit zwingend, dass das Funktionsargument ausschließlich von der Variablen t abhängt. Realistische Modelle müssen hingegen auch Zustände der Vergangenheit miteinbeziehen. Es kann sein, dass Änderungen nicht unmittelbar, sondern erst nach einer Weile ihre Wirkung entfalten, ähnlich einer Schmerztablette mit retardierendem Effekt. Deshalb werden die zugehörigen Systeme Argumente sowohl in t, als auch in $t - T$, mit T = konstant enthalten müssen. Man nennt T die Verzögerungszeit. Wir werden sehen, dass schon ein einziges verzögertes Argument die mathematische Analyse erheblich erschweren wird. An dieser Stelle verweisen wir auf den 1. Band der sechsbändigen Reihe des Autors. Darin werden verschiedene Werkzeuge im Umgang mit verzögerten DGen zusammengestellt und ausgiebiger als in diesem Band eingeübt.

Die mathematische Analyse der vier Modelle in den folgenden Kapiteln ist etwas schwierig. Ein mögliches Werkzeug zur Behandlung solcher DGen stellt die Linearisierung des Systems dar.

Herleitung von (7.1)–(7.4)

Im Unterschied zu bisher sind die einzelnen Teilfunktionen nicht nur von t, sondern auch von $t - T_1, t - T_2, \dots, t - T_n$ abhängig. Um den Stabilitätssatz (3.1.2) anzuwenden, gehen wir wie bei (7.4.11) von einer DG der Form

$$\dot{\boldsymbol{y}}(t) = f(\boldsymbol{y}(t), \boldsymbol{y}(t - T_1), \boldsymbol{y}(t - T_2), \dots, \boldsymbol{y}(t - T_m)) \tag{7.1}$$

aus mit $f \in C^1(\mathbb{R}^n \times \mathbb{R}^n)$. Um die DG zu linearisieren, muss die Jacobi-Matrix bezüglich jedes Arguments ermittelt und diese im entsprechenden GP $\boldsymbol{y}_\infty$ ausgewertet werden. Nennen wir $A = Jf_{\boldsymbol{y}(t)}(\boldsymbol{y}_\infty)$ die Jacobi-Matrix bezüglich $\boldsymbol{y}(t) = (y_1(t), y_2(t), \dots, y_n(t))$ und $B_k = Jf_{\boldsymbol{y}(t-T_k)}(\boldsymbol{y}_\infty)$ die Jacobi-Matrix bezüglich

$$\boldsymbol{y}(t - T_k) = (y_1(t - T_k), y_2(t - T_k), \dots, y_n(t - T_k))$$

für $k = 1, 2, \dots, m$, so schreibt sich (7.1) mithilfe der Taylor-Entwicklung von f zu

$$\begin{aligned}\dot{\boldsymbol{y}}(t) &= f(\boldsymbol{y}(t))\\ &= A(\boldsymbol{y}(t) - \boldsymbol{y}_\infty) + \sum_{k=1}^{m} B_k(\boldsymbol{y}(t - T_k) - \boldsymbol{y}_\infty)\\ &\quad + g(\boldsymbol{y}(t) - \boldsymbol{y}_\infty) + \sum_{k=1}^{m} h_k(\boldsymbol{y}(t - T_k) - \boldsymbol{y}_\infty), \quad \text{also}\end{aligned}$$

$$\dot{\boldsymbol{y}}(t) \approx A(\boldsymbol{y}(t) - \boldsymbol{y}_\infty) + \sum_{k=1}^{m} B_k(\boldsymbol{y}(t - T_k) - \boldsymbol{y}_\infty) \tag{7.2}$$

https://doi.org/10.1515/9783111348018-007

mit

$$g(\boldsymbol{y}(t)-\boldsymbol{y}_\infty) = O(|\boldsymbol{y}(t)-\boldsymbol{y}_\infty|) \quad \text{und}$$
$$h_k(\boldsymbol{y}(t-T_k)-\boldsymbol{y}_\infty) = O(|\boldsymbol{y}(t-T_k)-\boldsymbol{y}_\infty|).$$

Wie schon beim Beweis von (3.1.2) (siehe Band 1) sind die Funktionen g und h_k stetig und die lokale asymptotische Stabilität von $\boldsymbol{y}_\infty$ wird allein durch die Eigenwerte λ_i bestimmt. Dabei muss die Matrixgleichung

$$A(\boldsymbol{y}(t)-\boldsymbol{y}_\infty) + \sum_{k=1}^{m} B_k(\boldsymbol{y}(t-T_k)-\boldsymbol{y}_\infty) - \lambda E = 0 \tag{7.3}$$

(E ist die Einheitsmatrix) über einen sinnvollen Ansatz für $\boldsymbol{y}(t)$ gelöst werden.

Setzt man $\boldsymbol{y}(t) = \boldsymbol{y}_\infty + \boldsymbol{z}(t)$ mit einer Störung $\boldsymbol{z}(t)$, so schreibt sich (7.3) als

$$A(\boldsymbol{z}(t)) + \sum_{k=1}^{m} B_k(\boldsymbol{z}(t-T_k)) - \lambda E = 0. \tag{7.4}$$

Damit kann man die Stabilität des GP $\boldsymbol{y}_\infty$ auf die Stabilität des Ursprungs abwälzen.

Bemerkung. Rekursionen mit Verzögerungen kann man mit dem TI-nspire CX CAS über ein Tabellenfenster behandeln. Da die dem Zeitpunkt $t = 0$ vorausgehenden Werte unbekannt sind, müssen sie gewählt werden. Die einfachst mögliche Variante besteht darin, diese gleich dem jeweiligen Startwert zu setzen. Im 1. Band der sechsbändigen Reihe des Autors findet sich sehr viel zusätzliches Material zur Analyse von zeitverzögerten DGen.

7.1 Zeitverzögertes SIR-Modell 1 mit Demographie

Unserem ersten Modell legen wir das SIR-Modell mit Demographie aus Kap. 5.1 zugrunde.

Herleitung von (7.1.1)–(7.1.7)

Als einzige Änderung soll die durchschnittliche Inkubationszeit, also die Zeit von der Ansteckung bis zur Infektiosität beachtet werden, um den Kontaktterm neu zu modellieren (in der Übersicht aus Kap. 4.1 die Verzögerungszeit T_1). Da es durchschnittlich T Tage von der Infizierung bis zur Infektiosität dauert, wird die Anzahl der Infizierten $I(t-T)$ zum Zeitpunkt $t-T$ erst zum Zeitpunkt t ansteckend sein. Der Kontaktterm für die Änderung der Infektiösenzahl pro Zeiteinheit zum Zeitpunkt t wird deshalb zu $aS(t)I(t-T)$ angesetzt. Damit erhält das Modell die Gestalt:

$$\begin{aligned}\dot{S} &= \varepsilon - \alpha S(t)I(t-T) - \mu S(t),\\ \dot{I} &= \alpha S(t)I(t-T) - \gamma I(t) - \mu I(t),\\ \dot{R} &= \gamma I(t) - \mu R(t).\end{aligned} \tag{7.1.1}$$

Bemerkung. Da T nur eine durchschnittliche Inkubationszeit meint, kann es natürlich sein, dass man schon nach einer Zeit $0 \le t \le T$ infektiös ist. Demnach müsste man den Kontakt der Suszeptiblen $S(t)$ mit jedem einzelnen Infektiösenwert $I(t-\tau)$ für $0 \le \tau \le T$ betrachten. Dies werden wir in Kap. 7.6 nachholen.

Die GPe des Systems (7.1.1) sind dieselben wie in (5.1.2), nämlich

$$G_1\left(\frac{\varepsilon}{\mu}, 0, 0\right) \quad \text{und} \quad G_2\left(\frac{\gamma+\mu}{\alpha}, \frac{\alpha\varepsilon - \mu(\gamma+\mu)}{\alpha(\gamma+\mu)}, \frac{\gamma[\alpha\varepsilon - \mu(\gamma+\mu)]}{\alpha\mu(\gamma+\mu)}\right),$$

weil $\lim_{t\to\infty} I(t) = \lim_{t\to\infty} I(t-T)$. Für eine lokale Stabilitätsuntersuchung bestimmen wir die Jacobi-Matrizen A und $B_1 = B$ gemäß (3.1.4) und erhalten:

$$A = \left.\begin{pmatrix} \frac{\partial f_1}{\partial S(t)} & \frac{\partial f_1}{\partial I(t)} & \frac{\partial f_1}{\partial R(t)} \\ \frac{\partial f_2}{\partial S(t)} & \frac{\partial f_2}{\partial S(t)} & \frac{\partial f_2}{\partial S(t)} \\ \frac{\partial f_3}{\partial S(t)} & \frac{\partial f_3}{\partial S(t)} & \frac{\partial f_3}{\partial S(t)} \end{pmatrix}\right|_{I(t-T)=I_\infty} = \begin{pmatrix} -\alpha I_\infty - \mu & 0 & 0 \\ \alpha I_\infty & -\gamma-\mu & 0 \\ 0 & \gamma & -\mu \end{pmatrix},$$

$$B = \left.\begin{pmatrix} \frac{\partial f_1}{\partial S(t-T)} & \frac{\partial f_1}{\partial I(t-T)} & \frac{\partial f_1}{\partial R(t-T)} \\ \frac{\partial f_2}{\partial S(t-T)} & \frac{\partial f_2}{\partial S(t-T)} & \frac{\partial f_2}{\partial S(t-T)} \\ \frac{\partial f_3}{\partial S(t-T)} & \frac{\partial f_3}{\partial S(t-T)} & \frac{\partial f_3}{\partial S(t-T)} \end{pmatrix}\right|_{S(t)=S_\infty} = \begin{pmatrix} 0 & -\alpha S_\infty & 0 \\ 0 & \alpha S_\infty & 0 \\ 0 & 0 & 0 \end{pmatrix}. \tag{7.1.2}$$

Interessant ist der endemische Fall mit G_2. Dazu setzen wir den Lösungsansatz (vgl. Herleitung von (3.1.6)) $\mathbf{z}(t) = e^{\lambda t} \cdot \boldsymbol{v}$ in die allgemeine Form der zeitverzögerten Systeme (7.2) ein, was $\lambda e^{\lambda t} \cdot \boldsymbol{v} = e^{\lambda t} \cdot A\boldsymbol{v} + e^{\lambda(t-T)} \cdot B\boldsymbol{v}$ oder $\lambda \cdot E\boldsymbol{v} = A\boldsymbol{v} + e^{-\lambda T} \cdot B\boldsymbol{v}$ und damit gemäß (7.4) der Matrixgleichung $(A + e^{-\lambda T}B - \lambda E) \cdot \boldsymbol{v} = 0$ mit einem Eigenvektor $\boldsymbol{v}$ entspricht. Daraus folgt schließlich das linearisierte System

$$\begin{aligned}\dot{S}_1(t) &= -(\alpha I_\infty + \mu)S_1(t) - \alpha S_\infty I_1(t-T),\\ \dot{I}_1(t) &= \alpha I_\infty S_1(t) + \alpha S_\infty I_1(t-T) - (\gamma+\mu)I_1(t),\\ \dot{R}_1(t) &= \gamma I_1(t) - \mu R_1(t).\end{aligned} \tag{7.1.3}$$

Man erzielt das Ergebnis (7.1.3) ebenfalls, wenn man $S(t) = S_\infty + S_1(t), I(t) = I_\infty + I_1(t)$ und $R(t) = R_\infty + R_1(t)$ ansetzt und die drei Ausdrücke in (7.1.1) einfügt. Es ergibt sich das System

$$\begin{aligned}\dot{S}_1(t) &= \varepsilon - \alpha[S_\infty + S_1(t)] \cdot [I_\infty + I_1(t-T)] - \mu[S_\infty + S_1(t)],\\ \dot{I}_1(t) &= \alpha[S_\infty + S_1(t)] \cdot [I_\infty + I_1(t-T)] - \gamma[I_\infty + I_1(t)] - \mu[I_\infty + I_1(t)],\end{aligned}$$

$$\dot{R}_1(t) = \gamma[I_\infty + I_1(t)] - \mu[R_\infty + R_1(t)]$$

und nach einigen Umformungen die DGen aus (7.1.3). Damit folgt auch die Bestimmungsgleichung

$$\det(A + e^{-\lambda T}B - \lambda E) = \det\begin{pmatrix} -\alpha I_\infty - \mu - \lambda & -\alpha S_\infty e^{-\lambda T} & 0 \\ \alpha I_\infty & \alpha S_\infty e^{-\lambda T} - (\gamma + \mu) - \lambda & 0 \\ 0 & \gamma & -\mu - \lambda \end{pmatrix} = 0.$$

Die charakteristische Gleichung schreibt sich dann nacheinander als

$$(\lambda + \mu)\{(\alpha I_\infty + \mu + \lambda)[\alpha S_\infty e^{-\lambda T} - (\gamma + \mu) - \lambda] - \alpha^2 S_\infty I_\infty e^{-\lambda T}\} = 0,$$
$$(\lambda + \mu)\{-\alpha I_\infty(\gamma + \mu) - \alpha I_\infty \lambda + \alpha(\mu + \lambda)S_\infty e^{-\lambda T} - (\mu + \lambda)(\gamma + \mu) - (\mu + \lambda)\lambda\} = 0,$$
$$(\lambda + \mu)\{\lambda^2 + (\alpha I_\infty + \gamma + 2\mu)\lambda + (\alpha I_\infty + \mu)(\gamma + \mu) - \alpha S_\infty(\lambda + \mu)e^{-\lambda T}\} = 0$$

und

$$(\lambda + \mu)[\lambda^2 + c_1\lambda + c_2 + (d_1\lambda + d_2)e^{-\lambda T}] = 0, \tag{7.1.4}$$

wobei $c_1 = \alpha I_\infty + \gamma + 2\mu$, $c_2 = (\alpha I_\infty + \mu)(\gamma + \mu)$, $d_1 = -\alpha S_\infty$, $d_2 = -\alpha\mu S_\infty$.

Bemerkung. Da die Variable $R(t)$ in den ersten beiden Gleichungen von (7.1.3) nicht vorkommt, könnte man auch das reduzierte System analysieren. Die entsprechende charakteristische Gleichung besteht dann aus der zweiten Klammer von (7.1.4) allein.

Behauptung: Die Gleichung (7.1.4) besitzt ausschließlich entweder reelle negative Eigenwerte oder komplexe Eigenwerte mit negativem Realteil. Wenn dies der Fall ist, dann ist das System (7.1.1) für jedes $T \neq 0$ lokal asymptotisch stabil.

Beweis. Der erste Eigenwert ist $\lambda = -\mu$. Damit beschränken wir uns auf die quadratische Gleichung

$$\lambda^2 + c_1\lambda + c_2 + (d_1\lambda + d_2)e^{-\lambda T} = 0. \tag{7.1.5}$$

1. Wir wählen in einem ersten Schritt $T = 0$ und erhalten

$$\lambda^2 + (c_1 + d_1)\lambda + c_2 + d_2 = 0. \tag{7.1.6}$$

Dabei sind

$$c_1 + d_1 = \alpha I_\infty + \gamma + 2\mu - \alpha S_\infty = \frac{\alpha\varepsilon - \mu(\gamma + \mu)}{(\gamma + \mu)} + \mu = \frac{\alpha\varepsilon}{\gamma + \mu} > 0 \quad \text{und}$$
$$c_2 + d_2 = (\alpha I_\infty + \mu)(\gamma + \mu) - \alpha\mu S_\infty = \alpha\varepsilon - \mu(\gamma + \mu) > 0.$$

Die letzte Ungleichung gilt aufgrund von (5.1.3) mit $r_0 = \frac{\alpha\varepsilon}{\mu(\gamma+\mu)} > 1$. Kürzen wir nun $a := c_1 + d_1$ und $b := c_2 + d_2$ ab, so schreibt sich (7.1.6) als $\lambda^2 + a\lambda + b = 0$ mit $a, b \in \mathbb{R}^+$. Die Lösungen sind dann $x_{1,2} = \frac{-a\pm\sqrt{D}}{2}$ mit $D = a^2 - 4b$. Ist nun $D > 0$, dann gilt $\sqrt{D} < a$, $\lambda_{1,2} < 0$ und beide Lösungen sind reell. Im Fall $D < 0$ ist $\lambda_{1,2} = \frac{-a\pm i\sqrt{|D|}}{2}$, die Lösungen konjugiert komplex, aber mit negativem Realteil. Somit besitzt (7.1.6) ausschließlich Eigenwerte mit negativem Realteil.

Bemerkung. Man kann den Beweis auch mit dem Kriterium von Routh-Hurwitz führen. Dazu muss $a_0, a_1, a_2 > 0$ gesichert sein, was erfüllt ist.

2. Nun sei $T \neq 0$ ($T > 0$). Insbesondere betrachten wir rein imaginäre Eigenwerte $\lambda = \pm i\omega$ von (7.1.5). Wir können uns auf $\lambda = i\omega$ beschränken. Durch Widerspruch soll gezeigt werden, dass rein imaginäre Eigenwerte unmöglich sind. Dazu fügen wir den Ansatz in (7.1.5) ein und erhalten $-\omega^2 + i\omega c_1 + c_2 + (i\omega d_1 + d_2)e^{-i\omega T} = 0$. Weiter gilt $-\omega^2 + i\omega c_1 + c_2 + (d_2 + i\omega d_1)(\cos\omega T - i\sin\omega T) = 0$ und aufgespalten in Real- und Imaginärteil

$$c_2 - \omega^2 = -(d_2\cos\omega T + \omega d_1\sin\omega T), \qquad \omega c_1 = (d_2\sin\omega T - \omega d_1\cos\omega T).$$

Beide Seiten werden quadriert und danach die Summe gebildet. Es entsteht

$$\begin{aligned}(c_2 - \omega^2)^2 + c_1^2\omega^2 &= d_2^2 + d_1^2\omega^2 \quad \text{und}\\ \omega^4 + (c_1^2 - 2c_2 - d_1^2)\omega^2 + c_2^2 - d_2^2 &= 0. \end{aligned} \tag{7.1.7}$$

Dabei ist

$$\begin{aligned} a &:= c_1^2 - 2c_2 - d_1^2 = (\alpha I_\infty + \gamma + 2\mu)^2 - 2(\alpha I_\infty + \mu)(\gamma + \mu) - \alpha^2 S_\infty^2\\ &= (\alpha I_\infty + \mu)^2 + (\gamma + \mu)^2 - \alpha^2\frac{(\gamma+\mu)^2}{\alpha^2} = (\alpha I_\infty + \mu)^2 > 0 \quad \text{und}\\ b &:= c_2^2 - d_2^2 = (c_2 + d_2)(c_2 - d_2) = [\alpha\varepsilon - \mu(\gamma+\mu)] \cdot [(\alpha I_\infty + \mu)(\gamma + \mu) + \alpha\mu S_\infty] > 0. \end{aligned}$$

Der zweite Faktor ist positiv und der erste Faktor ist es aufgrund der Form von r_0 (siehe Teil 1.). Damit sind die Voraussetzungen des ersten Teils erfüllt. Setzen wir in (7.1.7) $z = \omega^2$, so sind die Lösungen für z bzw. ω^2 negativ und reell, also $\omega^2 < 0$, was ein Widerspruch ist, da $\omega \in \mathbb{R}$. Damit liegen die Eigenwerte λ nie auf der imaginären Achse. Zusammenfassend bedeutet das Folgendes: Startet man bei $T = 0$, so besitzt die charakteristische Gleichung (7.1.4) bzw. (7.1.5) nur Eigenwerte mit negativem Realteil. Wählt man danach $T \neq 0$ beliebig, so ist es aufgrund der Stetigkeit von $\lambda(T)$ unmöglich, dass auch nur ein Eigenwert auf der komplexen Achse zu liegen kommt, ganz zu schweigen von der Möglichkeit, dass ein Eigenwert bei Änderung von T die imaginäre Achse kreuzen könnte. Folglich müssen alle Eigenwerte in der linken Halbebene verbleiben. q. e. d.

Ergebnis. Der GP G_2 ist für alle Verzögerungszeiten T lokal asymptotisch stabil.

Beispiel. Betrachten Sie das System (7.1.1) mit folgenden Größen: $\varepsilon = 1$, $\alpha = 0{,}001$, $\gamma = 0{,}1$, $\mu = 0{,}004$, $S_0 = 199$, $I_0 = 1$ und $R_0 = 0$. Die Werte entsprechen exakt dem Beispiel aus Kap. 5.1 für das unverzögerte SIR-Modell. Führen Sie eine Simulation mit $\Delta t = 0{,}1$ Tagen und $n = 2.500$ Schritte durch für a) $T = 2$ und b) $T = 5$. Setzen Sie für die „Vorgeschichte" schlicht $S \equiv 199$, $I \equiv 1$ und $R \equiv 0$.

Lösung.

a) In einem Tabellenfenster definiert man in der ersten Spalte $a1 = -2$ und es folgt $a21 = 0$. Weiter setzt man in der zweiten Spalte $b1$ bis $b21$ gleich 199, in der dritten Spalte $c1$ bis $c21$ gleich 1 und in der vierten Spalte $d1$ bis $d21$ gleich 0. Weiter erzeugt man in den Feldern $b22$, $c22$ und $c22$ die Befehle:

$$b22 = b21 + 0.1 \cdot (1 - 0.001 \cdot b21 \cdot c1 - 0.004 \cdot b21),$$
$$c22 = c21 + 0.1 \cdot (0.001 \cdot b21 \cdot c1 - 0.104 \cdot c21) \quad \text{und}$$
$$d22 = d21 + 0.1 \cdot (0.1 \cdot c21 - 0.004 \cdot d21).$$

Schließlich lässt man die weiteren Felder ausfüllen. Man erhält die drei fett markierten Verläufe aus Abb. 7.1 links. Zum Vergleich sind die drei unverzögerten Punktfolgen fein gekennzeichnet.

b) Im Fall von $T = 5$ ist $a1 = -5$ und $a51 = 0$, $b1$ bis $b51$ gleich 199, $c1$ bis $c51$ gleich 1 und $d1$ bis $d51$ gleich 0. In den oben stehenden Befehlen wird lediglich der Index 21 durch 51 ersetzt. Es ergeben sich die fett gezeichneten Punktfolgen aus Abb. 7.1 rechts.

Man erkennt, dass bei gleichbleibenden Raten die Graphen den nicht verzögerten Graphen nachlaufen. Dieser Effekt wächst mit größerem T an. Insbesondere würde bei wachsender Verzögerungszeit die Kurve der Infektiösenzahl immer weiter abflachen. Dies liegt daran, dass der Kontaktterm $\alpha S(t)I(t - T)$ mit wachsendem T kleinere Werte liefert.

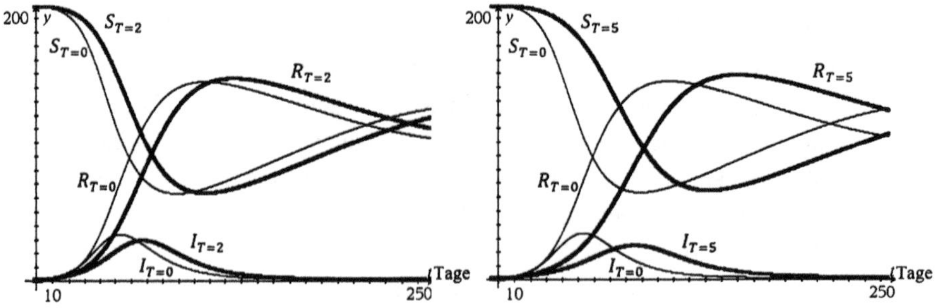

Abb. 7.1: Simulationen zum zeitverzögerten SIR-Epidemiemodell 1.

7.2 Zeitverzögertes SIR-Modell 2 mit Demographie

Herleitung von (7.2.1) und (7.2.2)

In diesem Modell wird die Infektionszeit T beachtet, also die durchschnittliche Infektionszeit oder besser Ausscheidungszeit aus der I-Klasse (in der Übersicht aus Kap. 4.1 die Verzögerungszeit T_3). Sie betrifft sowohl die Isolierten und Immunen als auch die Verstorbenen, also alle, die aus genannten Gründen nicht mehr infektiös sind. Die Änderung der Infektiösen zur Zeit t wird sich damit proportional auf die Anzahl $I(t-T)$ beziehen, weil die Infektionszeit durchschnittlich T Tage dauert. Davon unbetroffen bleibt die Änderung der Infektiösen zur Zeit t aufgrund der natürlichen Sterberate, diese wird weiterhin als proportional zu $I(t)$ modelliert. Man erhält:

$$\begin{aligned}
\dot{S} &= \varepsilon - \alpha S(t)I(t) - \mu S(t),\\
\dot{I} &= \alpha S(t)I(t) - \gamma I(t-T) - \mu I(t),\\
\dot{R} &= \gamma I(t-T) - \mu R(t).
\end{aligned} \tag{7.2.1}$$

Man erhält dieselben GPe wie im vorangehenden, verzögerten SIR-Modell, nämlich

$$G_1\left(\frac{\varepsilon}{\mu}, 0, 0\right) \quad \text{und} \quad G_2\left(\frac{\gamma+\mu}{\alpha}, \frac{\alpha\varepsilon - \mu(\gamma+\mu)}{\alpha(\gamma+\mu)}, \frac{\gamma[\alpha\varepsilon - \mu(\gamma+\mu)]}{\alpha\mu(\gamma+\mu)}\right).$$

Die lokale Stabilitätsuntersuchung für G_2 ($r_0 > 1$) benötigt einige Vorbereitungen.

Vorbereitung 1.

Voraussetzung:

$$f : \mathbb{R} \to \mathbb{R} \quad \text{mit} \quad f(x) = x^2 + px + r. \tag{7.2.2}$$

Behauptungen:

(V1a) $r < 0$. f besitzt mindestens eine positive Nullstelle.

(V1b) $r \geq 0$. f besitzt mindestens eine positive Nullstelle $\Rightarrow$ $p < 0$.

(V1c) $r \geq 0$. f besitzt mindestens eine positive Nullstelle $\Leftrightarrow$ $p < 0$ und $f(x_s) \leq 0$.

Beweis.

(V1a) Da $f(0) = r < 0$ und $\lim_{x\to\infty} f(x) = \infty$, muss ein $x_* \in (0,\infty)$ mit $f(x_*)$ existieren.

(V1b) Wir betrachten $f'(x) = 2x + p$. Nullsetzen ergibt $x_s = -\frac{p}{2}$ für die x-Koordinate des Scheitelpunkts. Damit mindestens eine positive Nullstelle existiert, muss $x_s > 0$, also $p < 0$ sein, da $f(0) = r \geq 0$. Dies ist die notwendige Bedingung.

(V1c) „$\Leftarrow$“. Mit $p < 0$ ist $x_s > 0$ und $f(x_s) = r - \frac{p^2}{4} \leq 0$ sichert mindestens eine positive Nullstelle.

„$\Rightarrow$“. Dies zeigen wir indirekt. Dazu gibt es zwei Fälle:

i) Annahme $p \geq 0$. Dann wäre $x_s < 0$. Weil f ab dem Minimum monoton wächst und $f(0) = r \geq 0$, kann keine positive Nullstelle existieren.

ii) Annahme $p < 0$ und $f(x_s) > 0$. Wiederum gilt wegen der Monotonie, dass $f(x) > f(x_s)$, womit keine positive Nullstelle möglich ist. q. e. d.

Weiter bestimmen wir die Jacobi-Matrizen des Systems (7.2.1).

Herleitung von (7.2.3)–(7.2.5)
Mit dem Ansatz $\mathbf{z}(t) = e^{\lambda t} \cdot \mathbf{v}$ gehen wir in Gleichung (7.3.1) und erhalten das linearisierte System

$$\begin{aligned}\dot{S}_1(t) &= -(aI_\infty + \mu)S_1(t) - aS_\infty I_1(t),\\ \dot{I}_1(t) &= aI_\infty S_1(t) - \gamma I_1(t-T) + (aS_\infty - \mu)I_1(t),\\ \dot{R}_1(t) &= \gamma I_1(t-T) - \mu R_1(t)\end{aligned} \tag{7.2.3}$$

zusammen mit der Matrixgleichung $(A + e^{-\lambda T}B - \lambda E) \cdot \mathbf{v} = 0$ mit

$$A = \begin{pmatrix} -aI_\infty - \mu & -aS_\infty & 0 \\ aI_\infty & aS_\infty - \mu & 0 \\ 0 & 0 & -\mu \end{pmatrix} \quad \text{und} \quad B = \begin{pmatrix} 0 & 0 & 0 \\ 0 & -\gamma & 0 \\ 0 & \gamma & 0 \end{pmatrix}.$$

Somit gilt es, die Gleichung

$$\det \begin{pmatrix} -aI_\infty - \mu - \lambda & -aS_\infty & 0 \\ aI_\infty & -\gamma e^{-\lambda T} + aS_\infty - \mu - \lambda & 0 \\ 0 & \gamma e^{-\lambda T} & -\mu - \lambda \end{pmatrix} = 0$$

zu lösen. Man erhält $(\lambda+\mu)[(aI_\infty+\mu+\lambda)(-aS_\infty+\mu+\lambda+\gamma e^{-\lambda T})+a^2 S_\infty I_\infty] = 0$. Damit beträgt der erste Eigenwert $\lambda = -\mu$ und man kann sich auf die eckige Klammer konzentrieren. Diese vereinfacht sich zu

$$\lambda^2 + c_1\lambda + c_2 + (d_1\lambda + d_2)e^{-\lambda T} = 0 \tag{7.2.4}$$

mit $c_1 = aI_\infty - \gamma + \mu$, $c_2 = \mu(aI_\infty - \gamma)$, $d_1 = \gamma$, $d_2 = \gamma(aI_\infty + \mu)$.

Wie schon beim vorherigen Modell hätten die beiden ersten DGen von (7.2.1) für das Stabilitätsverhalten von G_2 ausgereicht, weil die Variable R nur in der dritten Gleichung erscheint.

Vorbereitung 2.

Voraussetzung: Gleichung (7.2.4) für $T = 0$, also

$$\lambda^2 + c_1\lambda + c_2 + (d_1\lambda + d_2) = 0. \tag{7.2.5}$$

(V2) Behauptung: (7.2.4) besitzt nur Eigenwerte mit negativem Realteil.

Beweis. Dazu schreiben wir (7.2.5) als $\lambda^2+(c_1+d_1)\lambda+c_2+d_2 = 0$. Nun verwenden wir das in Kap. 5.6 formulierte Kriterium von Routh-Hurwitz. Dabei setzen wir $r_0 > 0$ voraus, denn G_2 existiert nur in diesem Fall. Es gilt lediglich, $a_1 = c_1+d_1 > 0$ und $a_0 = c_2+d_2 > 0$ zu zeigen. Man erhält $c_1 + d_1 = aI_\infty + \mu = a\varepsilon > 0$, $c_2 + d_2 = \mu(aI_\infty - \gamma) + \gamma(aI_\infty + \mu) = a\varepsilon - \mu(\gamma + \mu) > 0$, da $r_0 > 0$. q. e. d.

Nun untersuchen wir, unter welchen Bedingungen die charakteristische Gleichung (7.2.5) rein imaginäre Eigenwerte $\lambda = \pm i\omega$ hervorbringen kann.

Herleitung von (7.2.6)–(7.2.10)

Wiederum beschränken wir uns auf $\lambda = +i\omega$. Aus (7.2.8) werden wir entnehmen, dass es höchstens zwei Werte für ω, also höchstens ω_1 und ω_2 geben kann. Gleichung (7.2.4) erhält dann die Gestalt:

$$-\omega^2 + i\omega c_1 + c_2 + (i\omega d_1 + d_2)e^{-i\omega T} = 0 \quad \text{oder}$$
$$-\omega^2 + i\omega c_1 + c_2 + (d_2 + i\omega d_1)(\cos\omega T - i\sin\omega T) = 0.$$

Aufgespalten in Real- und Imaginärteil erhält man

$$\begin{aligned} c_2 - \omega^2 &= -(d_2\cos\omega T + \omega d_1 \sin\omega T) \\ \omega c_1 &= d_2 \sin\omega T - \omega d_1 \cos\omega T. \end{aligned} \tag{7.2.6}$$

Quadratur beider Seiten und anschließende Addition liefert

$$\left(c_2 - \omega^2\right)^2 + c_1^2\omega^2 = d_2^2 + d_1^2\omega^2. \tag{7.2.7}$$

Letztlich wird noch ausmultipliziert und es entsteht

$$x^2 + px + r = 0 \tag{7.2.8}$$

mit $x = \omega^2$, $p = c_1^2 - 2c_2 - d_1^2$ und $r = c_2^2 - d_2^2$.

Damit ist Gleichung (7.2.8) identisch mit (7.2.2).

Diese Tatsache verwenden wir anschließend. Zunächst soll aus dem System (7.2.6) die Lösung für die Verzögerungszeit ermittelt werden. Die beiden Gleichungen werden entsprechend erweitert und man erhält

$$\begin{aligned} \sin\omega T &= \frac{\omega(d_1\omega^2 + c_1d_2 - c_2d_1)}{d_2^2 + d_1^2\omega^2} =: s_1(\omega) \quad \text{oder} \\ \cos\omega T &= \frac{(d_2 - c_1d_1)\omega^2 - c_2d_2}{d_2^2 + d_1^2\omega^2} =: s_2(\omega). \end{aligned} \tag{7.2.9}$$

Da $\arccos(y) = \pi - \arccos|y|$, ergibt sich je nach Vorzeichen von $s_1(\omega_k)$, $s_2(\omega_k)$ beispielsweise in der Kosinusversion

$$T_{n,k} = \begin{cases} \frac{1}{\omega_k}\{\arccos[s_2(\omega_k)] + 2n\pi\}, & n = 0,1,2,\dots, \quad \text{falls } s_2(\omega_k) > 0, \\ \frac{1}{\omega_k}\{(2n+1)\pi - \arccos|s_2(\omega_k)|\}, & n = 0,1,2,\dots, \quad \text{falls } s_2(\omega_k) \le 0. \end{cases} \tag{7.2.10}$$

Dabei beinhaltet $\arccos[s_2(\omega_k)]$ immer zwei Werte. Im Fall $s_2(\omega_k) > 0$ liegt der erste Wert im Intervall $(0, \frac{\pi}{2})$ und der zweite Wert im Intervall $(\frac{3\pi}{2}, 2\pi)$. Weiter bezeichnen wir mit $T_0 = \min\{T_k,\ n = 0,\ k = 1,2\}$ die kleinstmögliche Verzögerungszeit derart, dass (7.2.4) mindestens ein Paar, aber höchstens zwei Paare mit rein imaginärem Eigenwerte besitzt. Entsprechend folgt $\omega(T_0) := \omega_0$. Man erkennt, dass unendlich viele, abzählbare Verzögerungszeiten existieren, welche Lösungen des Systems (7.2.6) sind. Die beiden Gleichungen (7.2.8) und (7.2.10) führen zur

Vorbereitung 3.

Voraussetzung: Die charakteristische Gleichung (7.2.7) $x^2 + px + r = 0$.

Behauptungen:

(V3a) $r \ge 0$ und $p \ge 0$. Sämtliche Nullstellen oder Eigenwerte von (7.2.4) besitzen für $T \ge 0$ negativen Realteil.

(V3b) $r < 0$ oder $r \ge 0$, $p < 0$ und $f(x_s) \le 0$. Sämtliche Eigenwerte von (7.2.4) besitzen für $T \in [0, T_0)$ negativen Realteil. Im Fall $T = T_0$ gibt es ein Paar rein komplexer Eigenwerte $\lambda_{1,2} = \pm i\omega(T_0)$.

Beweis.

(V3a) Die Vorbereitung (V2) sichert für (7.2.5), also (7.2.4) mit $T = 0$, lauter Eigenwerte mit negativem Realteil. Im Fall von $T > 0$ gilt nach der Umkehrung von (V1b), dass (7.2.4) bzw. (7.2.6) mit $x = \omega^2$ keine positive Nullstelle besitzt, was $x = \omega^2 < 0$ nach sich zieht. Da $\omega \in \mathbb{R}$, kann (7.2.4) keine rein imaginären Eigenwerte hervorbringen. Aufgrund der Stetigkeit von $\lambda(T)$ verbleiben demnach alle Eigenwerte von (7.2.4) in der linken Halbebene.

(V3b) Wir betrachten wiederum (7.2.5) für $T = 0$ mit lauter Eigenwerten mit negativem Realteil. Ist nun $T > 0$ und $r < 0$, so besitzt (7.2.8) mit $x = \omega^2$ aufgrund von (V1a) mindestens eine positive Nullstelle, sodass $x = \omega^2 > 0$ und man die Wurzel ziehen könnte. Gemäß (7.2.10) gilt dies aber erst, wenn $T = T_0$. Falls $T \in [0, T_0)$, so ist das unmöglich. Folglich erzeugt (7.2.4) aufgrund der Stetigkeit von $\lambda(T)$ für $T \in [0, T_0)$ lauter Eigenwerte mit negativem Realteil. Für $T = T_0$ ist $x = [\omega(T_0)]^2 > 0$ und es existiert ein rein komplexes Eigenwertpaar $\lambda_{1,2} = \pm i\omega(T_0)$. Bei einer Wahl von $r \ge 0$, $p < 0$ und $f(x_s) \le 0$ ergibt sich dasselbe Ergebnis mithilfe von (V1c). Wie sich die Tatsache der Existenz dieses Eigenwertpaars auf die Trajektorie bzw. die Stabilität der Lösung auswirkt, formulieren wir im untenstehenden Ergebnis.

q. e. d.

Letztlich kann man noch untersuchen, wie sich ein beliebiges rein komplexes Eigenwertpaar in einer kleinen Umgebung $U = (T_n - \varepsilon, T_n + \varepsilon)$ von T_n ändert, wenn man T leicht variiert. Insbesondere interessiert uns das Vorzeichen des Realteils.

Herleitung von (7.2.11)–(7.2.14)
Dabei untersuchen wir nicht den Realteil selber, sondern die Ableitung desselben nach T. Dessen Wert zeigt uns, ob der Realteil beim Übergang durch die imaginäre Achse positiv oder negativ wird.

Vorbereitung 4.

Voraussetzungen: $\lambda(T) = \sigma(T) + i\omega(T)$ als Funktion von T sei die stetige Darstellung für die Änderung eines der zwei möglichen Eigenwerte ω_k. Der Einfachheit halber verzichten wir auf den Index k. Dabei gilt $\sigma(T_n) = 0$ und $\omega(T_n)$ genügt der Lösung von (7.2.6). Weiter ist $\lambda(T)$ Lösung der Gleichung (7.2.4).
(V4) Behauptung: $\sigma(U) > 0$ für alle $T \in U$ und alle n.

Beweis. Abermals beschränken wir uns auf einen positiven Imaginärteil von $\lambda(T)$. Die Berechnung des Ausdrucks $\frac{d\lambda}{dT}$ bzw. $(\frac{d\lambda}{dT})^{-1}$ ist etwas umständlich, weswegen wir kurz ein allgemeines Ergebnis herleiten, das für weitere Modelle verwendbar ist. Ausgangspunkt sei eine Gleichung der Form $f(\lambda) + g(\lambda)e^{-\lambda T} = 0$. Die Ableitung nach T auf beiden Seiten ergibt nacheinander

$$\begin{aligned} \frac{df}{d\lambda} \cdot \frac{d\lambda}{dT} + \frac{dg}{d\lambda} \cdot \frac{d\lambda}{dT} e^{-\lambda T} + g(\lambda)e^{-\lambda T}\left(-\frac{d\lambda}{dT}T - \lambda\right) &= 0, \\ \frac{df}{d\lambda} \cdot \frac{d\lambda}{dT} - \frac{dg}{d\lambda} \cdot \frac{d\lambda}{dT} \cdot \frac{f(\lambda)}{g(\lambda)} + \frac{d\lambda}{dT} Tf(\lambda) + \lambda f(\lambda) &= 0, \\ \frac{d\lambda}{dT}\left[\frac{dg}{d\lambda} \cdot \frac{f(\lambda)}{g(\lambda)} - \frac{df}{d\lambda} - Tf(\lambda)\right] &= \lambda f(\lambda) \end{aligned}$$

und schließlich

$$\left(\frac{d\lambda}{dT}\right)^{-1} = -\frac{\frac{df}{d\lambda}}{\lambda f(\lambda)} + \frac{\frac{dg}{d\lambda}}{\lambda g(\lambda)} - \frac{T}{\lambda}. \tag{7.2.11}$$

Damit schreiben wir (7.2.4) als $f(\lambda)+g(\lambda)e^{-\lambda T} = 0$ mit $f(\lambda) = \lambda^2+c_1\lambda+c_2$, $g(\lambda) = d_1\lambda+d_2$ und (7.2.11) liefert

$$\left(\frac{d\lambda}{dT}\right)^{-1} = -\frac{2\lambda + c_1}{\lambda(\lambda^2 + c_1\lambda + c_2)} + \frac{d_1}{\lambda(d_1\lambda + d_2)} - \frac{T}{\lambda}. \tag{7.2.12}$$

Nun wird (7.2.12) für $\lambda(T) = i\omega(T)$, also inbesondere $\sigma(T) = 0$, ausgewertet. Es entsteht

$$\begin{aligned} \left(\frac{d\lambda}{dT}\right)^{-1}(i\omega) &= \frac{-2\omega + ic_1}{\omega(c_2 - \omega^2 + ic_1\omega)} - \frac{id_1}{\omega(d_2 + id_1\omega)} + \frac{iT}{\omega} \\ &= \frac{-2\omega(c_2 - \omega^2) + c_1^2\omega + ic_1(c_2 + \omega^2)}{\omega[(c_2 - \omega^2)^2 + c_1^2\omega^2]} - \frac{d_1^2\omega + id_1d_2}{\omega(d_2^2 + d_1^2\omega^2)} + \frac{iT}{\omega} \end{aligned}$$

und demnach

$$\mathrm{Re}\left[\left(\frac{d\lambda}{dT}\right)^{-1}(i\omega)\right] = \frac{-2(c_2-\omega^2)+c_1^2}{(c_2-\omega^2)^2+c_1^2\omega^2} - \frac{d_1^2}{d_2^2+d_1^2\omega^2}. \tag{7.2.13}$$

Aufgrund der Identität (7.2.7) folgt

$$\mathrm{Re}\left[\left(\frac{d\lambda}{dT}\right)^{-1}(i\omega)\right] = \frac{-2(c_2-\omega^2)+c_1^2}{d_2^2+d_1^2\omega^2} - \frac{d_1^2}{d_2^2+d_1^2\omega^2} = \frac{2\omega^2+c_1^2-2c_2-d_1^2}{d_2^2+d_1^2\omega^2} \tag{7.2.14}$$

und das Vorzeichen des Zählers $Z(\omega)$ von (7.2.14) ist maßgebend. Es gilt $Z(\omega) = 2\omega^2+c_1^2-2c_2-d_1^2 = 2x+p = f'(x)$ mit $x=\omega^2$. Dies entspricht der Ableitung der charakteristischen Gleichung (7.2.8). Die Nullstelle von $f'(x)$ ist $x_s = -\frac{p}{2}$. Da nach (V3b) $p < 0$ Bedingung für einen rein komplexen Eigenwert ist, folgt $x_s = \omega^2 > 0$, womit eine positive Nullstelle existiert. Für jedes $k = 1, 2$ müsste nun $Z(\omega_k)$ ermittelt werden. Wir können auch durch Widerspruch zeigen, dass $Z(\omega) > 0$ sein muss. Nehmen wir an, das Gegenteil $\frac{d\sigma(T)}{dT}(T = T_n) < 0$ sei der Fall. Dann müsste aufgrund der Stetigkeit auch $\frac{d\sigma(T)}{dT} < 0$ in einer kleinen Umgebung von T_n sein. Folglich wäre $\sigma(T) > 0$ in dieser Umgebung, weil der Wert von $\sigma(T)$ auf $\sigma(T_n) = 0$ absinkt. Dies wäre aber ein Widerspruch zu (V3b), dass nebst den rein komplexen Eigenwerten alle restlichen negativen Realteil besitzen. q. e. d.

Nun können wir endlich die gesamten Vorbereitungen in Zusammenhang mit der Stabilität von G_2 bringen.

Ergebnisse.
1. Für $r \geq 0$ und $p \geq 0$ ist der GP G_2 für alle $T \geq 0$ lokal asymptotisch stabil (V3a).
2. Ist $r < 0$ oder $r \geq 0, p < 0$ und $f(x_s) \leq 0$, dann ist G_2 für alle $T < T_0$ lokal asymptotisch stabil (V3b).
3. Für $T = T_0$ entsteht eine superkritische Hopf-Verzweigung, was bedeutet, dass die Trajektorie einen stabilen Grenzzyklus um G_2 beschreibt.
4. Der Grenzzyklus wird seinerseits für $T > T_0$ erneut von einem instabilen G_2, einer von G_2 ausgehenden räumlichen Spirale im Phasenraum, abgelöst. Letztes gilt aufgrund von (7.2.14), denn nach dem Übergang durch die imaginäre Achse besitzt der Eigenwert positiven Realteil und dieser eine Eigenwert verunmöglicht die asymptotische Stabilität. Für $T_0 < T < T_1$ bleibt der Realteil des Eigenwerts positiv und G_2 somit instabil, für $T = T_1$ entsteht kurzzeitig abermals ein Grenzzyklus, für $T_1 < T < T_2$ bleibt der GP aber instabil usw. Somit ergeben sich bei $T = T_n$, $n = 1, 2, 3, \ldots$ zwar Grenzzyklen, aber diese Verzögerungszeiten entsprechen keinen Hopf-Verzweigungen mehr.

Bemerkungen.

1. Eine Verzweigung bezeichnet eine Stabilitätsänderung. Beispiele, Normalformen, Klassifikationen usw. in Zusammenhang mit dem Begriff der Verzweigung kann man im 1. Band der erwähnten sechsbändigen Reihe nachlesen.
2. Im Phasenraum könnte man beispielsweise $I(t)$ als Funktion von $(S(t), E(t))$ darstellen. Zweidimensional kann man die drei Projektionen der räumlichen Bahn betrachten. Wählt man hingegen die Darstellung von $S(t)$, $E(t)$ und $I(t)$ als Funktion von t, so zeigt sich der Grenzzyklus dahin gehend, dass alle drei Kurven um den jeweiligen Gleichgewichtswert oszillieren.

Beispiel. Gegeben ist das System (7.2.1) mit $\varepsilon = 1$, $\alpha = 0{,}001$, $\gamma = 0{,}1$, $\mu = 0{,}004$, $S_0 = 100$, $I_0 = 5$ und $R_0 = 95$. Die Werte entsprechen exakt dem Beispiel aus Kap. 5.1 für das unverzögerte SIR-Modell. Es gilt $G_2(104,\ 5{,}61,\ 140{,}39)$.

a) Berechnen Sie aus den gegebenen Daten die minimale Verzögerungszeit T_0.
b) Stellen Sie die Diskretisierung der drei Größen S, I und R im Tabellenfenster für eine Verzögerungszeit von $T = 5$ und einem Zeitschritt $\Delta t = 0{,}2$ Tage auf. Führen Sie sodann eine Simulation mit $n = 2.500$ Schritten durch. Setzen Sie für die „Vorgeschichte" schlicht $S \equiv 100$, $I \equiv 5$ und $R \equiv 95$. Stellen Sie einerseits $I(t)$ und die verzögerte Punktfolge $I_{T=5}(t)$ und anderseits die $I(S)$- bzw. $I_{T=5}(S)$- Trajektorie dar.
c) Wiederholen Sie die Simulation für $T = 6{,}5$ und $T = 7$. Stellen Sie auch in diesen beiden Fällen jeweils die $I_{T=6.5}(S)$- und die $I_{T=7}(S)$-Trajektorie dar.

Lösung.

a) Man erhält nacheinander $c_1 = -9{,}04 \cdot 10^{-2}$, $c_2 = -3{,}78 \cdot 10^{-4}$, $d_1 = 0{,}1$, $d_2 = 9{,}61 \cdot 10^{-4}$. Daraus folgen $p = -1{,}08 \cdot 10^{-3}$ und $r = -7{,}82 \cdot 10^{-7} < 0$. Damit ist nach dem zweiten Ergebnis G_2 für alle $T < T_0$ lokal asymptotisch stabil. Mit (7.2.8) folgen $\omega_1^2 = -4{,}97 \cdot 10^{-4}$ und $\omega_2^2 = 1{,}57 \cdot 10^{-3}$, wobei nur ω_2 möglich ist. (7.2.9) und (7.2.10) führen zu $\cos \omega_2 T = s_2(\omega_2) = 0{,}966$ und $T_{n,2} = \frac{1}{\omega_2}\{\arccos[s_2(\omega_2)] + 2n\pi\}, n = 0, 1, 2, \ldots$. Daraus entstehen die beiden Folgen

$$T_{n,2a} = \frac{1}{0{,}040}\{0{,}260 + 2n\pi\}, \quad n = 0, 1, 2 \quad \text{und}$$

$$T_{n,2b} = \frac{1}{0{,}040}\{6{,}023 + 2n\pi\}, \quad n = 0, 1, 2.$$

Das Minimum ist dann $T_0 = \frac{0{,}260}{0{,}040} = 6{,}57$.

b) Aufgrund der lokalen asymptotischen Stabilität von G_2 ist diese Stabilität vom Startpunkt abhängig. Damit die Oszillationen klein bleiben und insbesondere die SI-Trajektorie relativ kurz gehalten wird, wählen wir deshalb die beiden ersten Koordinaten des Startpunkts $A(100, 5{,}95)$ sehr nahe bei G_2. Im Tabellenfenster sind $a1 = -5$ und $a25 = 0$, $b1$ bis $b25$ gleich 100, $c1$ bis $c25$ gleich 5 und $d1$ bis $d25$ gleich 95. Weiter folgen die Befehle

$$b26 = b25 + 0.1 \cdot (1 - 0.001 \cdot b25 \cdot c25 - 0.004 \cdot b25),$$
$$c26 = c25 + 0.1 \cdot (0.001 \cdot b25 \cdot c25 - 0.1 \cdot c1 - 0.004 \cdot c25) \quad \text{und}$$
$$d26 = d25 + 0.1 \cdot (0.1 \cdot c1 - 0.004 \cdot d25).$$

Unter anderem ergibt sich daraus die fett markierte Punktfolge $I_{T=5}(t)$ aus Abb. 7.2 oben links. Zum Vergleich ist die unverzögerte Kurve fein gekennzeichnet. Bei gleichbleibenden Raten wird die neue Kurve der unverzögerten zeitlich etwas vorgezogen. Insbesondere erkennt man, dass die maximale Infektiösenzahl, verglichen mit dem nicht verzögerten Modell, etwas höher ausfällt. Der Grund dafür liegt darin, dass der Term $\gamma I(t-T)$ mit wachsendem T kleinere Werte liefert und damit die Abnahme $\dot{I}(t)$ kleiner ausfällt. Die $I_{T=5}(S)$-Trajektorie des verzögerten Modells konvergiert im Vergleich zum unverzögerten Modell über einen etwas anderen Weg hin zu $G_2'(104,\ 5{,}61)$ (Abb. 7.2 oben rechts). Mit G_2 ist natürlich auch G_2' lokal asymptotisch stabil.

c) Im Fall von $T = 6{,}5$ wird G_2' instabil und die Trajektorie beschreibt einen (stabilen) Grenzzyklus (Abb. 7.2 unten links). Für $T = 7$ bleibt G_2' instabil und die Bahn entspricht einer sich von G_2' entfernenden Spirale (Abb. 7.2 unten rechts). Letztlich wird eine der Größen S, I oder R null und die Kurve endet. Praktisch gesehen bedeutet dies, dass alle drei Größen mit der Zeit immer stärkere Oszillationen aufweisen und dadurch unvorhersagbar werden.

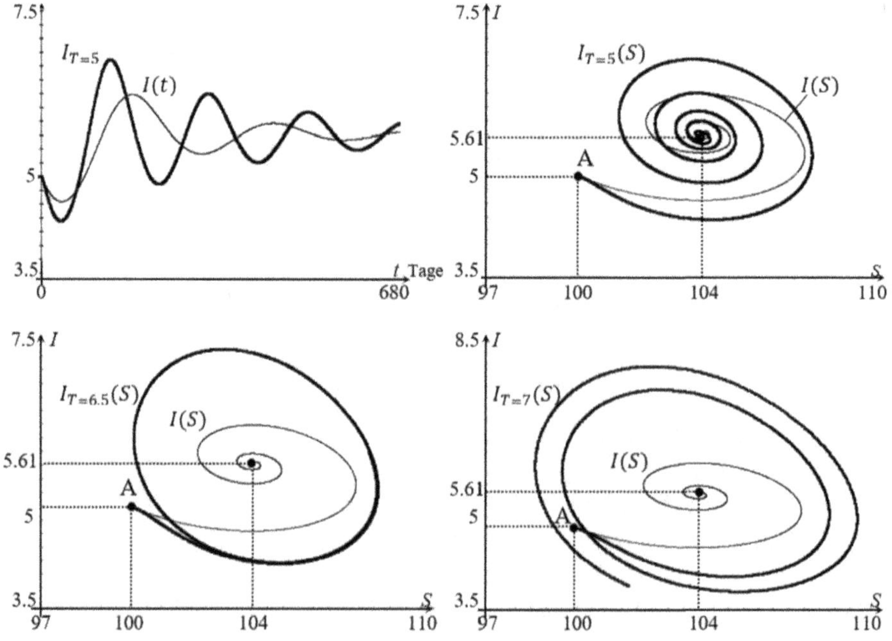

Abb. 7.2: Simulationen zum zeitverzögerten SIR-Epidemiemodell 2.

7.3 Zeitverzögertes SIR-Modell 3 mit Demographie

Als letzte Variante eines verzögerten SIR-Modells, bauen wir sowohl die Inkubationszeit T_1, als auch die Infektions- oder Ausscheidungszeit T_3 ein.

Herleitung von (7.3.1)–(7.3.4)

Wählt man $T_1 \neq T_3$, so erreicht man kein allgemeines Ergebnis wie bisher. Zum Vergleich: Bei einer üblichen Grippe ist 1–2 Tage $= T_1 < T_3 =$ 5–7 Tage und bei einer SARS-CoV-2-Infektion ist 5–6 Tage $= T_1 > T_3 =$ 2–3 Tage. Dabei stellt T_3 einen Durchschnitt zwischen der Infektionszeit (4–7 Tage), der verstrichenen Zeit bis zur Isolation (0–1 Tage) und der verstrichenen Zeit bis zum Todeseintritt (1–2 Tage) dar. Setzt man also $T_1 = T_3 = T$, so stellt dies eine Näherung dar.

Einschränkung: Die Inkubationszeit T_1 wird mit der Infektionszeit T_3 gleichgesetzt. Damit erhält man das System:

$$\begin{aligned}\dot{S} &= \varepsilon - \alpha S(t)I(t-T) - \mu S(t),\\ \dot{I} &= \alpha S(t)I(t-T) - \gamma I(t-T) - \mu I(t),\\ \dot{R} &= \gamma I(t-T) - \mu R(t).\end{aligned} \tag{7.3.1}$$

Die GPe bleiben natürlich wie in den beiden vorangehenden Modellen bestehen und uns interessiert nur die Stabilität von G_2. Wiederum kann man sich auf die ersten beiden DGen beschränken und wir fügen dazu den Ansatz $\mathbf{z}(t) = e^{\lambda t} \cdot \mathbf{v}$ in (7.3.1) ein. Es ergibt sich das linearisierte System

$$\begin{aligned}\dot{S}_1(t) &= -(\alpha I_\infty + \mu)S_1(t) - \alpha S_\infty I_1(t-T),\\ \dot{I}_1(t) &= \alpha I_\infty S_1(t) + (\alpha S_\infty - \gamma)I_1(t-T) - \mu I_1(t),\end{aligned} \tag{7.3.2}$$

und die zugehörige Matrixgleichung $(A + e^{-\lambda T}B - \lambda E) \cdot \mathbf{v} = 0$ mit

$$A = \begin{pmatrix} -\alpha I_\infty - \mu & 0 \\ \alpha I_\infty & -\mu \end{pmatrix}, \quad B = \begin{pmatrix} 0 & -\alpha S_\infty \\ 0 & \alpha S_\infty - \gamma \end{pmatrix}.$$

Damit muss die Gleichung

$$\det\begin{pmatrix} -\alpha I_\infty - \mu - \lambda & -\alpha S_\infty e^{-\lambda T} \\ \alpha I_\infty & (\alpha S_\infty - \gamma)e^{-\lambda T} - \mu - \lambda \end{pmatrix} = 0$$

gelöst werden. Man erhält nacheinander

$$\begin{aligned}(\alpha I_\infty + \mu + \lambda)(\alpha S_\infty e^{-\lambda T} - \gamma e^{-\lambda T} - \mu - \lambda) - \alpha^2 S_\infty I_\infty e^{-\lambda T} &= 0,\\ -\alpha I_\infty \gamma e^{-\lambda T} - \alpha I_\infty \mu - \alpha I_\infty \lambda + (\mu + \lambda)(\alpha S_\infty e^{-\lambda T} - \gamma e^{-\lambda T} - \mu - \lambda) &= 0 \quad \text{und}\\ \lambda^2 + c_1\lambda + c_2 + (d_1\lambda + d_2)e^{-\lambda T} &= 0\end{aligned} \tag{7.3.3}$$

mit $c_1 = \alpha I_\infty + 2\mu$, $c_2 = \mu(\alpha I_\infty + \mu)$, $d_1 = -\mu$, $d_2 = \alpha\gamma I_\infty - \mu^2$.

Vorbereitung.

Voraussetzung: Gleichung (7.3.3) für $T = 0$, also

$$\lambda^2 + c_1\lambda + c_2 + (d_1\lambda + d_2) = 0. \tag{7.3.4}$$

(V1) Behauptung: (7.3.4) besitzt nur Eigenwerte mit negativem Realteil.

Beweis. Gleichung (7.3.4) wird als $\lambda^2 + (c_1 + d_1)\lambda + c_2 + d_2 = 0$ geschrieben und es gilt

$$c_1 + d_1 = \alpha I_\infty + \mu > 0,$$
$$c_2 + d_2 = \mu(\alpha I_\infty + \mu) + \alpha\gamma I_\infty - \mu^2 = \alpha I_\infty(\gamma + \mu) > 0.$$

Der weitere Beweisteil kann wie beim verzögerten SIR-Modell 1 oder mit dem Routh-Hurwitz-Kriterium geführt werden. Letzteres verlangt $a_0 = c_2 + d_2, a_1 = c_1 + d_1, a_2 = 1 > 0$. Da dies gegeben ist, folgt die Behauptung. q. e. d.

Nun besitzt (7.3.3) dieselbe Form wie (7.2.4), weswegen man unter Verwendung von (V1) alle Folgerungen aus dem vorigen Kapitel übernehmen kann. Insbesondere gelten die Gleichungen (7.2.6)–(7.2.14). Somit kann man dieselben Ergebnisse wie für das verzögerte SIR-Modell 2 formulieren. Dabei meinen (V3a) und (V3b) die Vorbereitungen aus dem vorigen Kapitel.

Ergebnisse.
1. Für $r \geq 0$ und $p \geq 0$ ist der GP G_2 für alle $T \geq 0$ lokal asymptotisch stabil (V3a).
2. Ist $r < 0$ oder $r \geq 0, p < 0$ und $f(x_s) \leq 0$, dann ist G_2 für alle $T < T_0$ lokal asymptotisch stabil (V3b).
3. Im Fall von $T = T_0$ entsteht eine superkritische Hopf-Verzweigung und die Trajektorie beschreibt einen stabilen Grenzzyklus um G_2.
4. Für $T > T_0$ bleibt G_2 instabil. Man erhält zwar für $T = T_n$, $n = 1, 2, 3, \ldots$ jeweils einen Grenzzyklus, aber diese Verzögerungszeiten entsprechen keinen Hopf-Verzweigungen mehr.

Beispiel. Gegeben ist das System (7.3.1) mit $\varepsilon = 1$, $\alpha = 0{,}001$, $\gamma = 0{,}1$ und $\mu = 0{,}004$. Damit ist $G_2(104,\ 5{,}61,\ 140{,}39)$.

a) Ermitteln Sie die minimale Verzögerungszeit T_0.
b) Geben Sie die Diskretisierung der drei Größen S, I und R im Tabellenfenster beispielsweise für $T = 10$, einem Zeitschritt $\Delta t = 0{,}1$ Tage und den Anfangswerten $S_0 = 105$, $I_0 = 5$ und $R_0 = 140$ an. Setzen Sie für die „Vorgeschichte" schlicht $S \equiv 105$, $I \equiv 5$ und $R \equiv 140$.
c) Formulieren Sie ein Ergebnis bezüglich der Stabilität von G_2.

Lösung.

a) Man berechnet $c_1 = 1{,}36 \cdot 10^{-2}$, $c_2 = 3{,}85 \cdot 10^{-5}$, $d_1 = -0{,}004$ und $d_2 = 5{,}46 \cdot 10^{-4}$ und daraus mithilfe von (7.2.8) $p = 9.25 \cdot 10^{-5}$, $r = -2.96 \cdot 10^{-7} < 0$. Das zweite Ergebnis des Vorgängermodells sichert damit die lokale asymptotische Stabilität von G_2 für $T < T_0$. Weiter liefert (7.2.8) die beiden Werte $\omega_1^2 = -5{,}92 \cdot 10^{-5}$ und $\omega_2^2 = 5{,}00 \cdot 10^{-4}$, womit nur ω_2 möglich bleibt. Die Gleichung (7.2.9) führt zum Ausdruck $\cos \omega_2 T = s_2(\omega_2) = 0{,}913$ und mit (7.2.10) ergibt dies die Doppelfolge

$$T_{n,2a} = \frac{1}{0{,}022}\{0{,}421 + 2n\pi\}, \quad n = 0, 1, 2 \quad \text{und}$$
$$T_{n,2b} = \frac{1}{0{,}022}\{5{,}863 + 2n\pi\}, \quad n = 0, 1, 2.$$

Schließlich folgt die minimale Verzögerungszeit zu $T_0 = \frac{0{,}421}{0{,}022} = 18{,}81$.

b) Man setzt $a1 = -10$ und $a101 = 0$, $b1$ bis $b101$ gleich 105, $c1$ bis $c101$ gleich 5 und $d1$ bis $d101$ gleich 140. Zusätzlich folgen die Befehle:

$$b102 = b101 + 0.1 \cdot (1 - 0.001 \cdot b101 \cdot c1 - 0.004 \cdot b101),$$
$$c102 = c101 + 0.1 \cdot (0.001 \cdot b101 \cdot c1 - 0.1 \cdot c1 - 0.004 \cdot c101) \quad \text{und}$$
$$d102 = d101 + 0.1 \cdot (0.1 \cdot c1 - 0.004 \cdot d101).$$

c) Der Punkt G_2 ist für $0 \leq T < 18{,}81$ lokal asymptotisch stabil, als SI-Trajektorie erhält man eine Spirale hin zu G_2. Im Fall von $T = 18{,}81$ wird G_2 instabil und ein stabiler Grenzzyklus stellt sich ein. Für $T > 18{,}81$ bleibt G_2 instabil, die Trajektorie beschreibt, bis auf einzelne, größere Werte von T, eine von G_2 weglaufende Spirale. Damit sind die Verläufe denen des Vorgängermodells ähnlich und auf eine Simulation kann verzichtet werden.

7.4 Zeitverzögertes SEIR-Modell 1 mit Demographie

Herleitung von (7.4.1) und (7.4.2)

Im Gegensatz zum vorigen Modell wird die Exponiertenklasse dazwischengeschaltet. Ansonsten verändern wir gegenüber dem SIR-Modell nichts. Als einzige Verzögerungszeit wählen wir wieder die Infektionszeit T (besser: Ausscheidungszeit aus oder Verweilzeit in der I-Klasse). Das Modell erhält die Gestalt:

$$\begin{aligned}
\dot{S} &= \varepsilon - aS(t)I(t) - \mu S(t),\\
\dot{E} &= aS(t)I(t) - \beta E(t) - \mu E(t),\\
\dot{I} &= \beta E(t) - \gamma I(t-T) - \mu I(t),\\
\dot{R} &= \gamma I(t-T) - \mu R(t).
\end{aligned} \tag{7.4.1}$$

Es ergeben sich dieselben GPe wie bei (5.3.2), nämlich

$$G_1\left(\frac{\varepsilon}{\mu}, 0, 0, 0\right) \quad \text{und} \quad G_2\left(\frac{(\beta+\mu)(\gamma+\mu)}{\alpha\beta}, \frac{(\gamma+\mu)I_\infty}{\beta}, \frac{\alpha\beta\varepsilon - \mu(\beta+\mu)(\gamma+\mu)}{\alpha(\beta+\mu)(\gamma+\mu)}, \frac{\gamma I_\infty}{\mu}\right).$$

Die lokale Stabilitätsuntersuchung für G_2 ($r_0 > 1$) benötigt einige Vorbereitungen.

Vorbereitung 1.

Voraussetzung:

$$f : \mathbb{R} \to \mathbb{R} \quad \text{mit} \quad f(x) = x^3 + px^2 + qx + r. \tag{7.4.2}$$

Behauptungen:

(V1a) $r < 0$. f besitzt mindestens eine positive Nullstelle.

(V1b) $r \geq 0$. f besitzt mindestens eine positive Nullstelle $\Rightarrow$ $D = p^2 - 3q \geq 0$.

(V1c) $r \geq 0$. f besitzt eine oder zwei Nullstellen $\Leftrightarrow$ $x_1 = \frac{-p+\sqrt{D}}{3} > 0$ und $f(x_1) \leq 0$.

Beweis.

(V1a) Da $f(0) = r < 0$ und $\lim_{x\to\infty} f(x) = \infty$, muss ein $x_* \in (0, \infty)$ mit $f(x_*)$ existieren.

(V1b) Wir betrachten $f'(x) = 3x^2 + 2px + q$. Nullsetzen ergibt die Extremstellen

$$x_{1,2} = \frac{-2p \pm \sqrt{4p^2 - 12q}}{6} = \frac{-p \pm \sqrt{p^2 - 3q}}{3} = \frac{-p \pm \sqrt{D}}{3}.$$

Ist $D < 0$, so besitzt f keine Extremstellen, verläuft dann aufgrund von $f(0) = r \geq 0$ monoton wachsend und hätte somit keine positiven Nullstellen. Demnach muss also $D \geq 0$ sein.

(V1c) Aus der notwendigen Bedingung $D \geq 0$ folgt, dass das Minimum und das Maximum von f an den Stellen $x_1 = \frac{-p+\sqrt{D}}{3}$ resp. $x_2 = \frac{-p-\sqrt{D}}{3}$ erreicht wird.

„$\Leftarrow$". Gilt für die Stelle des Minimums $x_1 > 0$ und ist der zugehörige Wert $f(x_1) \leq 0$, dann muss es mindestens eine positive Nullstelle geben.

„$\Rightarrow$". Dies zeigen wir indirekt. Dazu gibt es zwei Fälle:

i) Annahme $x_1 \leq 0$. Da f ab dem Minimum monoton wächst und $f(0) = r \geq 0$, kann keine positive reelle Nullstelle existieren.

ii) Annahme $x_1 > 0$, $f(x_1) > 0$. Da für das Minimum $f(x_1) > 0$ gilt und die Stelle x_2 für das Maximum zwischen dem Ursprung und x_1 liegt mit $f(x_2) > f(x_1)$, weiter $f(0) = r \geq 0$ ist, kann keine Nullstelle dazwischen liegen. q. e. d.

Nun gehen wir die Jacobi-Matrizen des Systems (7.4.1) an.

Herleitung von (7.4.3)–(7.4.5)

Dabei können wir uns auf die ersten drei DGen beschränken, weil die Variable R nur in der vierten Gleichung vorkommt. Der Ansatz $\mathbf{z}(t) = e^{\lambda t} \cdot \boldsymbol{v}$ wird in (7.4.1) eingefügt, und es ergibt sich das linearisierte System

$$\begin{aligned}
\dot{S}_1(t) &= -(\alpha I_\infty + \mu)S_1(t) - \alpha S_\infty I_1(t),\\
\dot{E}_1(t) &= \alpha I_\infty S_1(t) - (\beta + \mu)E_1(t) + \alpha S_\infty I_1(t),\\
\dot{I}_1(t) &= \beta E_1(t) - \gamma I_1(t-T) - \mu I_1(t)
\end{aligned} \tag{7.4.3}$$

und die Matrixgleichung $(A + e^{-\lambda T}B - \lambda E) \cdot \boldsymbol{v} = 0$ mit

$$A = \begin{pmatrix} -\alpha I_\infty - \mu & 0 & -\alpha S_\infty \\ \alpha I_\infty & -\beta - \mu & \alpha S_\infty \\ 0 & \beta & -\mu \end{pmatrix} \quad \text{und} \quad B = \begin{pmatrix} 0 & 0 & 0 \\ 0 & 0 & 0 \\ 0 & 0 & -\gamma \end{pmatrix}.$$

Insgesamt muss die Gleichung

$$\det \begin{pmatrix} -\alpha I_\infty - \mu - \lambda & 0 & -\alpha S_\infty \\ \alpha I_\infty & -\beta - \mu - \lambda & \alpha S_\infty \\ 0 & \beta & -\gamma e^{-\lambda T} - \mu - \lambda \end{pmatrix} = 0$$

gelöst werden. Es ergibt sich nacheinander

$$\begin{aligned}
&(\alpha I_\infty + \mu + \lambda)\{[(\beta + \mu + \lambda)(\gamma e^{-\lambda T} + \mu + \lambda)] - \alpha\beta S_\infty\} + \alpha^2 \beta S_\infty I_\infty = 0,\\
&[(\alpha I_\infty + \mu + \lambda)(\beta + \mu + \lambda)(\gamma e^{-\lambda T} + \mu + \lambda)] - (\mu + \lambda)\alpha\beta S_\infty = 0,\\
&(\alpha I_\infty + \mu + \lambda)(\beta + \mu + \lambda)(\mu + \lambda)\\
&\quad - (\mu + \lambda)(\beta + \mu)(\gamma + \mu) + \gamma(\alpha I_\infty + \mu + \lambda)(\beta + \mu + \lambda)e^{-\lambda T} = 0
\end{aligned}$$

und schließlich die charakteristische Gleichung

$$\lambda^3 + c_1\lambda^2 + c_2\lambda + c_3 + (d_1\lambda^2 + d_2\lambda + d_3)e^{-\lambda T} = 0 \tag{7.4.4}$$

mit $c_1 = \alpha I_\infty + \beta + 3\mu$, $c_2 = (\beta + 2\mu)(\alpha I_\infty + \mu) - \gamma(\beta + \mu)$, $c_3 = \mu(\alpha I_\infty - \gamma)(\beta + \mu)$, $d_1 = \gamma$, $d_2 = \gamma(\alpha I_\infty + \beta + 2\mu)$ und $d_3 = \gamma(\beta + \mu)(\alpha I_\infty + \mu)$.

Vorbereitung 2.

Voraussetzung: Gleichung (7.4.4) für $T = 0$, also

$$\lambda^3 + c_1\lambda^2 + c_2\lambda + c_3 + (d_1\lambda^2 + d_2\lambda + d_3) = 0. \tag{7.4.5}$$

(V2) Behauptung: (7.4.5) besitzt nur Eigenwerte mit negativem Realteil.

Beweis. Wir schreiben (7.4.5) als $\lambda^3 + (c_1 + d_1)\lambda^2 + (c_2 + d_2)\lambda + c_3 + d_3 = 0$ und wenden das Routh-Hurwitz-Kriterium an (Kap. 5.6). Dabei wird $r_0 > 0$ vorausgesetzt, da sich die ganze Untersuchung um G_2 dreht. Wir müssen zeigen, dass $a_2 = c_1 + d_1 > 0$, $a_0 = c_3 + d_3 > 0$ und $a_1 a_2 - a_0 a_3 > 0$ gilt. Man erhält

$$a_2 = c_1 + d_1 = \alpha I_\infty + \beta + 3\mu + \gamma > 0,$$

da mit $r_0 > 0$ auch $I_\infty > 0$.

Weiter ist

$$\begin{aligned}
a_1 &= c_2 + d_2 = (\beta + 2\mu)(\alpha I_\infty + \mu) - \gamma(\beta + \mu) + \gamma(\alpha I_\infty + \beta + 2\mu) \\
&= (\alpha I_\infty + \mu)(\beta + \gamma + 2\mu) > 0, \\
a_0 &= c_3 + d_3 = \mu(\alpha I_\infty - \gamma)(\beta + \mu) + \gamma(\beta + \mu)(\alpha I_\infty + \mu) = \alpha I_\infty(\beta + \mu)(\gamma + \mu) > 0, \\
a_1 a_2 - a_0 a_3 &= (c_1 + d_1)(c_2 + d_2) - (c_3 + d_3) \cdot 1 \\
&= (\alpha I_\infty + \mu)(\alpha I_\infty + \beta + 3\mu + \gamma)(\beta + \gamma + 2\mu) - \alpha I_\infty(\beta + \mu)(\gamma + \mu) > 0.
\end{aligned}$$

Die letzte Ungleichung folgt aus der Tatsache, dass jeder Faktor des ersten Produkts den entsprechenden Faktor des zweiten Produkts übertrifft. q. e. d.

In einem weiteren Schritt betrachten wir wie im vorigen Modell rein imaginäre Eigenwerte $\lambda = \pm i\omega$ der charakteristischen Gleichung (7.4.4). Wir wollen Bedingungen für deren Existenz angeben.

Herleitung von (7.4.6)–(7.4.10)

Wiederum beschränken wir uns auf $\lambda = +i\omega$. Dabei gibt es höchstens drei Werte für ω, also höchstens $+\omega_1$, $+\omega_2$ und $+\omega_3$, wie man aus der kubischen Gleichung (7.4.8) entnehmen wird. Aus (7.4.4) wird dann

$$-i\omega^3 - c_1\omega^2 + c_2 i\omega + c_3 + (-d_1\omega^2 + d_2 i\omega + d_3)(\cos\omega T - i\sin\omega T) = 0$$

und nach Real- und Imaginärteil separiert

$$\begin{aligned}
c_1\omega^2 - c_3 &= -(d_1\omega^2 - d_3)\cos\omega T + d_2\omega\sin\omega T, \\
\omega(\omega^2 - c_2) &= (d_1\omega^2 - d_3)\sin\omega T + d_2\omega\cos\omega T.
\end{aligned} \tag{7.4.6}$$

Wir quadrieren jeweils beide Seiten und addieren. Dies liefert

$$(c_1\omega^2 - c_3)^2 + \omega^2(\omega^2 - c_2)^2 = (d_1\omega^2 - d_3)^2 + d_2^2\omega^2. \tag{7.4.7}$$

Ausmultipliziert und geordnet, entsteht

$$x^3 + px^2 + qx + r = 0 \tag{7.4.8}$$

mit $x = \omega^2$, $p = c_1^2 - 2c_2 - d_1^2$, $q = c_2^2 + 2d_1 d_3 - 2c_1 c_3 - d_2^2$ und $r = c_3^2 - d_3^2$.

Gleichung (7.4.8) besitzt dieselbe Form wie (7.4.2).

Als Nächstes bestimmen wir wiederum die Verzögerungszeit mithilfe des Systems (7.4.6). Dazu werden beide Gleichungen entsprechend erweitert und man erhält

$$\begin{aligned}\sin \omega T &= \frac{\omega(\omega^2 - c_2)(d_1\omega^2 - d_3) + (c_1\omega^2 - c_3)d_2}{(d_1\omega^2 - d_3)(d_1\omega^2 - d_3) + d_2^2\omega^2}\\ &= \frac{\omega[d_1\omega^4 + (c_1d_2 - c_2d_1 - d_3)\omega^2 + c_2d_3 - c_3d_2]}{(d_1\omega^2 - d_3)^2 + d_2^2\omega^2} =: s_1(\omega)\end{aligned}$$

bzw. in der Kosinusversion

$$\cos \omega T = \frac{(d_2 - c_1d_1)\omega^4 + (c_1d_3 + c_3d_1 - c_2d_2)\omega^2 - c_3d_3}{(d_1\omega^2 - d_3)^2 + d_2^2\omega^2} =: s_2(\omega). \tag{7.4.9}$$

Je nachdem, ob $s_1(\omega_k)$, $s_2(\omega_k)$ positiv oder negativ sind, erhält man in der Kosinusversion

$$T_{n,k} = \begin{cases} \frac{1}{\omega_k}\{\arccos[s_2(\omega_k)] + 2n\pi\}, \quad n = 0, 1, 2, \ldots, & \text{falls } s_2(\omega_k) > 0, \\ \frac{1}{\omega_k}\{2\pi(n+1) - \arccos[s_2(\omega_k)]\}, \quad n = 0, 1, 2, \ldots, & \text{falls } s_2(\omega_k) \leq 0. \end{cases} \tag{7.4.10}$$

Der Ausdruck $\arccos[s_2(\omega_k)]$ selber führt zu zwei Werten. Im Fall $s_2(\omega_k) > 0$ liegt der erste Wert im Intervall $(0, \frac{\pi}{2})$ und der zweite Wert im Intervall $(\frac{3\pi}{2}, 2\pi)$. Mit $T_0 = \min\{T_k,\ n = 0,\ k = 1, 2, 3\}$ bezeichnen wir die kleinstmögliche Verzögerungszeit, sodass (7.4.4) mindestens ein Paar, aber höchstens drei Paare mit rein imaginärem Eigenwerte besitzt. Weiter folgt $\omega(T_0) := \omega_0$ entsprechend. Es ergeben sich abermals unendlich viele, abzählbare Verzögerungszeiten, welche das System (7.4.6) lösen. Mithilfe von (7.4.8) und (7.4.10) formulieren wir die

Vorbereitung 3.

Voraussetzung: Die charakteristische Gleichung (7.4.7) $x^3 + px^2 + qx + r = 0$.

Behauptungen:

(V3a) $r \geq 0$ und $D = p^2 - 3q < 0$. Sämtliche Nullstellen oder Eigenwerte von (7.4.4) besitzen für $T \geq 0$ negativen Realteil.

(V3b) $r < 0$ oder $r \geq 0$, $x_1 = \frac{-p+\sqrt{D}}{3} > 0$ $(D > 0)$ und $f(x_1) \leq 0$. Sämtliche Eigenwerte von (7.4.4) besitzen für $T \in [0, T_0)$ negativen Realteil. Im Fall $T = T_0$ gibt es ein Paar rein komplexer Eigenwerte $\lambda_{1,2} = \pm i\omega(T_0)$.

Beweis.

(V3a) Aufgrund von (V2) ergibt Gleichung (7.4.5), also (7.4.4) mit $T = 0$, lauter Eigenwerte mit negativem Realteil. Ist nun $T > 0$, so gilt nach der Umkehrung von (V1b), dass (7.4.4), bzw. (7.4.6) mit $x = \omega^2$ keine positive Nullstelle erzeugt, d. h., $x = \omega^2 < 0$. Demnach sind in diesem Fall rein imaginäre Eigenwerte von (7.4.4) unmöglich, da

$\omega \in \mathbb{R}$. Aufgrund der Stetigkeit von $\lambda(T)$ verbleiben alle Eigenwerte in der linken Halbebene.

(V3b) Ausgangspunkt ist wiederum (7.4.5) für $T = 0$ mit lauter Eigenwerten mit negativem Realteil. Ist nun $T > 0$ und $r < 0$, so besitzt (7.4.8) mit $x = \omega^2$ gemäß (V1a) mindestens eine positive Nullstelle, womit $x = \omega^2 > 0$ und man die Wurzel ziehen könnte. Nach (7.4.10) gilt dies aber erst, wenn $T = T_0$. Für $T \in [0, T_0)$ ist das nicht möglich. Somit erzeugt (7.4.4) aufgrund der Stetigkeit von $\lambda(T)$ für $T \in [0, T_0)$ lauter Eigenwerte mit negativem Realteil. Im Fall von $T = T_0$ ist $x = [\omega(T_0)]^2 > 0$ und es existiert ein rein komplexes Eigenwertpaar $\lambda_{1,2} = \pm i\omega(T_0)$. Nimmt man nun $r \geq 0$, $x_1 = \frac{-p+\sqrt{D}}{3} > 0$ $(D > 0)$ und $f(x_1) \leq 0$, so folgt dasselbe Ergebnis mithilfe von (V1c).

q. e. d.

Schließlich soll noch die Transversalbedingung ermittelt werden, also die Änderung des Realteils eines rein komplexen Eigenwertpaars in einer kleinen Umgebung $U = (T_n - \varepsilon, T_n + \varepsilon)$.

Herleitung von (7.4.11)–(7.4.14)

Wiederum ermitteln wir die Ableitung des Eigenwerts als Funktion von T nach T.

Vorbereitung 4.

Voraussetzungen: Wir betrachten erneut die Änderung eines der drei möglichen rein komplexen Eigenwerte ω_k als Funktion von T. Wir schreiben dazu $\lambda(T) = \sigma(T) + i\omega(T)$, wobei $\sigma(T_n) = 0$ und $\omega(T_n)$ Lösung von (7.4.6) ist. Weiter erfüllt $\lambda(T)$ die Gleichung (7.4.4).

(V4) Behauptung: $\sigma(U) > 0$ für alle $T \in U$ und alle n.

Beweis. Wiederum kann man sich auf einen positiven Imaginärteil von $\lambda(T)$ beschränken. Gleichung (7.3.4) schreiben wir in der Form $f(\lambda) + g(\lambda)e^{-\lambda T} = 0$ mit $f(\lambda) = \lambda^3 + c_1\lambda^2 + c_2\lambda + c_3$, $g(\lambda) = d_1\lambda^2 + d_2\lambda + d_3$ und wenden die Formel (7.2.11) an. Man erhält

$$\left(\frac{d\lambda}{dT}\right)^{-1} = -\frac{3\lambda^2 + 2c_1\lambda + c_2}{\lambda(\lambda^3 + c_1\lambda^2 + c_2\lambda + c_3)} + \frac{2d_1\lambda + d_2}{\lambda(d_1\lambda^2 + d_2\lambda + d_3)} - \frac{T}{\lambda}. \tag{7.4.11}$$

Nun wird (7.4.11) für $\lambda(T) = i\omega(T)$, also inbesondere $\sigma(T) = 0$ ausgewertet. Es entsteht

$$\begin{aligned}\left(\frac{d\lambda}{dT}\right)^{-1}(i\omega) &= -\frac{c_2 - 3\omega^2 + 2ic_1\omega}{i\omega(c_3 - c_1\omega^2 + ic_2\omega - i\omega^3)} + \frac{d_2 + 2id_1\omega}{i\omega(d_3 - d_1\omega^2 + id_2\omega)} - \frac{T}{i\omega}\\ &= \frac{-2c_1\omega + i(c_2 - 3\omega^2)}{\omega[c_3 - c_1\omega^2 + i\omega(c_2 - \omega^2)]} + \frac{2d_1\omega - id_2}{\omega(d_3 - d_1\omega^2 + id_2\omega)} + \frac{iT}{\omega}\\ &= \frac{[-2c_1\omega + i(c_2 - 3\omega^2)][c_3 - c_1\omega^2 - i\omega(c_2 - \omega^2)]}{\omega[(c_3 - c_1\omega^2)^2 + \omega^2(c_2 - \omega^2)^2]}\end{aligned}$$

$$+\frac{(2d_1\omega - id_2)(d_3 - d_1\omega^2 - id_2\omega)}{\omega[(d_3 - d_1\omega^2)^2 + d_2^2\omega^2]} + \frac{iT}{\omega}$$

und demnach

$$\begin{aligned}\mathrm{Re}\left[\left(\frac{d\lambda}{dT}\right)^{-1}(i\omega)\right] &= \frac{(c_2-\omega^2)(c_2-3\omega^2) - 2c_1(c_3 - c_1\omega^2)}{(c_3 - c_1\omega^2)^2 + \omega^2(c_2-\omega^2)^2} + \frac{2d_1(d_3 - d_1\omega^2) - d_2^2}{(d_3 - d_1\omega^2)^2 + d_2^2\omega^2} \\ &= \frac{(c_2-\omega^2)(c_2-3\omega^2) - 2c_1(c_3 - c_1\omega^2)}{(d_3 - d_1\omega^2)^2 + d_2^2\omega^2} + \frac{2d_1(d_3 - d_1\omega^2) - d_2^2}{(d_3 - d_1\omega^2)^2 + d_2^2\omega^2}. \end{aligned} \tag{7.4.12}$$

Aufgrund der Identität (7.4.7) folgt

$$\mathrm{Re}\left[\left(\frac{d\lambda}{dT}\right)^{-1}(i\omega)\right] = \frac{(c_2-\omega^2)(c_2-3\omega^2) - 2c_1(c_3 - c_1\omega^2) + 2d_1(d_3 - d_1\omega^2) - d_2^2}{(d_3 - d_1\omega^2)^2 + d_2^2\omega^2} \tag{7.4.13}$$

und es gilt demzufolge, das Vorzeichen des Zählers $Z(\omega)$ von (7.4.13) zu ermitteln. Ausmultipliziert erhält man

$$\begin{aligned} Z(\omega) &= 3\omega^4 + 2(c_1^2 - 2c_2 - d_1^2)\omega^2 + c_2^2 + 2d_1d_3 - 2c_1c_3 - d_2^2 \\ &= 3x^2 + 2px + q = f'(x) \quad \text{mit} \quad x = \omega^2. \end{aligned}$$

Dies entspricht der Ableitung der charakteristischen Gleichung (7.4.8). Die Nullstellen von $f'(x)$ sind $x_{1,2} = \frac{-p \pm \sqrt{p^2-3q}}{3}$. Da nach (V3b) $D > 0$ Bedingung für die rein komplexen Eigenwerte sind, folgt $x_{1,2} = \omega^2 < 0$, womit keine Nullstellen existieren können. $Z(\omega)$ besitzt damit eine W-Form und $Z(\omega) > 0$. Dies zieht

$$\mathrm{Re}\left\{\left[\left(\frac{d\lambda}{dT}\right)^{-1}(i\omega)\right]_{T=T_n}\right\} > 0 \quad \text{für jedes } \omega = \omega_k, k = 1, 2, 3 \tag{7.4.14}$$

nach sich. Gleichung (7.4.14) heißt „Transversalbedingung", weil der Eigenwert λ an der Stelle $\sigma = 0$ die imaginäre Achse überschreitet. Da

$$\frac{d\sigma(T)}{dT}(T = T_n) = \frac{1}{\mathrm{Re}\{[(\frac{d\lambda}{dT})^{-1}(i\omega)]_{T=T_n}\}} > 0,$$

bedeutet die Aussage (7.4.14), dass bei einem der kritischen Werte T_n der Realteil des rein komplexen Eigenwerts (Eigenwertpaars) vom Ausgangswert null für $T > T_n$, $n = 0, 1, 2\ldots$ zunimmt, also positiv wird. Aufgrund der Stetigkeit von $\lambda(T)$, muss dies für eine entsprechende Umgebung U_n von T_n gelten.

Eine ganz kurze Variante ohne die eigentliche Berechnung von $\frac{d\sigma(T)}{dT}(T = T_n)$ besteht darin, das Gegenteil $\frac{d\sigma(T)}{dT}(T = T_n) < 0$ anzunehmen. Dann müsste aufgrund der Stetigkeit auch $\frac{d\sigma(T)}{dT} < 0$ in einer kleinen Umgebung von T_n sein. Folglich wäre $\sigma(T) > 0$ in dieser Umgebung, weil der Wert von $\sigma(T)$ auf $\sigma(T_n) = 0$ absinkt. Dies wäre aber ein

Widerspruch zu (V3b), dass nebst den rein komplexen Eigenwerten alle restlichen negativen Realteil besitzen. q. e. d.

Ergebnisse.
1. Für $r \geq 0$ und $D = p^2 - 3q < 0$ ist G_2 für alle $T \geq 0$ lokal asymptotisch stabil (V3a).
2. Im Fall von $r < 0$ oder $r \geq 0$, $x_1 = \frac{-p+\sqrt{D}}{3} > 0$ ($D > 0$) und $f(x_1) \leq 0$ ist G_2 für alle $T < T_0$ lokal asymptotisch stabil (V3b).
3. Speziell entsteht für $T = T_0$ eine superkritische Hopf-Verzweigung und die Trajektorie beschreibt einen stabilen Grenzzyklus um G_2. Für $T > T_0$ bleibt G_2 instabil, weil gemäß (7.2.14) ein beliebiger Eigenwert beim Übergang durch die imaginäre Achse einen positiven Realteil erhält.
4. Für $T = T_n$, $n = 1, 2, 3, \ldots$ erhält man zwar weitere Grenzzyklen, aber keine Hopf-Verzweigungen mehr.

Beispiel. Betrachten Sie das System (7.4.1) mit $\varepsilon = 1$, $\alpha = 0{,}001$, $\beta = 0{,}2$, $\gamma = 0{,}1$, $\mu = 0{,}004$.
a) Berechnen Sie die Werte r, $D = p^2 - 3q$ und entscheiden Sie damit die Stabilität von $G_2(106{,}8,\ 2{,}82,\ 5{,}43,\ 135{,}67)$.
b) Bestimmen Sie die minimale Verzögerungszeit T_0 und formulieren Sie ein Schlussergebnis für die Stabilität von G_2.
c) Geben Sie die Diskretisierung der drei Größen S, E und I im Tabellenfenster für $T = 8$, einem Zeitschritt $\Delta t = 0{,}1$ Tage und den Anfangswerten $S_0 = 106$, $E_0 = 3$ und $I_0 = 5{,}5$ an (es wäre $R_0 = 142$, wenn man $N_0 = 200$ voraussetzt, aber da R nur in der vierten Gleichung auftaucht, genügen die ersten drei Größen). Nehmen Sie für die „Vorgeschichte" $S \equiv 100$, $E \equiv 2$ und $I \equiv 5$.

Lösung.
a) Man berechnet zuerst $c_1 = 0{,}22$, $c_2 = -1{,}84 \cdot 10^{-2}$, $c_3 = -7{,}72 \cdot 10^{-5}$, $d_1 = 0{,}1$, $d_2 = 2{,}13 \cdot 10^{-2}$ und $d_3 = 1{,}92 \cdot 10^{-4}$. Damit folgen $p = 7{,}42 \cdot 10^{-2}$, $q = -4{,}35 \cdot 10^{-5}$, $D = p^2 - 3q = 5{,}63 \cdot 10^{-3} > 0$ und $r = -3{,}10 \cdot 10^{-8} < 0$. Aus dem zweiten Ergebnis folgt die asymptotische Stabilität von G_2 für alle $T < T_0$.
b) Gleichung (7.4.8) liefert $\omega_1^2 = -7{,}47 \cdot 10^{-2}$, $\omega_2^2 = -4{,}18 \cdot 10^{-4}$ und $\omega_3^2 = 9{,}94 \cdot 10^{-4}$. Einzig ω_3 wird verwendet und (7.4.9) ergibt $\cos \omega_3 T = s_2(\omega_3) = 0{,}953$. Weiter folgt mit (7.4.10) $T_{n,3} = \frac{1}{\omega_3}\{\arccos[s_2(\omega_3)] + 2n\pi\}$, $n = 0, 1, 2, \ldots$. Daraus entstehen die beiden Folgen

$$T_{n,3a} = \frac{1}{\omega_3}\{0{,}309 + 2n\pi\}, \quad n = 0, 1, 2, \ldots \quad \text{und}$$

$$T_{n,3b} = \frac{1}{\omega_3}\{5{,}974 + 2n\pi\}, \quad n = 0, 1, 2, \ldots$$

und schließlich $T_0 = \frac{0{,}309}{0{,}032} = 9{,}81$. Für $T = T_0 = 9{,}81$ ist G_2 instabil, es ergibt sich eine superkritische Hopf-Verzweigung und die dreidimensionale Trajektorie beschreibt einen Grenzzyklus. Für $T > T_0 = 9{,}81$ bleibt G_2 instabil.

c) Man setzt $a1 = -8$ und $a82 = 0$, $b1$ bis $b81$ gleich 100, $c1$ bis $c81$ gleich 2 und $d1$ bis $d81$ gleich 5. Weiter folgen die Befehle:

$$b82 = b81 + 0.1 \cdot (1 - 0.001 \cdot b81 \cdot d81 - 0.004 \cdot b81),$$
$$c82 = c81 + 0.1 \cdot (0.001 \cdot b81 \cdot d81 - 0.204 \cdot c81) \quad \text{und}$$
$$d82 = d81 + 0.1 \cdot (0.2 \cdot c81 - 0.1 \cdot d1 - 0.004 \cdot d81).$$

Auf eine Simulation verzichten wir an dieser Stelle. Man erhält ähnliche Verläufe wie in den vier Einzeldarstellungen von Abb. 7.2 (Spirale hin zu G_2 für $0 \leq T < 9{,}81$, Grenzzyklus für $T = 9{,}81$ und Spirale weg von G_2 für $T > 9{,}81$, bis auf die erwähnten Grenzzyklen für einzelne, größere Werte von T) wie beim Vorgängermodell.

7.5 Zeitverzögertes SEIR-Modell 2 mit Demographie

Ausgehend vom unverzögerten SEIR-Modell soll nun die Latenzzeit (in der Übersicht aus Kap. 4.1 die Verzögerungszeit T_2), also die Zeit von der Ansteckung bis zur Infektiosität berücksichtigt und als einzige Verzögerungszeit dem bestehenden Modell einbeschrieben werden.

Herleitung von (7.5.1)–(7.5.4)

Die Exponiertenzahl zur Zeit t wird damit einerseits um den Term $\beta E(t-T)$ und andererseits um $\mu E(t)$, den natürlichen Sterbeanteil betreffend, vermindert. Daraus entsteht:

$$\begin{aligned}
\dot{S} &= \varepsilon - \alpha S(t)I(t) - \mu S(t),\\
\dot{E} &= \alpha S(t)I(t) - \beta E(t-T) - \mu E(t),\\
\dot{I} &= \beta E(t-T) - \gamma I(t) - \mu I(t),\\
\dot{R} &= \gamma I(t) - \mu R(t).
\end{aligned} \tag{7.5.1}$$

Die GPe sind mit denjenigen von (5.3.2) und (7.4.1) identisch. Wir interessieren uns wie immer ausschließlich für G_2. Die Linearisierung können wir abermals nur für die ersten drei DGen durchführen. Der Ansatz $\mathbf{z}(t) = e^{\lambda t} \cdot \mathbf{v}$ führt auf das linearisierte System

$$\begin{aligned}
\dot{S}_1(t) &= -(\alpha I_\infty + \mu)S_1(t) - \alpha S_\infty I_1(t),\\
\dot{E}_1(t) &= \alpha I_\infty S_1(t) - \beta E_1(t-T) - \mu E_1(t) + \alpha S_\infty I_1(t),\\
\dot{I}_1(t) &= \beta E_1(t-T) - (\gamma + \mu)I_1(t)
\end{aligned} \tag{7.5.2}$$

und die Matrixgleichung $(A + e^{-\lambda T}B - \lambda E) \cdot \mathbf{v} = 0$ mit

$$A = \begin{pmatrix} -aI_\infty - \mu & 0 & -aS_\infty \\ aI_\infty & -\mu & aS_\infty \\ 0 & 0 & -\gamma - \mu \end{pmatrix} \quad \text{und} \quad B = \begin{pmatrix} 0 & 0 & 0 \\ 0 & -\beta & 0 \\ 0 & \beta & 0 \end{pmatrix}.$$

Dies ergibt die zu lösende Gleichung

$$\det \begin{pmatrix} -aI_\infty - \mu - \lambda & 0 & -aS_\infty \\ aI_\infty & -\beta e^{-\lambda T} - \mu - \lambda & aS_\infty \\ 0 & \beta e^{-\lambda T} & -\gamma - \mu - \lambda \end{pmatrix} = 0.$$

Man erhält nacheinander

$$\begin{aligned} &(\beta e^{-\lambda T} + \mu + \lambda)(aI_\infty + \mu + \lambda)(\gamma + \mu + \lambda) - a\beta S_\infty(\mu + \lambda)e^{-\lambda T} = 0, \\ &[\beta(aI_\infty + \mu + \lambda)(\gamma + \mu + \lambda) - (\beta + \mu)(\gamma + \mu)(\mu + \lambda)]e^{-\lambda T} \\ &\quad + (\mu + \lambda)(aI_\infty + \mu + \lambda)(\gamma + \mu + \lambda) = 0 \end{aligned}$$

und die charakteristische Gleichung

$$\lambda^3 + c_1\lambda^2 + c_2\lambda + c_3 + (d_1\lambda^2 + d_2\lambda + d_3)e^{-\lambda T} = 0 \tag{7.5.3}$$

mit $c_1 = aI_\infty + \gamma + 3\mu$, $c_2 = aI_\infty(\gamma + 2\mu) + \mu(2\gamma + 3\mu)$, $c_3 = \mu(\gamma + \mu)(aI_\infty + \mu)$, $d_1 = \beta$, $d_2 = \beta(aI_\infty + \mu) - \mu(\gamma + \mu)$ und $d_3 = (\gamma + \mu)(a\beta I_\infty - \mu^2)$.

Vorbereitung.

Voraussetzung: Gleichung (7.5.3) für $T = 0$, also

$$\lambda^3 + c_1\lambda^2 + c_2\lambda + c_3 + (d_1\lambda^2 + d_2\lambda + d_3) = 0. \tag{7.5.4}$$

(V1) Behauptung: (7.5.3) besitzt nur Eigenwerte mit negativem Realteil.

Beweis. Schreiben wir (7.5.4) als $\lambda^3 + (c_1 + d_1)\lambda^2 + (c_2 + d_2)\lambda + c_3 + d_3 = 0$, so gilt es, nach dem Routh-Hurwitz-Kriterium (Kap. 5.6) zu zeigen, dass $a_2 = c_1 + d_1 > 0$, $a_0 = c_3 + d_3 > 0$ und $a_1a_2 - a_0a_3 > 0$ ist. Dabei geht die Existenz von G_2 einher mit $r_0 > 1$. Man erhält

$$a_2 = c_1 + d_1 = aI_\infty + \beta + \gamma + 3\mu > 0,$$

da mit $r_0 > 0$ auch $I_\infty > 0$.

$$\begin{aligned} a_1 &= c_2 + d_2 = aI_\infty(\gamma + 2\mu) + \mu(2\gamma + 3\mu) + \beta(aI_\infty + \mu) - \mu(\gamma + \mu) \\ &= (aI_\infty + \mu)(\beta + \gamma + 2\mu) > 0, \\ a_0 &= c_3 + d_3 = \mu(\gamma + \mu)(aI_\infty + \mu) + (\gamma + \mu)(a\beta I_\infty - \mu^2) = aI_\infty(\beta + \mu)(\gamma + \mu) > 0, \\ a_1a_2 - a_0a_3 &= (c_1 + d_1)(c_2 + d_2) - (c_3 + d_3) \cdot 1 \\ &= (aI_\infty + \mu)(aI_\infty + \beta + 3\mu + \gamma)(\beta + \gamma + 2\mu) - aI_\infty(\beta + \mu)(\gamma + \mu) > 0. \end{aligned}$$

Die letzte Ungleichung folgt aus der Tatsache, dass jeder Faktor des ersten Produkts den entsprechenden Faktor des zweiten Produkts übertrifft. q. e. d.

Da nun (7.5.3) dieselbe Form wie (7.4.4) besitzt, kann man mithilfe von (V1) sämtliche Folgerungen aus dem vorigen Kapitel übernehmen. Insbesondere gelten die Gleichungen (7.4.6)–(7.4.14). Damit lassen sich direkt dieselben Ergebnisse wie für das verzögerte SEIR-Modell 1 formulieren. Dabei meinen (V3a) und (V3b) die Vorbereitungen aus dem vorigen Kapitel.

Ergebnisse.
1. Für $r \geq 0$ und $D = p^2 - 3q < 0$ ist G_2 für alle $T \geq 0$ lokal asymptotisch stabil (V3a).
2. Im Fall von $r < 0$ oder $r \geq 0$, $x_1 = \frac{-p+\sqrt{D}}{3} > 0$ $(D > 0)$ und $f(x_1) \leq 0$ ist G_2 für alle $T < T_0$ lokal asymptotisch stabil (V3b).
3. Speziell entsteht für $T = T_0$ (vgl. (7.4.10)) eine superkritische Hopf-Verzweigung und die Trajektorie beschreibt einen stabilen Grenzzyklus um G_2. Im Fall von $T > T_0$ bleibt G_2 instabil aufgrund der Tatsache, dass der Realteil eines beliebigen Eigenwerts beim Durchgang durch die imaginäre Achse positiv wird (vgl. (7.4.14)).
4. Für $T = T_n, n = 1, 2, 3, \ldots$ (vgl. (7.4.10)) erhält man zwar weitere Grenzzyklen, aber keine Hopf-Verzweigungen mehr.

Beispiel. Gegeben ist das System (7.5.1) mit $\varepsilon = 1$, $\alpha = 0{,}001$, $\beta = 0{,}2$, $\gamma = 0{,}1$, $\mu = 0{,}004$.
a) Berechnen Sie die Werte r, $D = p^2 - 3q$ und formulieren Sie damit eine Aussage für die Stabilität von $G_2(106{,}08,\ 2{,}82,\ 5{,}43,\ 135{,}67)$.
b) Ermitteln Sie die minimale Verzögerungszeit T_0 und entscheiden Sie weiter über die Stabilität von G_2 für $T \geq T_0$.
c) Geben Sie die Diskretisierung der drei Größen S, E und I im Tabellenfenster für $T = 12$, einem Zeitschritt $\Delta t = 0{,}2$ Tage und den Anfangswerten $S_0 = 106$, $E_0 = 3$ und $I_0 = 5{,}5$ an. Setzen Sie für die „Vorgeschichte“ $S \equiv 106$, $E \equiv 3$ und $I \equiv 5{,}5$.
d) Es zeigt sich, dass alle drei verzögerten Punktfolgen $S_{T=12}(t), E_{T=12}(t)$ und $I_{T=12}(t)$ mit hoher Frequenz hin zum entsprechenden Gleichgewichtswert laufen. Damit wird die Darstellung jeglicher Trajektorie aber recht unübersichtlich. Die Konvergenz veranschaulichen wir deshalb repräsentativ für eine Kurve allein im $(t, I_{T=12}(t))$-Diagramm. Man erkennt, dass der Startwert $I_0 = 5{,}5$ sehr nahe am eigentlichen Grenzwert $I_\infty = 5{,}43$ gewählt wurde, wodurch wir weniger Rechenleistung einfordern müssen.

Führen Sie nun eine Simulation für die Punktfolge $I_{T=12}(t)$ mithilfe der in c) erwähnten Diskretisierung durch. Wählen Sie nacheinander die Verzögerungszeiten
i) $T = 12$, ii) $T = 13$ und iii) $T = 14$.

Lösung.

a) Zuerst berechnet man $c_1 = 0{,}12$, $c_2 = 1{,}43 \cdot 10^{-3}$, $c_3 = 3{,}92 \cdot 10^{-6}$, $d_1 = 0{,}2$, $d_2 = 1{,}47 \cdot 10^{-3}$ und $d_3 = 1{,}11 \cdot 10^{-4}$. Damit folgen gemäß (7.4.8) $p = -2{,}91 \cdot 10^{-2}$, $q = 4{,}35 \cdot 10^{-5}$, $D = p^2 - 3q = 7{,}15 \cdot 10^{-4} > 0$ und $r = -1{,}24 \cdot 10^{-8} < 0$.
Das zweite Ergebnis liefert demnach eine asymptotische Stabilität von G_2 für alle $T < T_0$.

b) Dazu muss Gleichung (7.4.8) gelöst werden. Man erhält $\omega_1^2 = 3{,}79 \cdot 10^{-4}$, $\omega_2^2 = 1{,}18 \cdot 10^{-3}$ und $\omega_3^2 = 2{,}75 \cdot 10^{-2}$. Gleichung (7.4.9) führt auf die Ausdrücke $\cos\omega_1 T = s_2(\omega_1) = 0{,}410$, $\cos\omega_2 T = s_2(\omega_2) = -0{,}950$ und $\cos\omega_3 T = s_2(\omega_3) = -0{,}561$ respektive. Weiter erzeugt (7.4.10) die drei Doppelfolgen

$$
\begin{aligned}
T_{n,1a} &= \frac{1}{0{,}019}\{1{,}148 + 2n\pi\}, \quad n = 0,1,2,\ldots \quad \text{und}\\
T_{n,1b} &= \frac{1}{0{,}019}\{5{,}135 + 2n\pi\}, \quad n = 0,1,2,\ldots,\\
T_{n,2a} &= \frac{1}{0{,}034}\{2{,}822 + 2n\pi\}, \quad n = 0,1,2,\ldots \quad \text{und}\\
T_{n,2b} &= \frac{1}{0{,}034}\{3{,}461 + 2n\pi\}, \quad n = 0,1,2,\ldots,\\
T_{n,3a} &= \frac{1}{0{,}166}\{2{,}167 + 2n\pi\}, \quad n = 0,1,2,\ldots \quad \text{und}\\
T_{n,3b} &= \frac{1}{0{,}66}\{4{,}117 + 2n\pi\}, \quad n = 0,1,2,\ldots.
\end{aligned}
$$

Die Folge $T_{n,3a}$ führt zur minimalen Verzögerungszeit $T_0 = \frac{2{,}167}{0{,}166} = 13{,}06$.
Damit ist G_2 für $T < 13{,}06$ lokal asymptotisch stabil, bei $T = 13{,}06$ entsteht eine superkritische Hopf-Verzweigung, d. h., die dreidimensionale Trajektorie beschreibt einen Grenzzyklus und Für $T > 13{,}06$ bleibt G_2 gemäß dem dritten Ergebnis instabil.

c) Es ist $a1 = -12$ und $a61 = 0$, $b1$ bis $b61$ gleich 106, $c1$ bis $c61$ gleich 3 und $d1$ bis $d61$ gleich 5,5. Weiter folgen die Befehle;

$$
\begin{aligned}
&b62 = b61 + 0.2 \cdot (1 - 0.001 \cdot b61 \cdot d61 - 0.004 \cdot b61),\\
&c62 = c61 + 0.2 \cdot (0.001 \cdot b61 \cdot d61 - 0.2 \cdot c1 - 0.004 \cdot c61) \quad \text{und}\\
&d62 = d61 + 0.2 \cdot (0.2 \cdot c1 - 0.104 \cdot d61).
\end{aligned}
$$

d) i) Da $T = 12 < T_0 = 13{,}06$, konvergiert die Punktfolge hin zu $I_\infty = 5{,}43$ (Abb. 7.3 oben links, die verzögerte Kurve $I_{T=12}(t)$ ist fett, die unverzögerte Lösung zum Vergleich fein und die horizontale Gerade auf der Höhe $I_\infty = 5{,}43$ gestrichelt eingezeichnet) Demzufolge ist G_2 asymptotisch stabil, wie es auch sein muss.

ii) $T = 13$ liegt schon sehr nahe bei T_0, weshalb die Punktfolge praktisch mit gleicher, von null verschiedener Amplitude um I_∞ oszilliert (Abb. 7.3 oben rechts). Dies weist auf eine Hopf-Verzweigung hin.

iii) Für $T = 14 > T_0$ zeigt sich eine mit wachsender Amplitude um I_∞ oszillierende Punktfolge, womit G_2 instabil wird (Abb. 7.3 unten).

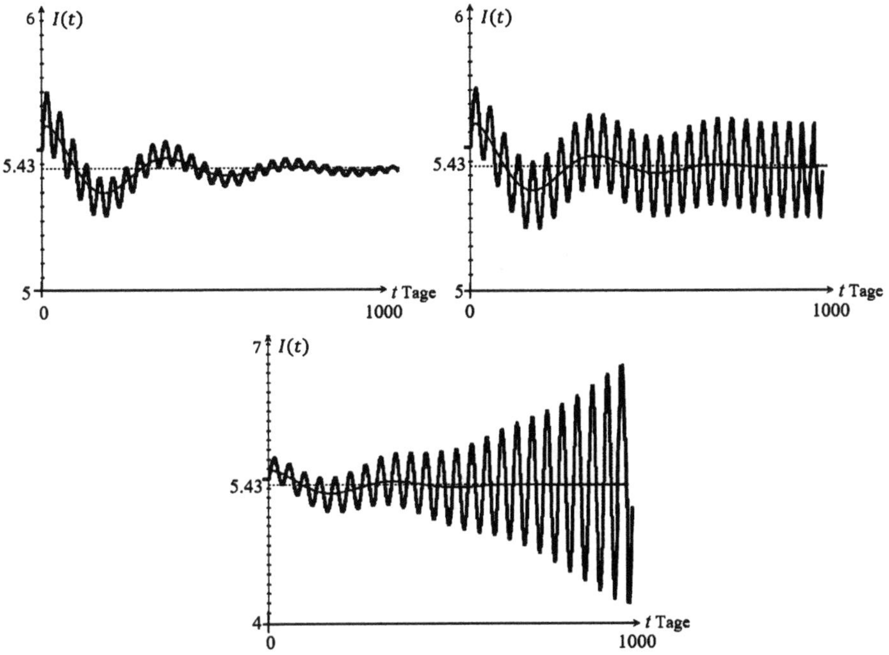

Abb. 7.3: Simulationen zum zeitverzögerten SEIR-Epidemiemodell 2.

7.6 Zeitverzögertes SIR-Modell 4 mit Demographie

Natürlich ist es etwas ernüchternd, dass keines der fünf verzögerten Epidemiemodelle global asymptotisch stabil ist. Um dies zu bewerkstelligen, müssten die Kontaktterme zweier Größen y_1 und y_2 nicht ausschließlich linear, also proportional zu $y_1 y_2$, modelliert werden. Beispielsweise kann das Produkt mit einem Exponentialterm und negativem Exponenten versehen werden. Weiter wird eine der Größen des linearen Kontaktterms durch einen Term vom Holling-Typ I, II oder einem Beddington-deAngelis-Typ (siehe Band 1) ersetzt. Als weitere Option arbeitet man mit angenommenen Verteilungen einer oder mehrerer Systemgrößen. Diesen letztgenannten Weg beschreitet dieses letzte Modell.

Ausgangspunkt ist das zeitverzögerte SIR-Modell 1 (7.1.1) mit der durchschnittlichen Inkubationszeit $T = T_1$. Wir erwähnten bereits, dass es zum Zeitpunkt t am wahrscheinlichsten ist, im Kontakt mit einer Person der Population $I(t - T)$ und am unwahrscheinlichsten im Kontakt mit einer Person der Population $I(t)$ angesteckt zu werden.

Herleitung von (7.6.1)–(7.6.12)
Mathematisch bedeutet die letzte Aussage, dass wir die Werte von $I(t-\tau)$ für $\tau \in [0, T]$ mit einer Funktion $f(\tau) > 0$ über das erwähnte Intervall gewichten müssen. Dies führt zwangsweise zu einem Integral der Form

$$\int_0^T I(t-\tau)f(\tau)d\tau. \tag{7.6.1}$$

Wenn wir noch sicherzustellen, dass

$$\int_0^T f(\tau)d\tau = 1 \tag{7.6.2}$$

ergibt, so können wir (7.6.1) als Verallgemeinerung von $I(t-T)$ auffassen. Im Grenzfall ist dann $\lim_{t\to\infty} I(t-\tau) = \lim_{t\to\infty} I(t) = I_\infty$ und somit $\lim_{t\to\infty} \int_0^T I(t-\tau)f(\tau)d\tau = I_\infty \cdot \int_0^T f(\tau)d\tau = I_\infty$. Es gilt, noch eine passende Funktion $f(\tau)$ zu finden. Beispielsweise wäre eine lineare Funktion der Form $f(\tau) = k(\tau - T)$ denkbar, wobei der Normierungsfaktor k so zu wählen ist, dass (7.6.2) erfüllt wird. Eine häufig zum Einsatz kommende Funktion ist

$$f(\tau) = ke^{\tau-T}. \tag{7.6.3}$$

Man erhält dann $k\int_0^T e^{\tau-T}d\tau = k(1-e^{-T})$ und $k = \frac{1}{1-e^{-T}} > 0$. Zum Zeitpunkt $t = 0$ gehört dann die kleinste Gewichtung ke^{-T} und im Zeitpunkt $t = T$ ergibt sich die größte Gewichtung k. Wir verwenden nun die letztgenannte Funktion (7.6.3) im weiter unten folgenden Beispiel, formulieren das Modell hingegen für eine beliebige Funktion $f(\tau)$ mit der Eigenschaft (7.6.2). Dazu ersetzen wir im System (7.1.1) den Ausdruck $I(t-T)$ durch (7.6.1) und erhalten:

$$\begin{aligned}
\dot{S} &= \varepsilon - \alpha S(t)k\int_0^T I(t-\tau)f(\tau)d\tau - \mu S(t),\\
\dot{I} &= \alpha S(t)k\int_0^T I(t-\tau)f(\tau)d\tau - \gamma I(t) - \mu I(t),\\
\dot{R} &= \gamma I(t) - \mu R(t).
\end{aligned} \tag{7.6.4}$$

Die GPe entsprechen denen des unverzögerten Systems, da, wie schon oben erwähnt, $\lim_{t\to\infty}\int_0^T I(t-\tau)f(\tau)d\tau = \lim_{t\to\infty} I(t-\tau) = I_\infty$ gilt. Wir wollen nun zeigen, dass das System (7.6.4) bezüglich

$$G_2(S_\infty, I_\infty, R_\infty) = \left(\frac{\gamma+\mu}{\alpha}, \frac{\alpha\varepsilon - \mu(\gamma+\mu)}{\alpha(\gamma+\mu)}, \frac{\gamma[\alpha\varepsilon - \mu(\gamma+\mu)]}{\alpha\mu(\gamma+\mu)} \right)$$

global asymptotisch stabil ist.

Behauptung: G_2 ist global asymptotisch stabil.

Beweis. Es genügt die ersten beiden DGen von (7.6.4) zu betrachten, weil die Variable R nur in der dritten Gleichung erscheint. Unsere Lyapunov-Funktion besitzt die Gestalt:

$$\begin{aligned} V(S,I) &= \frac{1}{akS_\infty I_\infty}\left[S - S_\infty - S_\infty \ln\left(\frac{S}{S_\infty}\right)\right] + \frac{1}{akS_\infty I_\infty}\left[I - I_\infty - I_\infty \ln\left(\frac{I}{I_\infty}\right)\right] \\ &+ \int_0^T \frac{1}{I_\infty}\left\{I(t-\tau) - I_\infty - I_\infty \ln\left[\frac{I(t-\tau)}{I_\infty}\right]\right\} h(\tau)d\tau \quad \text{mit} \quad h(\tau) = \int_\tau^T f(\sigma)d\sigma. \end{aligned} \tag{7.6.5}$$

Mit $f(\tau) > 0$ ist auch $h(\tau) > 0$ für alle $\tau \in [0, T]$.

i) $V(S_\infty, I_\infty) = 0$ ist erfüllt.

ii) Jede der drei Teilfunktionen ist sogar strikt konvex.

iii) Es gelten die folgenden zwei Identitäten:

$$1. \quad \varepsilon = akS_\infty I_\infty + \mu S_\infty, \qquad 2. \quad akS_\infty = \gamma + \mu. \tag{7.6.6}$$

Als Erstes bestimmen wir die zeitliche Ableitung des S-Teils von (7.6.5). Man erhält unter Benutzung von 1. und (7.6.2)

$$\begin{aligned} \dot V_S &= \frac{1}{akS_\infty I_\infty}\left(1 - \frac{S_\infty}{S}\right)\left[\varepsilon - ak\int_0^T SI(t-\tau)f(\tau)d\tau - \mu S\right] \\ &= \frac{1}{akS_\infty I_\infty}\left(1 - \frac{S_\infty}{S}\right)\left\{\mu[S_\infty - S] + ak\int_0^T [S_\infty I_\infty - SI(t-\tau)]f(\tau)d\tau\right\} \\ &= -\frac{\mu(S-S_\infty)^2}{akS_\infty I_\infty} + \frac{1}{S_\infty I_\infty}\left(1 - \frac{S_\infty}{S}\right)\int_0^T [S_\infty I_\infty - SI(t-\tau)]f(\tau)d\tau \\ &= -\frac{\mu(S-S_\infty)^2}{akSI_\infty} + \int_0^T \left(1 - \frac{S_\infty}{S}\right)\left[1 - \frac{SI(t-\tau)}{S_\infty I_\infty}\right]f(\tau)d\tau. \end{aligned} \tag{7.6.7}$$

Mit den Abkürzungen $u = \frac{S}{S_\infty}$, $v = \frac{I}{I_\infty}$ und $w = \frac{I(t-\tau)}{I_\infty}$ schreibt sich (7.6.7) als

$$\dot V_S = -\frac{\mu(S-S_\infty)^2}{akSI_\infty} + \int_0^T \left(1 - \frac{1}{u} - uw + w\right)f(\tau)d\tau. \tag{7.6.8}$$

Weiter folgt die Ableitung des I-Teils von (7.6.5). Mithilfe von 2. und (7.6.2) gilt

$$\begin{aligned}\dot{V}_I &= \frac{1}{akS_\infty I_\infty}\left(1-\frac{I_\infty}{I}\right)\left[ak\int_0^T SI(t-\tau)f(\tau)d\tau-(\gamma+\mu)I\right]\\ &= \frac{1}{akS_\infty I_\infty}\left(1-\frac{I_\infty}{I}\right)\left\{ak\int_0^T [SI(t-\tau)-S_\infty I]f(\tau)d\tau\right\}\\ &= \int_0^T\left(1-\frac{I_\infty}{I}\right)\left[\frac{SI(t-\tau)}{S_\infty I_\infty}-\frac{I}{I_\infty}\right]f(\tau)d\tau=\int_0^T\left(uw-v-\frac{uw}{v}+1\right)f(\tau)d\tau. \end{aligned}\tag{7.6.9}$$

Letztlich benötigen wir noch die Ableitung des letzten Terms von (7.6.5). Hierzu eine kleine Vorbereitung. Setzen wir $z = t - \tau$, so gilt

$$\frac{dI(t-\tau)}{dt}=\frac{dI(z)}{dt}=\frac{dI(z)}{dz}\cdot\frac{dz}{dt}=\frac{dI(z)}{dz}\cdot\left(-\frac{dz}{d\tau}\right)=-\frac{dI(z)}{d\tau}=\frac{dI(t-\tau)}{dt}.\tag{7.6.10}$$

Wir kürzen ab: $G(x) = \frac{1}{x_\infty}[x - x_\infty - x_\infty \ln(\frac{x}{x_\infty})]$. Damit folgt die Ableitung des letzten Terms unter Benutzung von (7.6.10) zu

$$\dot{V}_+ = \frac{d}{dt}\int_0^T G(I)h(\tau)d\tau=\int_0^T\frac{d}{dt}G[I(t-\tau)]h(\tau)d\tau=-\int_0^T\frac{d}{d\tau}G[I(t-\tau)]h(\tau)d\tau.$$

Eine partielle Integration liefert

$$\dot{V}_+ = -[G[I(t-\tau)]h(\tau)]_0^T+\int_0^T\frac{d}{d\tau}G[I(t-\tau)]h(\tau)d\tau.\tag{7.6.11}$$

Weiter gilt $h(T) = \int_T^T f(\sigma)d\sigma = 0$, $h(0) = \int_0^T f(\sigma)d\sigma$ und $\frac{d}{d\tau}h(\tau) = \frac{d}{d\tau}\int_\tau^T f(\sigma)d\sigma = -f(\tau)$. Damit reduziert sich (7.6.11) zu $\dot{V}_+ = \int_0^T f(\sigma)d\sigma \cdot G[I(t)] - \int_0^T G[I(t-\tau)]f(\tau)d\tau$. Da $\int_0^T f(\sigma)d\sigma \equiv \int_0^T f(\tau)d\tau$ ist, folgt

$$\dot{V}_+ = \int_0^T\{G[I(t)]-G[I(t-\tau)]\}f(\tau)d\tau.\tag{7.6.12}$$

Insgesamt erhalten wir dann mit (7.6.8), (7.6.9) und (7.6.11)

$$\dot{V}(S,I)=\dot{V}_S+\dot{V}_I+\dot{V}_+=-\frac{\mu(S-S_\infty)^2}{akSI_\infty}-\int_0^T H(\tau)f(\tau)d\tau\quad\text{mit}$$

$$\begin{aligned}
H(\tau) &= -2 + \frac{1}{u} + v - w + \frac{uw}{v} - \frac{I}{I_\infty} + 1 + \ln\left(\frac{I}{I_\infty}\right) + \frac{I(t-\tau)}{I_\infty} - 1 - \ln\left[\frac{I(t-\tau)}{I_\infty}\right] \\
&= -2 + \frac{1}{u} + v - w + \frac{uw}{v} - v + 1 + \ln v + w - 1 - \ln w \\
&= -2 + \frac{1}{u} + \frac{uw}{v} + \ln v - \ln w = -2 + \frac{1}{u} + \frac{uw}{v} - \ln\left(\frac{1}{u}\right) - \ln\left(\frac{uw}{y}\right) \\
&= \frac{1}{u} - 1 - \ln\left(\frac{1}{u}\right) + \frac{uw}{v} - 1 - \ln\left(\frac{uw}{v}\right) = G\left(\frac{1}{u}\right) + G\left(\frac{uw}{v}\right) \geq 0,
\end{aligned}$$

weil $u_\infty = \frac{S_\infty}{S_\infty} = 1$, $v_\infty = w_\infty = \frac{I_\infty}{I_\infty} = 1$ und die Funktion strikt konvex ist.

Somit ist $\dot{V}(S,I) \leq 0$. Weiter ist $H(\tau) = 0$, falls gleichzeitig $u = 1$ und $uw = v$, was gleichbedeutend mit $S(t) = S_\infty$ und $I(t) = I(t-\tau)$ für alle $\tau \in [0,T]$ ist. In diesem Fall gilt auch $\dot{V}(S,I) = 0$. Setzt man nun die Identitäten $S(t) = S_\infty$ und $I(t) = I(t-\tau)$ in die erste Gleichung von (7.6.4) ein, so erhält man $0 = \varepsilon - \alpha k S_\infty \int_0^T I(t) f(\tau) d\tau - \mu S_\infty$, weiter $0 = \varepsilon - \alpha S_\infty I(t) \cdot 1 - \mu S_\infty$ und schließlich $I(t) = \frac{\varepsilon - \mu S_\infty}{\alpha S_\infty} = I_\infty$. Insgesamt ist $\dot{V}(S,I) = 0$ nur erfüllbar, wenn gleichzeitig $S(t) = S_\infty$ und $I(t) = I_\infty$ gelten. Damit stellt (7.6.5) eine starke Lyapunov-Funktion für G_2 dar und G_2 ist global asymtotisch stabil. q. e. d.

Beispiel. Wir betrachten zuerst erneut das System (7.6.4) mit folgenden Größen: $\varepsilon = 1$, $\alpha = 0{,}001$, $\gamma = 0{,}1$, $\mu = 0{,}004$, $S_0 = 199$, $I_0 = 1$ und $R_0 = 0$. Der GP $G_2(104,\ 5{,}61,\ 140{,}39)$ ist aus dem Beispiel aus Kap. 5.1 bekannt. Führen Sie nun mit denselben Startwerten und Raten eine Simulation für das System (7.6.4) mit $T = 1$ und $\Delta t = 0{,}1$ durch und stellen Sie den Verlauf von $R_{T=1}(t)$ dar. Verwenden Sie für das Integral (7.6.1) die Funktion $f(\tau) = ke^{\tau - T}$ von (7.6.3) und die Schrittweite $d\tau = 0{,}1$ und setzen Sie für die „Vorgeschichte" $S \equiv 199$, $I \equiv 1$ und $R \equiv 0$.

Lösung. Bei der Diskretisierung muss man etwas aufpassen. Da $i = 1$ den größten Beitrag und $i = 60$ den kleinsten Beitrag erhält, ergibt (7.6.2) $0{,}1 \cdot \sum_{i=1}^{10} e^{-0{,}1 \cdot i} = 0{,}601$ und die Normierungsbedingung führt dann zu $k = \frac{1}{0{,}66} = 1{,}66$. Zu Beginn ist die I-Kurve monoton steigend und die Summe für die Diskretisierung des Integrals (7.6.1) $0{,}1 \cdot \sum_{i=1}^{10} I_i e^{-0{,}1 \cdot i}$ entspricht einer Untersumme, ab dem Maximum der I-Kurve wird die Summe zu einer Obersumme. Der Verlauf der verzögerten Kurve $R_{T=1}(t)$ zeigt, dass sich diese Summen zeitlich gut ausgleichen. Man erkennt, dass $R_{T=1}(t)$ etwas später ansteigt als die unverzögerte Kurve $R(t)$ (Abb. 7.4 links).

7.7 Zeitverzögertes SIR-Modell 4 mit Demographie am Beispiel der zweiten SARS-CoV-2-Pandemiewelle in der Schweiz 2020

Diese Welle wurde schon mit dem SEQIR-Modell behandelt. Wir wollen hier den Unterschied der Prognosen zeigen, die das verzögerte SIR-Modell 4 gegenüber dem unverzögerten SIR-Modell hervorruft.

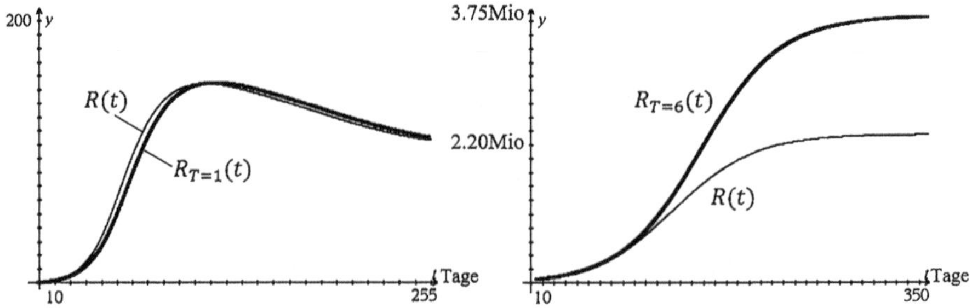

Abb. 7.4: Simulationen zum zeitverzögerten SIR-Epidemiemodell 4 und für den 20. Epidemietag der zweiten Epidemiewelle in der Schweiz.

Herleitung von (7.7.1) **und** (7.7.2)

Von anderen Coronavirus-Erkrankungen, wie die SARS-CoV-Epidemie von 2003 ist bekannt, dass die Inkubationszeit etwa 5,8 Tage dauert. Wir nehmen der Einfachheit halber $T = 6$. Setzt man zur Näherung einen exponentiellen Anfangsverlauf $R(t) = R(0) \cdot e^{\lambda t}$ an, so erhält man aus der dritten Gleichung von (7.6.4) $I(0) = \frac{R(0) \cdot \lambda}{\gamma}$. Den Wert von λ hatten wir schon mit (5.2.1) zu $\lambda = 0,043$ ermittelt. Mit der Abkürzung $C = \frac{R(0) \cdot \lambda}{\gamma}$ geht man nun in die zweite Gleichung, die sich anfangs aufgrund von für $S(t) \approx N$ als $I(t) \approx \alpha NI(t - T) - \gamma I(t)$ schreibt. Es folgt $C\lambda e^{\lambda t} = \alpha NCe^{\lambda(t-T)} - \gamma Ce^{\lambda t}$ und daraus $\lambda = \alpha Ne^{-\lambda T} - \gamma$.

Insgesamt hat man das System

$$I(0) = \frac{R(0) \cdot \lambda}{\gamma} \quad \text{und} \quad \lambda = \alpha Ne^{-\lambda T} - \gamma. \tag{7.7.1}$$

Die Prognose am 20. Tag der Epidemie. Es ist $R(11) = 60.368$ und $\gamma = 0,2$.

Die „Vorgeschichte" wird beschrieben durch $R(t) = 60.368e^{0,034t}$ für $t \in [-6,0]$ und $I(t) = \frac{\dot{R}(t)}{\gamma} = \frac{60.368 \cdot 0,034 \cdot e^{0,034t}}{0,2} = 10.263e^{0,034t}$ für $t \in [-6,0]$. Daraus folgt $0,034 = \alpha Ne^{-0,034 \cdot 6} - 0,2$ und somit $\alpha \approx \frac{0,29}{N}$. Gleichung (7.6.2) ergibt diskretisiert $0,1 \cdot \sum_{i=1}^{60} e^{-0,1 \cdot i} = 0,95$ und die Normierungsbedingung liefert demnach $k = \frac{1}{0,95} = 1,05$. Die Diskretisierung des Integrals (7.6.1) lautet $0,1 \cdot \sum_{i=1}^{60} I_i e^{-0,1 \cdot i}$ und die Simulation führt aufgrund der relativ großen Schrittweite von $d\tau = 0,1$ zu einem Grenzwert für R_∞, der über dem eigentlichen Wert von

$$R_\infty = \frac{\gamma[\alpha\varepsilon - \mu(\gamma + \mu)]}{\alpha\mu(\gamma + \mu)} = \frac{0,2[\frac{0,29}{N} \cdot 235 - 2,42 \cdot 10^{-5}(0,2 + 2,42 \cdot 10^{-5})]}{\frac{0,29}{N} \cdot 2,42 \cdot 10^{-5}(0,2 + 2,42 \cdot 10^{-5})} = 3,75 \text{ Mio}$$

liegt. Man könnte $d\tau$ verkleinern, was aber eine erheblich größere Rechenleistung nach sich zieht. Wir wirken der Ungenauigkeit entgegen, indem wir die Summe mit einem Faktor kleiner als 1 multiplizieren, oder anders gesagt, anstelle des Faktors $k = 1,05$ den etwas kleineren Wert $k_* = 0,96$ verwenden (hierzu bedarf es natürlich einiger Simulationsversuche). Die Kurve zeichnet den Verlauf der 10 Punkte gut nach. Insgesamt erhält man die in Abb. 7.4 rechts fett dargestellte Kurve. Mithilfe von (5.1.2) und (5.1.3) ergibt sich

$$r_0 = 1{,}63 \quad \text{und} \quad R_\infty = 3{,}75\ \text{Mio.} \tag{7.7.2}$$

Im Vergleich dazu ist die unverzögerte Kurve mit den Ergebnissen (5.2.7) aus Kap. 5.2 in dieselbe Darstellung übernommen worden.

Ergebnis. Der R_∞-Wert liegt etwa $\frac{3{,}75}{2{,}20} = 1{,}7$-mal höher als im unverzögerten Fall. Dasselbe gilt auch für das Maximum der I-Kurven (nicht dargestellt).

Weiterführende Literatur

N. Bacaër, Un modèle mathématique des débuts de l'épidémie de coronavirus en France, Mathematical Modelling of Natural Phenomena, 2020, 15, pp. 29. https://doi.org/10.1051/mmnp/2020015. Hal-02509142v8.

S. T. Akinyemi, M. O. Ibrahim, I. G. Usman, O. Odetunde, Global Stability of Sir Epidemic Model with Relapse and Immunity Loss, International Journal of Applied Science and Mathematical Theory, Vol. 2 No. 1 2016, ISSN 2489-009X.

A. Bernoussi, Global Stability Analysis of an SEIR Epidemic Model with Relapse And General Incidence Rates, Electronic Journal of Mathematical Analysis and Applications Vol. 7(2) July 2019, pp. 168–180. ISSN Online: 2090-729X.

L. N. Nkamba, J. M. Ntaganda, H. Abboubakar, J. C. Kamgang, Lorenzo Castelli, Global Stability of a SVEIR Epidemic Model: Application to Poliomyelitis Transmission Dynamics, Open Journal of Modelling and Simulation, 2017, 5, 98–112, ISSN Online: 2327-4026.

M. Dokyi, Delay Differential Equations in Dynamic Systems, Master's Thesis, Faculty of Mechanical Engineering, Institute of Mathematics, BRNO University of Technology, 2021.

L. Wang, X. Wu, Stability and Hopf Bifurcation for an SEIR Epidemic Model with Delay, Advances in the Theory of Nonlinear Analysis and its Applications 2 (2018) No. 3, 113–127, ISSN: 2587-2648.

S. Ruan, J. Wei, On the Zeros of a third Degree Exponential Polynomial with Applications to a delayed Model for the Control of Testosterone Secretion, IMA J. Mathematics Applied in Medicine and Biology 18, 41–52, 2001.

https://doi.org/10.1515/9783111348018-008

Stichwortverzeichnis

https://doi.org/10.1515/9783111348018-009

Printed in the USA
CPSIA information can be obtained
at www.ICGtesting.com
JSHW051536130624
64751JS00020B/422

9 783111 345130